新世纪高等职业教育数学类课程规划

高等数学（下册）

GAODENG SHUXUE (XIACE)

主　编 李光军 池光胜 毕丽萍
副主编 张　凯 张　峰 王　辉

大连理工大学出版社

图书在版编目(CIP)数据

高等数学. 下册 / 李光军，池光胜，毕丽萍主编
. -- 大连 ：大连理工大学出版社，2023.3
新世纪高等职业教育数学类课程规划教材
ISBN 978-7-5685-4138-1

Ⅰ. ①高… Ⅱ. ①李… ②池… ③毕… Ⅲ. ①高等数学－高等职业教育－教材 Ⅳ. ①O13

中国国家版本馆 CIP 数据核字(2023)第 034293 号

大连理工大学出版社出版

地址：大连市软件园路 80 号 邮政编码：116023
发行：0411-84708842 邮购：0411-84708943 传真：0411-84701466
E-mail：dutp@dutp.cn URL：https://www.dutp.cn

大连永盛印业有限公司印刷 大连理工大学出版社发行

幅面尺寸：185mm×260mm 印张：12.75 字数：295 千字
2023 年 3 月第 1 版 2023 年 3 月第 1 次印刷

责任编辑：程砚芳 责任校对：刘俊如
封面设计：对岸书影

ISBN 978-7-5685-4138-1 定 价：39.80 元

前言

Preface

《高等数学》是新世纪高等职业教育教材编审委员会组编的数学类课程规划教材之一。

数学是一门科学，也是一种思想方法，具有高度的抽象性、严密的逻辑性和广泛的应用性。随着高等教育改革的不断深入和科学技术的迅猛发展，高等数学作为各理工科专业的基础课程，不仅为学生学习相关学科及后续课程提供了必备的基础知识，同时也向学生灌输、渗透数学思想和数学方法，提高了学生的数学应用能力。

本教材以"数学思想是数学教学的灵魂"为指导思想，从数学知识、能力和素质三方面构建教学体系，注重学生高等数学基本思想、基本理论与基本方法的培养，注重学生创新意识、创新精神和创新能力的挖掘，注重学生发现问题、提出问题和建立数学模型解决问题的实际应用能力的锻炼。同时结合课程思政内容，弘扬中华优秀传统文化、传承科学家精神、增强爱国精神。

本教材内容包括向量代数与空间解析几何、多元函数微分法及其应用、重积分、曲线积分与曲面积分、无穷级数、行列式、矩阵。每节配有习题，题目具有典型、规范、适中的特点。书末附有参考答案，便于学生自我检测。

本教材主要突出以下特色：

1. 在内容组织上力求兼顾各专业不同层次的教学与学习需要，以便各专业能根据不同需求有所侧重与取舍。

2. 适度关注数学自身的系统性与完整性，不过分强调数学论证的严密性和计算的复杂性。同时增加直观说明和实例，帮助学生体会数学思想。

3. 充分考虑学生的基础特点，在内容叙述上深入浅出，适当简化数学理论的论证。

4. 为使学生更好地掌握所学知识，提高实际应用能力，本教材在每节后均配备适量的习题，以适应不同层次学生的学习需要。

为响应教育部全面推进高等学校课程思政建设工作的要求，本教材挖掘相关思政元素，帮助学生树立正确的思政意识和爱国情感，使学生更加积极地投入学科知识的学习，勇担建设祖国的重任，从而实现全员、全过程、全方位育人。

本教材由山东工程职业技术大学李光军、池光胜、毕丽萍担任主编；山东工程职业技术大学张凯、原山东工程职业技术大学张峰、王辉担任副主编。具体编写分工如下：第8、9章及相应参考答案由李光军编写；第13、14章及相应参考答案由池光胜编写；第11、12章及相应参考答案由毕丽萍编写；第10章及相应参考答案由张凯编写；张峰、王辉负责书稿的统稿、审阅工作。

在编写本教材的过程中，编者参考、引用和改编了国内外出版物中有关资料以及网络资源，在此表示深深的谢意！相关著作权人看到本教材后，请与出版社联系，出版社将按照相关法律的规定支付稿酬。

鉴于编者知识与水平的局限，教材中错误与疏漏之处在所难免，敬请专家、读者不吝赐教。

编　者

2023年3月

所有意见和建议请发往：dutpgz@163.com
欢迎访问职教数字化服务平台：https://www.dutp.cn/sve/
联系电话：0411-84707492　84706104

Contents

目录

第8章

向量代数与空间解析几何

育人目标

1. 通过实例引入内容，培养学生对待科学的严谨态度，努力学习科学知识，为国家做贡献，激发爱国热情.

2. 引导学生树立正确的世界观、人生观、价值观，人生没有捷径，面对人生道路上的曲折，要有持之以恒的决心、坚韧不拔的毅力.

思政元素

三峡水电站，即长江三峡水利枢纽工程，又称三峡工程. 三峡水电站是目前全世界最大的水力发电站和清洁能源生产基地，也是目前中国有史以来建设最大型的工程项目. 三峡水电站的功能有十多种，航运、发电、种植等. 2020 年 8 月，长江 2020 年第 5 号洪水已在长江上游形成，三峡水利枢纽迎来建库以来最大的洪峰，当时开启了 11 孔泄洪.

而拦水坝单位时间内通过一曲面从坝的一侧流向另一侧河水的质量该如何计算，就需要借助向量代数以及空间解析几何的相关内容.

思政园地

笛卡儿(René Descartes)，1596 年 3 月 31 日生于法国都兰城. 笛卡儿是伟大的哲学家、物理学家、数学家、生理学家. 解析几何的创始人. 笛卡儿是欧洲近代资产阶级哲学的奠基人之一，黑格尔称他为“现代哲学之父”. 他自成体系，融唯物主义与唯心主义于一炉，在哲学史上产生了深远的影响. 同时，他又是一位勇于探索的科学家，他所建立的解析几何在数学史上具有划时代的意义. 他的普遍方法的一个最成功的例子，是笛卡儿运用代数的方法来解决几何问题，确立了坐标几何学即解析几何学的基础.

笛卡儿的方法论中还有两点值得注意. 第一，他善于运用直观“模型”来说明物理现象. 例如，利用“网球”模型说明光的折射；用“盲人的手杖”来形象地比喻光信息沿物质做瞬时传输；用盛水的玻璃球来模拟并成功地解释了虹霓现象等. 第二，他提倡运用假设和假说的方法，如宇宙结构论中的旋涡说. 此外他还提出“普遍怀疑”原则. 这一原则在当时的历史条件下，对于反对教会统治、反对崇尚权威、提倡理性、提倡科学起过很大作用.

(望远镜的设计)二次曲面的一个重要应用是设计透镜，以用于望远镜、显微镜等光学仪器的制作. 1609年夏天听说荷兰人发明了望远镜之后，伽利略立刻动手造了一台，并不断改进，使之达到了33倍的放大倍数. 当他把望远镜对准天空的时候，他看到了天堂的面貌，并立即宣布，他证明了哥白尼体系的真理性. 可惜，他的望远镜没有被保留下来. 幸运地是，牛顿也造了一台望远镜，并保留了下来，现保存在英国皇家协会的收藏室. 牛顿不但是著名的数学家和物理学家，也是一位出色的实验家和能工巧匠，望远镜的镜片是他亲手打磨的. 在牛顿制造望远镜后不久，法国科学院接到一个报告，一位名叫卡塞格伦的人也造了一台反射望远镜. 卡塞格伦的望远镜与牛顿的望远镜的不同之处仅在于中间的反射镜，牛顿用的是平面，卡塞格伦用的则是双曲面.

讨论

1. 通过阅读以上内容，你从中懂得了什么？
2. 通过你的认识能不能谈一谈现实生活中关于空间解析几何的例子或应用？

解析几何的创立为研究几何问题提供了一种新方法，这种方法具有一般性，通过建立坐标系，把几何问题转化为代数问题来解决，沟通了数学中的数与形，使代数与几何这两大学科之间互相汲取新的内容，得到快速发展.

解析几何把几何和代数结合起来，几何概念可用代数方式表示，几何的目标可以通过代数计算达到；反过来，给代数语言以几何解释，可使代数语言变得直观，易于理解. 解析几何是近代数学统一性的第一次尝试，符合数学发展规律，有力地促进了数学在科学及实践中的应用和数学理论的发展. 恩格斯把对数的发明、解析几何的创立和微积分的建立并称为17世纪数学的三大成就.

8.1 空间直角坐标系

8.1.1 空间直角坐标系的概念

在空间内作三条相互垂直且相交的数轴 Ox，Oy，Oz，这三条数轴的长度单位相同.

它们的交点 O 称为坐标原点. Ox, Oy, Oz 称为 x 轴、y 轴和 z 轴. 一般地，取从后向前，从左向右，从下向上的方向作为 x 轴、y 轴、z 轴的正方向(图 8-1). Ox, Oy, Oz 统称为坐标轴. 由两个坐标轴所确定的平面，称为坐标平面，简称坐标面. x 轴、y 轴、z 轴可以确定 xOy, yOz, zOx 三个坐标面. 这三个坐标面可以把空间分成八个部分，每个部分称为一个卦限. 其中 xOy 坐标面之上，yOz 坐标面之前，xOz 坐标面之右的卦限称为第一卦限. 按逆时针方向依次标记 xOy 坐标面之上的其他三个卦限为第二、第三、第四卦限. 在 xOy 坐标面之下的四个卦限中，位于第一卦限下面的卦限称为第五卦限，按逆时针方向依次确定其他三个卦限为第六、第七、第八卦限.(图 8-2)

图 8-1 表示的空间直角坐标系也可以用右手法则来确定. 用右手握住 z 轴，当右手的四个手指从 x 轴正向以 $90°$ 的角度转向 y 轴的正向时，大拇指的指向就是 z 轴的正向.

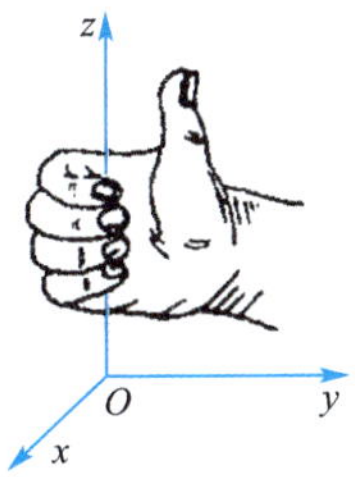

图 8-1

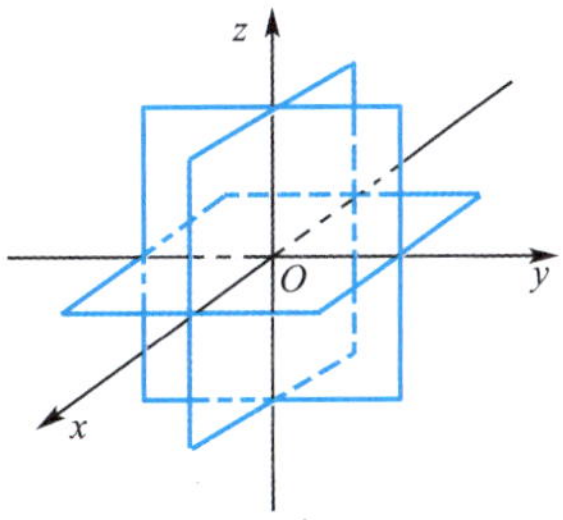

图 8-2

8.1.2　空间点的直角坐标

在建立了空间直角坐标系的基础上，如果已知 M 为空间一点. 过点 M 作三个平面分别垂直于 x 轴、y 轴和 z 轴，它们与 x 轴、y 轴、z 轴的交点分别为 P, Q, R(图 8-3)，这三点在 x 轴、y 轴、z 轴上的坐标分别为 x, y, z. 于是空间的一点 M 就唯一确定了一个有序数组 x, y, z. 这组数 x, y, z 就叫作点 M 的坐标，并依次称 x, y, z 为点 M 的横坐标、纵坐标和竖坐标. 坐标为 x, y, z 的点 M 通常记为 $M(x, y, z)$.

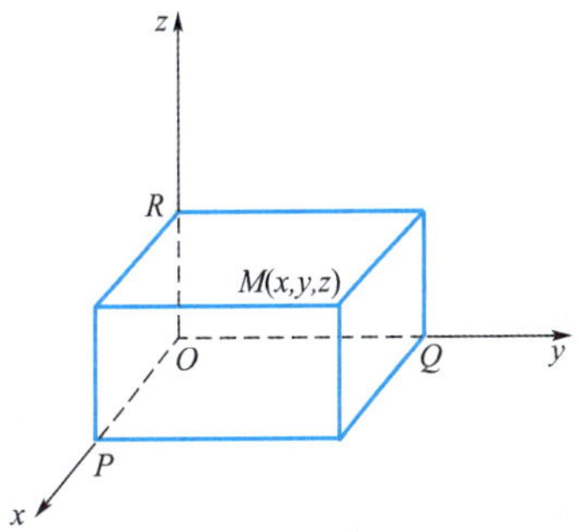

图 8-3

反过来，已知一个有序数组 x, y, z，我们在 x 轴上取坐标为 x 的点 P，在 y 轴上取坐标为 y 的点 Q，在 z 轴上取坐标为 z 的点 R，然后通过 P, Q 与 R 分别作 x 轴、y 轴与 z 轴的垂直平面. 这三个垂直平面的交点 M 即为以有序数组 x,y,z 为坐标的点(图 8-3).

坐标面和坐标轴上的点,其坐标具有一定的特征. 如 xOy 面上的点,有 $z=0$;xOz 面上的点,有 $y=0$;yOz 面上的点,有 $x=0$. x 轴上的点,有 $y=z=0$;y 轴上的点,有 $x=z=0$;z 轴上的点,有 $x=y=0$. 而坐标原点 O 有 $x=y=z=0$.

我们通过这样的方法在空间直角坐标系内建立了空间的点 M 和有序数组 x,y,z 之间的一一对应关系.

8.1.3 空间中两点的中点坐标公式与距离公式

设 $M_1(x_1,y_1,z_1)$,$M_2(x_2,y_2,z_2)$为空间内的两个点,类似于平面上任意两点的距离可以推导出:M_1M_2 的中点坐标为

$$\left(\frac{x_1+x_2}{2},\frac{y_1+y_2}{2},\frac{z_1+z_2}{2}\right)$$

M_1M_2 之间的距离为

$$|M_1M_2|=\sqrt{(x_2-x_1)^2+(y_2-y_1)^2+(z_2-z_1)^2}$$

例 1 求点 $P(x,y,z)$关于:(1)xOy 面;(2)z 轴;(3)坐标原点,对称的点的坐标.

解 设所求对称点的坐标为 $Q(x_1,y_1,z_1)$,则

(1)$x_1=x,y_1=y,z_1+z=0$,此时所求点关于 xOy 面对称点的坐标为 $Q(x,y,-z)$;

(2)$x_1+x=0,y_1+y=0,z_1=z$,此时所求点关于 z 轴对称点的坐标为 $Q(-x,-y,z)$;

(3)$x_1+x=0,y_1+y=0,z_1+z=0$,此时所求点关于坐标原点对称点的坐标为 $Q(-x,-y,-z)$.

例 2 求空间中两点 $P_1(2,-1,0)$,$P_2(-1,2,3)$之间的距离.

解 $|P_1P_2|=\sqrt{[(-1)-2]^2+[2-(-1)]^2+(3-0)^2}=\sqrt{27}=3\sqrt{3}$.

例 3 在 x 轴上求与点 $A(3,-1,1)$和点 $B(0,1,2)$等距离点 C 的坐标.

解 因为所求点 C 在 x 轴上,所以可设其坐标为$(x,0,0)$,由题意得 $|CA|=|CB|$,即

$$\sqrt{(x-3)^2+(0+1)^2+(0-1)^2}=\sqrt{(x-0)^2+(0-1)^2+(0-2)^2}$$

解得:$x=1$,故所求点为 $C(1,0,0)$.

习题 8-1

1. 指出下列各点所在的坐标轴、坐标面或卦限.

$A(2,3,-4)$;　　$B(0,0,1)$;　　$C(0,4,-5)$;　　$D(-2,-3,4)$.

2. 点 $P(x,y,z)$ 分别向各坐标轴和各坐标面作垂线，试写出各垂足的坐标.

3. 求点 $P(-1,-3,6)$ 到各坐标轴的距离.

4. 在 yOz 平面上，求出与已知点 $A(3,1,2)$；$B(4,-2,-2)$；$C(0,5,1)$ 等距离的点的坐标.

5. 求与 xOz，yOz 两坐标平面的距离相等的点的轨迹.

8.2　向量的概念及其运算

8.2.1　向量的概念

在现实生活中，我们已经用到过像力、速度、位移等许多既有大小又有方向的量，称之为向量，也叫矢量，常用 $\overrightarrow{M_1M_2}$，$\boldsymbol{a}$ 等来表示.

其中向量的大小称为该向量的模，模为 1 的向量称为单位向量；模为 0 的向量称为零向量；通常记作 $\mathbf{0}$.（注：零向量的方向是任意的）

我们规定，两个向量 $\boldsymbol{a}$ 与 $\boldsymbol{b}$ 不论起点是否一致，如果其方向相同且模相等，则称它们是相等的，记为 $\boldsymbol{a}=\boldsymbol{b}$. 即经过平移以后，两个相等的向量将完全重合，允许平移的向量称为自由向量，本书所讨论的向量均为自由向量.

8.2.2　向量的运算

1. 加减法（图 8-4）

规定：

$$\boldsymbol{a}-\boldsymbol{b}=\boldsymbol{a}+(-\boldsymbol{b})$$

$$\boldsymbol{a}-\boldsymbol{a}=\mathbf{0}$$

向量的加减法遵循平行四边形法则或三角形法则.

2. 数乘（数乘向量，图 8-5）

λ 是一个数量，$\boldsymbol{a}$ 是一个向量，则 $\lambda\boldsymbol{a}$ 仍然是向量，且当 $\lambda\neq 0$ 时，$\lambda\boldsymbol{a}/\!/\boldsymbol{a}$，

$$\lambda \boldsymbol{a}=\begin{cases}\text{与 } \boldsymbol{a} \text{ 同向} & \lambda>0\\ \boldsymbol{0} & \lambda=0\\ \text{与 } \boldsymbol{a} \text{ 反向} & \lambda<0\end{cases}$$

$$|\lambda \boldsymbol{a}|=|\lambda||\boldsymbol{a}|=\begin{cases}\lambda|\boldsymbol{a}| & \lambda\geqslant 0\\ -\lambda|\boldsymbol{a}| & \lambda<0\end{cases}$$

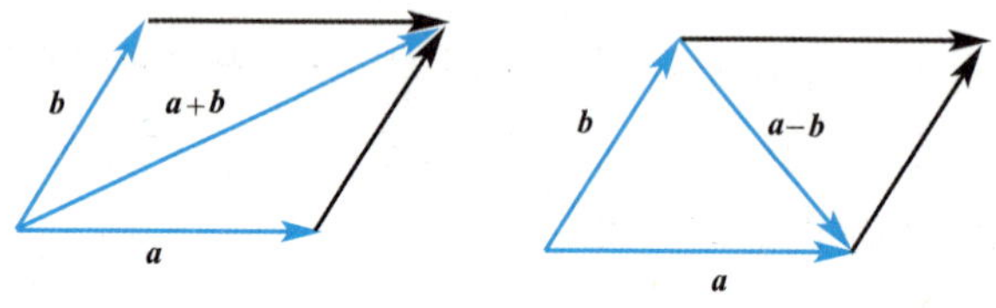

图 8-4

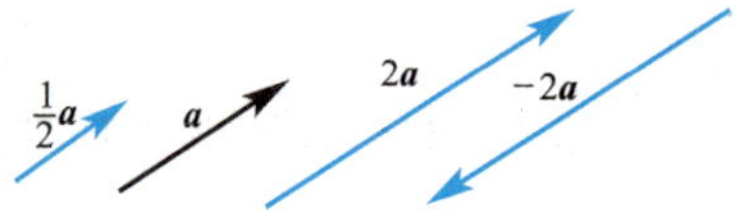

图 8-5

3. 向量运算的运算律

(1)交换律与结合律(加法)

$$\boldsymbol{a}+\boldsymbol{b}=\boldsymbol{b}+\boldsymbol{a},\quad (\boldsymbol{a}+\boldsymbol{b})+\boldsymbol{c}=\boldsymbol{a}+(\boldsymbol{b}+\boldsymbol{c})$$

(2)结合律与分配律(数乘)

$$\lambda(\mu \boldsymbol{a})=(\lambda\mu)\boldsymbol{a},\quad (\lambda+\mu)\boldsymbol{a}=\lambda \boldsymbol{a}+\mu \boldsymbol{a},\quad \lambda(\boldsymbol{a}+\boldsymbol{b})=\lambda \boldsymbol{a}+\lambda \boldsymbol{b}$$

定理 设 $\boldsymbol{a},\boldsymbol{b}$ 为非零向量,则 $\boldsymbol{a}/\!/\boldsymbol{b}\Leftrightarrow$存在非零常数 λ,使得 $\boldsymbol{b}=\lambda \boldsymbol{a}$.

注意 定理表明,当两个向量平行时,其中一个向量必然可以用另一个向量的数乘表示,或两个平行的向量可以相互线性表出.

8.2.3 向量的坐标表示

向量的研究较复杂,为了沟通向量与数量,需要建立向量与有序数组之间的对应关系,把空间中的向量用坐标表示可以实现这种对应.

1. 向量的坐标

一方面,由向量 $\boldsymbol{a}$ 可以唯一地确定它在三条坐标轴上的投影 a_x,a_y,a_z;另一方面,由 a_x,a_y,a_z 又可以唯一地确定向量 $\boldsymbol{a}$. 这样,向量与有序数组 a_x,a_y,a_z 之间就建立了一一对应的关系.

故可以把向量 $\boldsymbol{a}$ 在三条坐标轴上的投影 a_x,a_y,a_z 叫作向量的**坐标**,将表达式 $\boldsymbol{a}=\{a_x,a_y,a_z\}$称作**向量 $\boldsymbol{a}$ 的坐标表示式**.

以 $M_1(x_1,y_1,z_1)$为始点及 $M_2(x_2,y_2,z_2)$为终点的向量的坐标式可表示成 $\overrightarrow{M_1M_2}=\{x_2-x_1,y_2-y_1,z_2-z_1\}$.

故始点不在原点的向量坐标等于其终点坐标减去始点坐标.

特别地,若点 M 的坐标为(x,y,z),则 $\overrightarrow{OM}=\{x,y,z\}$.

2. 用坐标形式表示向量的运算性质

设 $\boldsymbol{a}=\{a_x,a_y,a_z\}$,　$\boldsymbol{b}=\{b_x,b_y,b_z\}$,则

$$\boldsymbol{a}=a_x\cdot\boldsymbol{i}+a_y\cdot\boldsymbol{j}+a_z\cdot\boldsymbol{k},\boldsymbol{b}=b_x\cdot\boldsymbol{i}+b_y\cdot\boldsymbol{j}+b_z\cdot\boldsymbol{k}$$

于是

$$\boldsymbol{a}+\boldsymbol{b}=(a_x+b_x)\cdot\boldsymbol{i}+(a_y+b_y)\cdot\boldsymbol{j}+(a_z+b_z)\cdot\boldsymbol{k}$$

$$\boldsymbol{a}-\boldsymbol{b}=(a_x-b_x)\cdot\boldsymbol{i}+(a_y-b_y)\cdot\boldsymbol{j}+(a_z-b_z)\cdot\boldsymbol{k}$$

$$\boldsymbol{a}=\boldsymbol{b}\Leftrightarrow\boldsymbol{a}-\boldsymbol{b}=\boldsymbol{0}\Leftrightarrow\begin{cases}a_x-b_x=0\\a_y-b_y=0\\a_z-b_z=0\end{cases}\Leftrightarrow\begin{cases}a_x=b_x\\a_y=b_y\\a_z=b_z\end{cases}$$

$$\lambda\boldsymbol{a}=(\lambda a_x)\boldsymbol{i}+(\lambda a_y)\boldsymbol{j}+(\lambda a_z)\boldsymbol{k}$$

最后,我们得到了向量加减与数乘运算的坐标表示式:

$\boldsymbol{a}\pm\boldsymbol{b}=\{a_x\pm b_x,a_y\pm b_y,a_z\pm b_z\}$(两个向量相加减等于每个对应分量分别相加减)

$\lambda\boldsymbol{a}=\{\lambda a_x,\lambda a_y,\lambda a_z\}$(数与向量的乘积等于数与每个分量相乘)

$\boldsymbol{a}=\boldsymbol{b}\Leftrightarrow a_x=b_x,a_y=b_y,a_z=b_z$(两个向量相等,必须对应坐标完全相等)

例 1　已知 $\boldsymbol{a}=\{2,-1,3\},\boldsymbol{b}=\{1,2,-2\}$,求 $\boldsymbol{a}+\boldsymbol{b},\boldsymbol{a}-\boldsymbol{b},3\boldsymbol{a}+2\boldsymbol{b}$.

解　$\boldsymbol{a}+\boldsymbol{b}=\{2+1,-1+2,3+(-2)\}=\{3,1,1\}$,

$\boldsymbol{a}-\boldsymbol{b}=\{2-1,-1-2,3-(-2)\}=\{1,-3,5\}$,

$3\boldsymbol{a}+2\boldsymbol{b}=\{6,-3,9\}+\{2,4,-4\}=\{8,1,5\}$.

3. 向量模的坐标表示

向量可以用它的模与方向来表示,也可以用它的坐标式来表示,这两种表示法之间是有联系的.

任一向量 $\boldsymbol{a}=x\boldsymbol{i}+y\boldsymbol{j}+z\boldsymbol{k}$,都可将其视为以原点为始点,$M(x,y,z)$为终点的向量 $\overrightarrow{OM}$,设向量 $\overrightarrow{OM}$,在 x,y,z 轴上的投影分别为 $\overrightarrow{OA},\overrightarrow{OB},\overrightarrow{OC}$,则

$$|\overrightarrow{OM}|^2=|\overrightarrow{OA}|^2+|\overrightarrow{OB}|^2+|\overrightarrow{OC}|^2=x^2+y^2+z^2$$

例 2　已知 $M_1(1,-2,3),M_2(4,2,-1)$,求 $|\overrightarrow{M_1M_2}|$.

解
$$\overrightarrow{M_1M_2}=\{4-1,2-(-2),-1-3\}=\{3,4,-4\}$$

所以

$$|\overrightarrow{M_1M_2}|=\sqrt{3^2+4^2+(-4)^2}=\sqrt{41}$$

8.2.4 向量的数量积(点积,内积)

1. 引例:做功问题

有一方向、大小都不变的常力 $\boldsymbol{F}$ 作用于某一物体(图 8-6),使之产生了一段位移 $\boldsymbol{s}$,求力 $\boldsymbol{F}$ 对此物体所做的功.

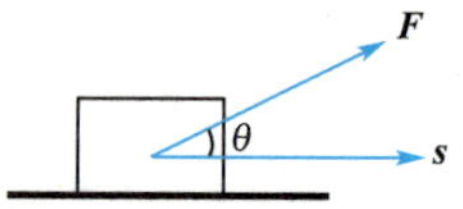

图 8-6

解 由物理学的知识,可得:

$$W=|\boldsymbol{F}|\cos\theta\cdot|\boldsymbol{s}|=|\boldsymbol{F}|\cdot|\boldsymbol{s}|\cdot\cos\theta$$

且当 $0\leqslant\theta<\frac{\pi}{2}$ 时,$\boldsymbol{F}$ 做正功;$\frac{\pi}{2}<\theta\leqslant\pi$ 时,$\boldsymbol{F}$ 做负功;若 $\theta=\frac{\pi}{2}$,则 $\boldsymbol{F}$ 不做功.

定义 1 设有向量 $\boldsymbol{a},\boldsymbol{b}$,其夹角为 $\theta=\langle\boldsymbol{a},\boldsymbol{b}\rangle$,称数量 $|\boldsymbol{a}|\cdot|\boldsymbol{b}|\cdot\cos\theta$ 为向量 $\boldsymbol{a}$ 与 $\boldsymbol{b}$ 的数量积,记作:$\boldsymbol{a}\cdot\boldsymbol{b}=|\boldsymbol{a}|\cdot|\boldsymbol{b}|\cdot\cos\theta$(由此可见数量积的结果是一个数),也称为 $\boldsymbol{a}$ 与 $\boldsymbol{b}$ 的点积,读作 $\boldsymbol{a}$ 点乘 $\boldsymbol{b}$.

2. 性质

(1)$\boldsymbol{a}\cdot\boldsymbol{a}=|\boldsymbol{a}|^2$;

(2)交换律:$\boldsymbol{a}\cdot\boldsymbol{b}=\boldsymbol{b}\cdot\boldsymbol{a}$,

分配律:$(\boldsymbol{a}+\boldsymbol{b})\cdot\boldsymbol{c}=\boldsymbol{a}\cdot\boldsymbol{c}+\boldsymbol{b}\cdot\boldsymbol{c}$,

结合律:$(\lambda\boldsymbol{a})\cdot\boldsymbol{b}=\boldsymbol{a}\cdot(\lambda\boldsymbol{b})=\lambda(\boldsymbol{a}\cdot\boldsymbol{b})$;

(3)设 $\boldsymbol{a},\boldsymbol{b}$ 为非零向量,则 $\boldsymbol{a}\cdot\boldsymbol{b}=0\Leftrightarrow\boldsymbol{a}\perp\boldsymbol{b}$;

(4)点积的坐标运算:设 $\boldsymbol{a}=\{a_x,a_y,a_z\}$,$\boldsymbol{b}=\{b_x,b_y,b_z\}$,则:

$$\boldsymbol{a}\cdot\boldsymbol{b}=a_x\cdot b_x+a_y\cdot b_y+a_z\cdot b_z$$

因为

$$\begin{aligned}\boldsymbol{a}\cdot\boldsymbol{b}&=\{a_x\cdot\boldsymbol{i}+a_y\cdot\boldsymbol{j}+a_z\cdot\boldsymbol{k}\}\cdot\{b_x\cdot\boldsymbol{i}+b_y\cdot\boldsymbol{j}+b_z\cdot\boldsymbol{k}\}\\&=a_xb_x\boldsymbol{i}\cdot\boldsymbol{i}+a_xb_y\boldsymbol{i}\cdot\boldsymbol{j}+a_xb_z\boldsymbol{i}\cdot\boldsymbol{k}+a_yb_x\boldsymbol{j}\cdot\boldsymbol{i}+a_yb_y\boldsymbol{j}\cdot\boldsymbol{j}+a_yb_z\boldsymbol{j}\cdot\boldsymbol{k}+\\&\quad a_zb_x\boldsymbol{k}\cdot\boldsymbol{i}+a_zb_y\boldsymbol{k}\cdot\boldsymbol{j}+a_zb_z\boldsymbol{k}\cdot\boldsymbol{k}\\&=a_x\cdot b_x+a_y\cdot b_y+a_z\cdot b_z\end{aligned}$$

3. 向量数量积的常用结论

$$\begin{aligned}\boldsymbol{a}\cdot\boldsymbol{b}=0&\Leftrightarrow\boldsymbol{a}\perp\boldsymbol{b}\\&\Leftrightarrow a_x\cdot b_x+a_y\cdot b_y+a_z\cdot b_z=0\end{aligned}$$

$$\cos\theta=\frac{\boldsymbol{a}\cdot\boldsymbol{b}}{|\boldsymbol{a}|\cdot|\boldsymbol{b}|}=\frac{a_xb_x+a_yb_y+a_zb_z}{\sqrt{a_x^2+a_y^2+a_z^2}\cdot\sqrt{b_x^2+b_y^2+b_z^2}}$$

例 3　已知 $\boldsymbol{a}=\{2,k,1\}$，$\boldsymbol{b}=\{k,-3,2\}$，且 $\boldsymbol{a}\perp\boldsymbol{b}$，求数 k.

解　因为 $\boldsymbol{a}\cdot\boldsymbol{b}=0\Leftrightarrow\boldsymbol{a}\perp\boldsymbol{b}\Leftrightarrow a_xb_x+a_yb_y+a_zb_z=0$，所以 $2k-3k+2=0$，得 $k=2$.

例 4　已知 $\boldsymbol{a}=\{2,-1,2\}$，$\boldsymbol{b}=\{1,1,4\}$，求 $\boldsymbol{a}\cdot\boldsymbol{b}$ 及 $\boldsymbol{a}$ 与 $\boldsymbol{b}$ 的夹角 θ.

解　$\boldsymbol{a}\cdot\boldsymbol{b}=2\times1+(-1)\times1+2\times4=9$，

$$\cos\theta=\frac{\boldsymbol{a}\cdot\boldsymbol{b}}{|\boldsymbol{a}|\cdot|\boldsymbol{b}|}=\frac{9}{\sqrt{2^2+(-1)^2+2^2}\cdot\sqrt{1^2+1^2+4^2}}=\frac{\sqrt{2}}{2},$$

故 $\theta=\frac{\pi}{4}$.

8.2.5　向量的向量积（叉乘积，外积）

1. 引例：力矩问题

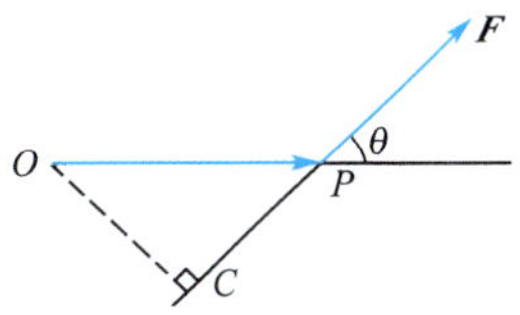

图 8-7

设 O 为杠杆的支点，力 $\boldsymbol{F}$ 作用在杠杆上 P 点处（图 8-7），根据力学知识，力 $\boldsymbol{F}$ 对于支点 O 的力矩为向量 $\boldsymbol{M}$，其方向垂直于力 $\boldsymbol{F}$ 与向量 $\overrightarrow{OP}$ 所确定的平面，且从 $\overrightarrow{OP}$ 到 $\boldsymbol{F}$ 按照右手法则确定，其模为

$$|\overrightarrow{OM}|=|\overrightarrow{OC}|\cdot|\boldsymbol{F}|=|\overrightarrow{OP}|\cdot|\boldsymbol{F}|\cdot\sin\theta.$$

定义 2　设有非零向量 $\boldsymbol{a}$，$\boldsymbol{b}$，夹角为 $\theta(0\leqslant\theta\leqslant\pi)$，定义一个新的向量 $\boldsymbol{R}$，使其满足

(1) $|\boldsymbol{R}|=|\boldsymbol{a}||\boldsymbol{b}|\cdot\sin\theta$；

(2) $\boldsymbol{R}\perp\boldsymbol{a}$，$\boldsymbol{R}\perp\boldsymbol{b}$，$\boldsymbol{R}$ 的方向从 $\boldsymbol{a}$ 到 $\boldsymbol{b}$ 按右手法则确定. 称 $\boldsymbol{R}$ 为 $\boldsymbol{a}$ 与 $\boldsymbol{b}$ 的向量积，记作：$\boldsymbol{R}=\boldsymbol{a}\times\boldsymbol{b}$，读作 $\boldsymbol{a}$ 叉乘 $\boldsymbol{b}$.

·注意·

(1) $\boldsymbol{a}\times\boldsymbol{b}$ 是一个既垂直于 $\boldsymbol{a}$，又垂直于 $\boldsymbol{b}$ 的向量（向量积的结果是一个向量）；

(2) $|\boldsymbol{a}\times\boldsymbol{b}|=|\boldsymbol{a}||\boldsymbol{b}|\sin\theta$ 的几何意义：以 $\boldsymbol{a}$，$\boldsymbol{b}$ 为边的平行四边形的面积.（图 8-8）

2. 向量的向量积性质

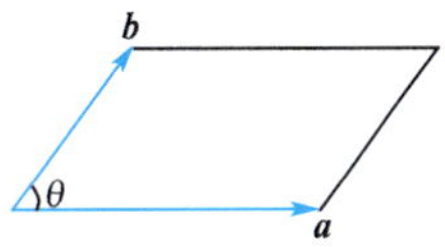

图 8-8

(1) $\boldsymbol{a}\times\boldsymbol{a}=\boldsymbol{0}$；

(2) 交换律：$\boldsymbol{a}\times\boldsymbol{b}=-\boldsymbol{b}\times\boldsymbol{a}$，

分配律：$\boldsymbol{a}\times(\boldsymbol{b}+\boldsymbol{c})=\boldsymbol{a}\times\boldsymbol{b}+\boldsymbol{a}\times\boldsymbol{c}$，

结合律：$(\lambda\boldsymbol{a})\times\boldsymbol{b}=\boldsymbol{a}\times(\lambda\boldsymbol{b})=\lambda(\boldsymbol{a}\times\boldsymbol{b})$；

由定义 $\boldsymbol{i}\times\boldsymbol{j}\perp\boldsymbol{i},\boldsymbol{j}$，且从 $\boldsymbol{i}$ 到 $\boldsymbol{j}$ 满足右手法则，故 $\boldsymbol{i}\times\boldsymbol{j}$ 的方向正是 z 轴的正方向，即 $\boldsymbol{i}\times\boldsymbol{j}$ 的方向与 $\boldsymbol{k}$ 的方向一致，从而证得：$\boldsymbol{i}\times\boldsymbol{j}=\boldsymbol{k}$.

(3) $\boldsymbol{a}\times\boldsymbol{b}$ 的坐标计算

$$\boldsymbol{a}\times\boldsymbol{b}=\{a_x\boldsymbol{i}+a_y\boldsymbol{j}+a_z\boldsymbol{k}\}\times\{b_x\boldsymbol{i}+b_y\boldsymbol{j}+b_z\boldsymbol{k}\}$$

$$=a_xb_x\boldsymbol{i}\times\boldsymbol{i}+a_xb_y\boldsymbol{i}\times\boldsymbol{j}+a_xb_z\boldsymbol{i}\times\boldsymbol{k}+a_yb_x\boldsymbol{j}\times\boldsymbol{i}+a_yb_y\boldsymbol{j}\times\boldsymbol{j}+$$
$$a_yb_z\boldsymbol{j}\times\boldsymbol{k}+a_zb_x\boldsymbol{k}\times\boldsymbol{i}+a_zb_y\boldsymbol{k}\times\boldsymbol{j}+a_zb_z\boldsymbol{k}\times\boldsymbol{k}$$
$$=(a_yb_z-a_zb_y)\boldsymbol{i}+(a_zb_x-a_xb_z)\boldsymbol{j}+(a_xb_y-a_yb_x)\boldsymbol{k}$$

所以

$$\boldsymbol{a}\times\boldsymbol{b}=\begin{vmatrix}\boldsymbol{i}&\boldsymbol{j}&\boldsymbol{k}\\a_x&a_y&a_z\\b_x&b_y&b_z\end{vmatrix}=\begin{vmatrix}a_y&a_z\\b_y&b_z\end{vmatrix}\boldsymbol{i}-\begin{vmatrix}a_x&a_z\\b_x&b_z\end{vmatrix}\boldsymbol{j}+\begin{vmatrix}a_x&a_y\\b_x&b_y\end{vmatrix}\boldsymbol{k}$$

如 $\boldsymbol{a}=\{1,0,2\}$,$\boldsymbol{b}=\{-1,1,0\}$,则

$$\boldsymbol{a}\times\boldsymbol{b}=\begin{vmatrix}\boldsymbol{i}&\boldsymbol{j}&\boldsymbol{k}\\1&0&2\\-1&1&0\end{vmatrix}=\begin{vmatrix}0&2\\1&0\end{vmatrix}\boldsymbol{i}-\begin{vmatrix}1&2\\-1&0\end{vmatrix}\boldsymbol{j}+\begin{vmatrix}1&0\\-1&1\end{vmatrix}\boldsymbol{k}=-2\boldsymbol{i}-2\boldsymbol{j}+\boldsymbol{k}=\{-2,-2,1\}$$

(4)设 $\boldsymbol{a}$,$\boldsymbol{b}$ 为非零向量,则:$\boldsymbol{a}\times\boldsymbol{b}=\boldsymbol{0}\Leftrightarrow\boldsymbol{a}/\!/\boldsymbol{b}\Leftrightarrow\frac{b_x}{a_x}=\frac{b_y}{a_y}=\frac{b_z}{a_z}$.

事实上,因为 $\boldsymbol{a}\times\boldsymbol{b}=\boldsymbol{0}$.

即

$$\begin{vmatrix}a_y&a_z\\b_y&b_z\end{vmatrix}\boldsymbol{i}-\begin{vmatrix}a_x&a_z\\b_x&b_z\end{vmatrix}\boldsymbol{j}+\begin{vmatrix}a_x&a_y\\b_x&b_y\end{vmatrix}\boldsymbol{k}=\boldsymbol{0}$$

则有

$$\begin{vmatrix}a_y&a_z\\b_y&b_z\end{vmatrix}=0,\begin{vmatrix}a_x&a_z\\b_x&b_z\end{vmatrix}=0,\begin{vmatrix}a_x&a_y\\b_x&b_y\end{vmatrix}=0$$

所以 $a_yb_z-a_zb_y=0$,$a_xb_z-a_zb_x=0$,$a_xb_y-a_yb_x=0$,整理可得出结论$\frac{b_x}{a_x}=\frac{b_y}{a_y}=\frac{b_z}{a_z}$.

例 5 设 $\boldsymbol{a}=\{1,2,-1\}$,$\boldsymbol{b}=\{0,2,3\}$,求 $\boldsymbol{a}\times\boldsymbol{b}$.

解 $$\boldsymbol{a}\times\boldsymbol{b}=\begin{vmatrix}\boldsymbol{i}&\boldsymbol{j}&\boldsymbol{k}\\1&2&-1\\0&2&3\end{vmatrix}=8\boldsymbol{i}-3\boldsymbol{j}+2\boldsymbol{k}$$,所以 $\boldsymbol{a}\times\boldsymbol{b}=\{8,-3,2\}$.

习题 8-2

1. 已知 $\boldsymbol{a}=\{2,1,-3\}$,$\boldsymbol{b}=\{-1,2,-2\}$,试求出 $3\boldsymbol{a}-4\boldsymbol{b}$.
2. 已知 $\boldsymbol{a}=\{1,2,k\}$,$\boldsymbol{b}=\{-2,k,4\}$且 $\boldsymbol{a}\perp\boldsymbol{b}$,试求出 k 的值.
3. 试求出向量 $\boldsymbol{a}=3\boldsymbol{i}+4\boldsymbol{j}-\boldsymbol{k}$ 的模$|\boldsymbol{a}|$.
4. 当 m 为何值时,向量 $\boldsymbol{a}=\{m,3,-4\}$与 $\boldsymbol{b}=\{2,m,3\}$垂直.
5. 设 $\boldsymbol{a}=\boldsymbol{i}-2\boldsymbol{j}+2\boldsymbol{k}$,$\boldsymbol{b}=-\boldsymbol{i}+\boldsymbol{j}$,求 $\boldsymbol{a}\cdot\boldsymbol{b}$ 及向量 $\boldsymbol{a}$,$\boldsymbol{b}$ 的夹角.

6. 设 $\boldsymbol{a}=-2\boldsymbol{i}+\boldsymbol{j}+\boldsymbol{k}$，$\boldsymbol{b}=\boldsymbol{i}-\boldsymbol{j}-2\boldsymbol{k}$，求 $\boldsymbol{a}\times\boldsymbol{b}$.

7. 证明向量 $\boldsymbol{a}=\{3,-2,1\}$，$\boldsymbol{b}=\{4,9,6\}$ 互相垂直.

8. 在 xOy 坐标面上求一向量 $\boldsymbol{a}$，使其垂直于向量 $\boldsymbol{b}=\{4,-3,5\}$ 且 $|\boldsymbol{a}|=2|\boldsymbol{b}|$.

9. 求以 $A(3,4,1)$，$B(2,3,0)$，$C(3,5,1)$，$D(2,4,0)$ 为顶点的平行四边形的面积.

8.3 空间平面与直线的方程

8.3.1 平面的点法式方程

称三元函数方程 $F(x,y,z)=0$ 是空间某曲面的方程⇔曲面上的任意一点都满足方程，且满足方程的点一定在曲面上.

平面的法向量：与平面垂直的非零向量称为平面的法向量，记作 $\boldsymbol{n}$；其坐标表达式常写为：

$$\boldsymbol{n}=\{A,B,C\}.$$

注意 根据法向量的定义，若 $\boldsymbol{n}$ 是平面的法向量，则 $\lambda\boldsymbol{n}(\lambda\neq0)$ 也是平面的法向量.（图 8-9）

由空间几何的知识可知，经过空间一定点 $M_0(x_0,y_0,z_0)$ 垂直于已知直线的平面是唯一确定的. 从而过点 $M_0(x_0,y_0,z_0)$ 垂直于已知向量 $\boldsymbol{n}$ 的平面也是唯一确定的. 通常用 π 来表示平面.

如图 8-10 所示，设有一平面 π，$M_0(x_0,y_0,z_0)$ 是 π 上的一个已知点，$\boldsymbol{n}=\{A,B,C\}$ 是 π 的法向量；在平面 π 上任意取一点 $M(x,y,z)$，得向量：

$$\overrightarrow{M_0M}=\{x-x_0,y-y_0,z-z_0\}$$

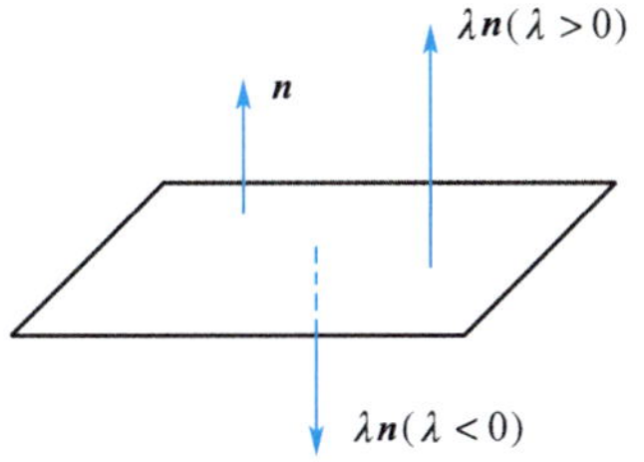

图 8-9

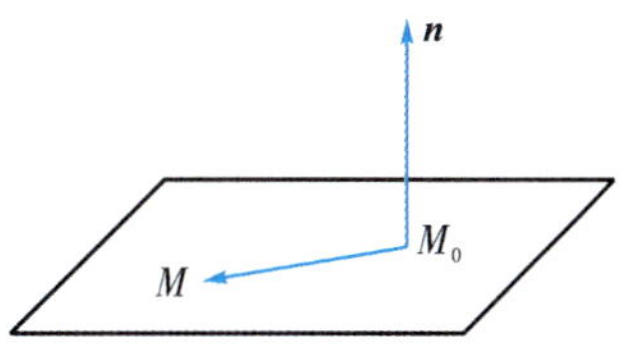

图 8-10

则有：$\overrightarrow{M_0M}\perp\boldsymbol{n}$ 即 $\boldsymbol{n}\cdot\overrightarrow{M_0M}=0$ 或

$$A(x-x_0)+B(y-y_0)+C(z-z_0)=0 \qquad (*)$$

表明：平面 π 上任意一点 M 的坐标满足方程（$*$）.

反之，若 $M(x,y,z)$ 不在平面 π 上，则 $\overrightarrow{M_0M}\perp\boldsymbol{n}$ 就不成立，从而推不出 $\boldsymbol{n}\cdot\overrightarrow{M_0M}=0$，即此时 M 的坐标不满足方程（$*$）.

综合上面的讨论,得出过点 M_0、以 $\boldsymbol{n}$ 为法向量的平面 π 的方程为:

$$\pi:\begin{cases}\boldsymbol{n}\cdot\overrightarrow{M_0M}=0\\A(x-x_0)+B(y-y_0)+C(z-z_0)=0\end{cases}$$

称为平面 π 的点法式方程.

·注意· 建立点法式方程的关键是确定平面上的一个点及平面的法向量.

例 1 一平面过点 $M_0(3,-2,1)$,且与 M_0 到平面外一点 $M_1(-2,1,4)$ 的连线垂直,试写出此平面的方程.

解 由题意,向量 $\overrightarrow{M_0M_1}=\{-5,3,3\}$ 与平面垂直,故 $\boldsymbol{n}=\overrightarrow{M_0M_1}=\{-5,3,3\}$,则所求平面方程为:

$$-5(x-3)+3(y+2)+3(z-1)=0 \text{ 或 } -5x+3y+3z+18=0$$

例 2 已知某平面过空间的三个点 $M_1(2,-3,-1)$,$M_2(4,1,3)$,$M_3(1,0,2)$,试写出平面的方程.

解 $\overrightarrow{M_1M_2}=\{2,4,4\}$,$\overrightarrow{M_1M_3}=\{-1,3,3\}$,则

$$\overrightarrow{M_1M_2}\times\overrightarrow{M_1M_3}=\begin{vmatrix}\boldsymbol{i}&\boldsymbol{j}&\boldsymbol{k}\\2&4&4\\-1&3&3\end{vmatrix}=0\boldsymbol{i}-10\boldsymbol{j}+10\boldsymbol{k}=\{0,-10,10\}$$

取 $\boldsymbol{n}=\overrightarrow{M_1M_2}\times\overrightarrow{M_1M_3}=\{0,-10,10\}$,$M_0=M_1(2,-3,-1)$,则平面方程为

$$0(x-2)-10(y+3)+10(z+1)=0 \text{ 或 } -10y+10z-20=0 \text{ 或 } y-z+2=0$$

·注意· 也可以取 $\boldsymbol{n}=\lambda\overrightarrow{M_1M_2}\times\overrightarrow{M_1M_3}(\lambda\neq0)$. 如上题中,令 $\lambda=-\frac{1}{10}$,则取 $\boldsymbol{n}=\{0,1,-1\}$,建立平面方程为:$0\cdot(x-2)+1\cdot(y+3)-1\cdot(z+1)=0$,整理后可得:$y-z+2=0$.

8.3.2 平面的一般式方程

法向量为 $\boldsymbol{n}=\{A,B,C\}$、经过 $M_0(x_0,y_0,z_0)$ 的平面的一般方程 $A(x-x_0)+B(y-y_0)+C(z-z_0)=0$,经过整理可得:$Ax+By+Cz-(Ax_0+By_0+Cz_0)=0$. 记 $D=-(Ax_0+By_0+Cz_0)$,则点法式方程可变形为:

$$Ax+By+Cz+D=0$$

·注意· (1)平面一般方程:$Ax+By+Cz+D=0$ 中 x,y,z 的系数恰好是平面法向量的坐标 A,B,C;

(2)平面方程是三元一次线性方程，而且任何一个三元一次线性方程表示的均是平面；

(3)在平面的一般方程 $Ax+By+Cz+D=0$ 中，A,B,C,D 四个数只有三个是独立的. 法向量 $\boldsymbol{n}$ 的坐标不可能同时为零. 不妨设 $A\neq0$，则可将方程改写为：$x+\dfrac{B}{A}y+\dfrac{C}{A}z+\dfrac{D}{A}=0$，或记为：$x+B^*y+C^*z+D^*=0$. 因此建立平面的一般方程只需要三个独立的条件.

例 3　如图 8-11 所示，平面 π 经过点 $M_1(1,1,1)$ 和 $M_2(2,2,2)$，并且与已知的平面 $x+y-z=0$ 垂直，求平面 π 的方程.

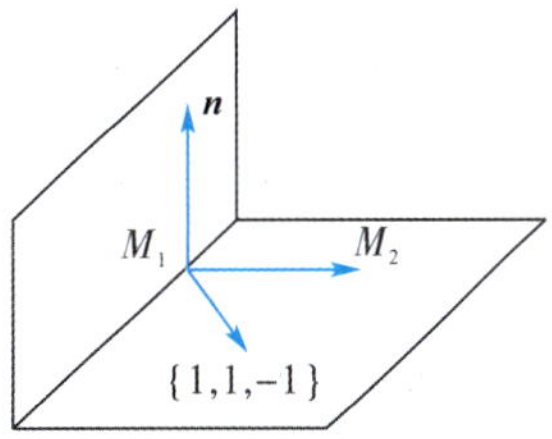

图 8-11

解　(1)设平面 π 的一般方程为：$Ax+By+Cz+D=0$；

M_1 在平面 π 上：

$$A+B+C+D=0$$

M_2 在平面 π 上：

$$2A+2B+2C+D=0$$

由题意，$\{A,B,C\}\perp\{1,1,-1\}$，即 $\{A,B,C\}\cdot\{1,1,-1\}=0$，

$$A+B-C=0$$

由以上条件解得：$D=0$，$C=0$，$B=-A$，代入方程 $Ax+By+Cz+D=0$ 可得：

$$\pi:Ax-Ay=0$$

即

$$\pi:x-y=0$$

(2)设 $\boldsymbol{n}=\{A,B,C\}$，由条件 $\boldsymbol{n}\perp\{1,1,-1\}$，且 $\boldsymbol{n}\perp\overrightarrow{M_1M_2}$，即 $\boldsymbol{n}/\!/\{1,1,-1\}\times\overrightarrow{M_1M_2}$，

$$\{1,1,-1\}\times\overrightarrow{M_1M_2}=\begin{vmatrix}\boldsymbol{i} & \boldsymbol{j} & \boldsymbol{k}\\ 1 & 1 & -1\\ 1 & 1 & 1\end{vmatrix}=2\boldsymbol{i}-2\boldsymbol{j}$$

$$=\{2,-2,0\}=2\{1,-1,0\}$$

可取 $\boldsymbol{n}=\{1,1,-1\}\times\overrightarrow{M_1M_2}=\{2,-2,0\}$ 以及 $M_0=M_1(1,1,1)$ 建立平面的点法式方程：$x-y=0$.（注：也可以取 $\boldsymbol{n}=\lambda\{1,1,-1\}\times\overrightarrow{M_1M_2}$，如 $\lambda=\dfrac{1}{2}$，则 $\boldsymbol{n}=\{1,-1,0\}$）.

几类特殊位置的平面的方程

(1)过原点的平面

$$Ax+By+Cz=0$$

(2)平行于坐标轴的平面

若平面平行于 x 轴,则必有 $\boldsymbol{n}\perp\boldsymbol{i},\boldsymbol{n}\cdot\boldsymbol{i}=0$,即 $A=0$,则平面方程为:

$$By+Cz+D=0$$

同理可得,平行于 y 轴的平面为:$Ax+Cz+D=0$;平行于 z 轴的平面为:$Ax+By+D=0$.

(3)经过坐标轴的平面

若平面过 x 轴,或称 x 轴在平面上,则此平面必然经过坐标原点,故 $D=0$,由(2)可知,过 x 轴的平面方程为:$By+Cz=0$;同理可得,过 y 轴的平面方程为:$Ax+Cz=0$;过 z 轴的平面方程为:$Ax+By=0$.

(4)平行于坐标面的平面

若平面平行于 yOz 坐标面,则平面的法向量可以取为:$\boldsymbol{n}=\{1,0,0\}$,从而平面的方程为:$Ax+D=0$,或者可以写为:$x=a$;$a=0$ 时,$x=0$ 为 yOz 坐标面的方程;同理平行于 xOz 坐标面的平面方程为:$y=b$;xOz 坐标面的方程为:$y=0$;平行于 xOy 坐标面的平面方程为:$z=c$,xOy 坐标面的方程为:$z=0$.

8.3.3 平面的截距式方程

平面的截距式方程为:

$$\frac{x}{a}+\frac{y}{b}+\frac{z}{c}=1$$

其中,a,b,c 依次为平面在 x,y,z 轴上的截距.(图 8-12)

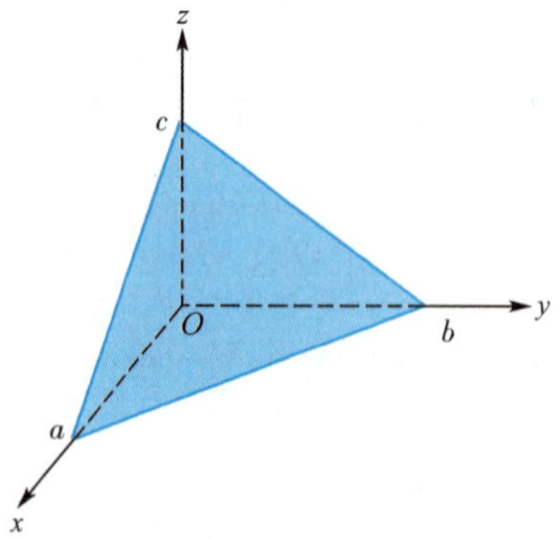

图 8-12

8.3.4 直线的点向式方程(对称式)

直线的方向向量 $\mathbf{s}$：与已知直线平行的非零向量 $\mathbf{s}$ 称为直线的方向向量;通常记作 $\mathbf{s}=\{m,n,p\}$.

·注意· 由此定义可知,直线的方向向量不唯一.若 $\mathbf{s}$ 是直线的方向向量,则 $\mathbf{s}$ 平行于直线,当 $\lambda\neq 0$ 时,由于 $\lambda\mathbf{s}$ 也平行于直线,故 $\lambda\mathbf{s}$ 也是直线的方向向量.

设空间有一定点 $M_0(x_0,y_0,z_0)$,过 M_0 作平行于向量 $\mathbf{s}=\{m,n,p\}$ 的直线 L,则此直线是唯一确定的(图 8-13). $\forall M(x,y,z)\in L$,则 $\overrightarrow{M_0M}/\!/\mathbf{s}$;其中

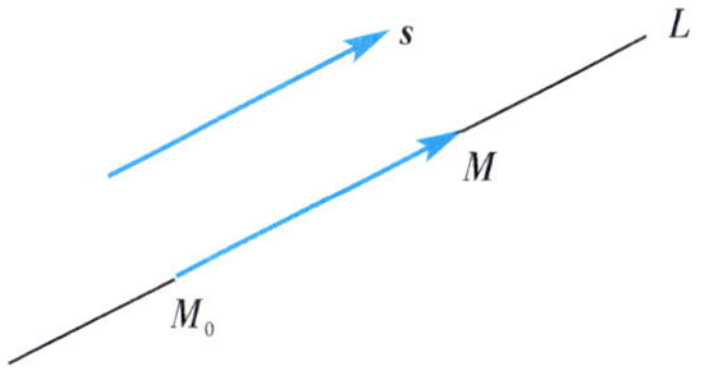

图 8-13

$$\mathbf{s}=\{m,n,p\}$$

$$\overrightarrow{M_0M}=\{x-x_0,y-y_0,z-z_0\}$$

对应坐标成比例,有

$$\frac{x-x_0}{m}=\frac{y-y_0}{n}=\frac{z-z_0}{p}\qquad (*)$$

反之,若点 M 不在直线 L 上,则 $\overrightarrow{M_0M}/\!/\mathbf{s}$ 不成立,从而其点的坐标不满足方程(*).故称方程(*)为直线 L 的方程,也称为直线 L 的点向式方程.

$$L:\frac{x-x_0}{m}=\frac{y-y_0}{n}=\frac{z-z_0}{p}\qquad \text{点向式或对称式方程}$$

·注意· (1)若 m,n,p 中有一个为零,如 $p=0$,则

$$L:\begin{cases}\dfrac{x-x_0}{m}=\dfrac{y-y_0}{n}\\ z-z_0=0\end{cases}\text{或 } L:\begin{cases}nx-my-nx_0+my_0=0\\ z-z_0=0\end{cases}\qquad \text{两个平面的交线}$$

(2)若 m,n,p 中有两个为零,如 $n=0,p=0$,则

$$L:\begin{cases}y-y_0=0\\ z-z_0=0\end{cases}\qquad \text{平面 } y=y_0 \text{ 与 } z=z_0 \text{ 的交线}$$

(3)若向量 $\mathbf{s}$ 的方向角为 α,β,γ,则其方向余弦为 $\cos\alpha,\cos\beta,\cos\gamma$,此时直线的方向向量也可以取为:$\mathbf{s}=\{\cos\alpha,\cos\beta,\cos\gamma\}$,直线方程为:

$$L:\frac{x-x_0}{\cos\alpha}=\frac{y-y_0}{\cos\beta}=\frac{z-z_0}{\cos\gamma}$$

例 4 求经过两点 $M_1(x_1,y_1,z_1)$,$M_2(x_2,y_2,z_2)$的直线的方程.

解 直线 L 过 M_1,M_2 两点,则 $\overrightarrow{M_1M_2}/\!/L$,故可取 $\mathbf{s}=\overrightarrow{M_1M_2}$,即

$$\mathbf{s}=\overrightarrow{M_1M_2}=\{x_2-x_1,y_2-y_1,z_2-z_1\}$$

取 $M_0=M_1(x_1,y_1,z_1)$，则直线的方程为：

$$L:\frac{x-x_1}{x_2-x_1}=\frac{y-y_1}{y_2-y_1}=\frac{z-z_1}{z_2-z_1}$$ 直线的两点式方程

8.3.5 直线的参数式方程

设直线方程为 $L:\frac{x-x_0}{m}=\frac{y-y_0}{n}=\frac{z-z_0}{p}$，令 $\frac{x-x_0}{m}=\frac{y-y_0}{n}=\frac{z-z_0}{p}=t$，则直线的参数式方程为：

$$L:\begin{cases}x=x_0+mt\\ y=y_0+nt\\ z=z_0+pt\end{cases},t\text{ 为参数}$$

8.3.6 直线的一般方程(两平面的交线，交面式)

直线 L 可以视为两个不平行的平面的交线，故直线的一般方程为：

$$L:\begin{cases}A_1x+B_1y+C_1z+D_1=0 & \boldsymbol{n}_1\\ A_2x+B_2y+C_2z+D_2=0 & \boldsymbol{n}_2\end{cases}\quad(\boldsymbol{n}_1\neq\boldsymbol{n}_2)$$

·问题· 如何由直线的一般方程确定直线的方向向量以及直线的点向式方程？

1. 确定直线上的一点 M_0

在 x,y,z 中任意取定一个，如令 $x=x_0$，代入上式中，解出 y_0,z_0，即得直线上的一点：$M_0(x_0,y_0,z_0)$.

2. 确定直线的方向向量 s

直线 L 在平面 π_1 上，故 $\boldsymbol{s}\perp\boldsymbol{n}_1$；直线 L 在平面 π_2 上，故 $\boldsymbol{s}\perp\boldsymbol{n}_2$，因此 $\boldsymbol{s}$ 既垂直于 $\boldsymbol{n}_1$ 也垂直于 $\boldsymbol{n}_2$，从而 $\boldsymbol{s}/\!/\boldsymbol{n}_1\times\boldsymbol{n}_2$，可取 $\boldsymbol{s}=\boldsymbol{n}_1\times\boldsymbol{n}_2$，或 $\boldsymbol{s}=\lambda\boldsymbol{n}_1\times\boldsymbol{n}_2$.

例 5 将直线 $L:\begin{cases}3x-2y+z+1=0\\ 2x+y-z-2=0\end{cases}$ 方程改写为点向式及参数式方程.

解 (1)确定 M_0：取 $x_0=0$，代入方程，得 $\begin{cases}-2y+z+1=0\\ y-z-2=0\end{cases}$，解得 $y_0=-1,z_0=-3$，即 $M_0(0,-1,-3)$.(注：M_0 可以不同)

(2)$\boldsymbol{n}_1\times\boldsymbol{n}_2=\begin{vmatrix}\boldsymbol{i}&\boldsymbol{j}&\boldsymbol{k}\\3&-2&1\\2&1&-1\end{vmatrix}=\boldsymbol{i}+5\boldsymbol{j}+7\boldsymbol{k}=\{1,5,7\}$，取 $\boldsymbol{s}=\boldsymbol{n}_1\times\boldsymbol{n}_2=\{1,5,7\}$，则

$$L:\frac{x-0}{1}=\frac{y+1}{5}=\frac{z+3}{7}$$

或

$$L:\begin{cases}x=t\\y=-1+5t\\z=-3+7t\end{cases}$$

习题 8-3

1. 指出平面 $4x-y=z$ 的法向量？
2. 求过点 $(2,-3,1)$ 且垂直于向量 $\boldsymbol{n}=\{1,-2,3\}$ 的平面方程.
3. 求过点 $(1,-2,3)$ 且与平面 $7x-3y+z-6=0$ 平行的平面方程.
4. 求过已知点 $M_1(2,-1,4)$，$M_2(-1,3,-2)$ 和 $M_3(0,2,3)$ 的平面方程.
5. 求过点 $M_0(1,-3,2)$ 且与向量 $\{4,2,1\}$ 平行的直线方程.
6. 一直线过点 $(2,2,-1)$ 且与直线 $\frac{x-3}{2}=y=\frac{z-1}{5}$ 平行，求此直线方程.
7. 求过点 $(2,-3,4)$ 且垂直于平面 $3x-y+2z=4$ 的直线方程.

8.4 曲面及常见曲面方程

8.4.1 曲面方程的概念

类似平面方程的定义，我们可以定义曲面方程.

定义 1　如果曲面 Σ 上每一点的坐标都满足方程 $F(x,y,z)=0$（或 $z=f(x,y)$），而不在曲面 Σ 上的点的坐标都不满足该方程，则称方程 $F(x,y,z)=0$（或 $z=f(x,y)$）为曲面 Σ 的方程，该曲面 Σ 称为 $F(x,y,z)=0$（或 $z=f(x,y)$）的图形.

本节将讨论一些常见的用二次方程所表示的曲面，即二次曲面.

8.4.2 常见曲面

1. 球面

现有定点 $M_0(x_0,y_0,z_0)$，曲面上任意一点 $M(x,y,z)$，M 与 M_0 的距离恒为常数 R，试给出此曲面的方程.

由已知条件，$|M_0M|^2=R^2$，即所求的曲面方程为：

$$(x-x_0)^2+(y-y_0)^2+(z-z_0)^2=R^2 \qquad \text{球面}$$

其中以原点为中心，以 R 为半径的球面方程为：$x^2+y^2+z^2=R^2$.

球面方程的特征：球面的一般方程为 $x^2+y^2+z^2+ax+by+cz+d=0$，特点是方程中没有交叉项 xy、yz、zx；与平行于坐标轴的平面的截面均为圆；三个平方项 x^2,y^2,z^2 的系数一定相同.

例 1 方程 $x^2+y^2+z^2-4x+6y-3=0$ 表示怎样的曲面.

解 原方程可化为 $(x-2)^2+(y+3)^2+z^2=16$，故该方程表示球心为点 $(2,-3,0)$，半径为 4 的球面.

2. 旋转面

定义 2 设在 yOz 平面上有一条平面曲线 $c:f(y,z)=0$，将此曲线绕 z 轴旋转一周，所得的曲面称为旋转面，z 轴称为旋转轴.

如图 8-14 所示，设 $M(x,y,z)$ 是旋转面上的任意一点，并且是曲线 c 上的点 $M_0(0,y_0,z_0)$ 旋转所得，则

$$z=z_0,\ |O'M|=|O'M_0|$$

又因为 $O'(0,0,z_0)$，即有

$$\begin{cases} z=z_0 \\ x^2+y^2+(z-z_0)^2=y_0^2 \end{cases} \text{或} \begin{cases} z=z_0 \\ x^2+y^2=y_0^2 \end{cases}$$

$$y_0=\pm\sqrt{x^2+y^2},\ z_0=z$$

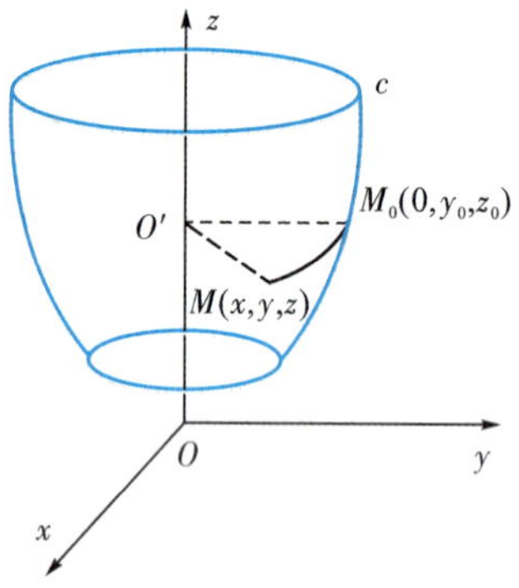

图 8-14

而 (y_0,z_0) 是 yOz 平面曲线 c 上的点，则 $f(y_0,z_0)=0$，即旋转面上的任意一点 $M(x,y,z)$ 满足：

$$f(\pm\sqrt{x^2+y^2},z)=0$$

反之，不在旋转面上的点一定不满足此方程，故 yOz 平面上曲线 $c:f(y,z)=0$ 绕 z 轴旋转一周，所得的曲面方程为 $\Sigma:f(\pm\sqrt{x^2+y^2},z)=0$.

此时，z 不变，而 $y\to\pm\sqrt{x^2+y^2}$，或 $y^2\to x^2+y^2$.

同理，若将上面的曲线绕 y 轴旋转一周，则旋转面的方程为 $\Sigma:f(y,\pm\sqrt{x^2+z^2})=0$.

此时，y 不变，而 $z\to\pm\sqrt{x^2+z^2}$，或 $z^2\to x^2+z^2$.

旋转面的特点为：

(1)总有两个平方项系数相同;

(2)垂直于旋转轴的平面与曲面的截面均为圆.

例 2　将 yOz 面上的椭圆$\frac{y^2}{b^2}+\frac{z^2}{c^2}=1$与直线 $z=ky$ 分别绕 z 轴旋转一周,写出旋转面的方程.

解　yOz 面上的曲线:$\frac{y^2}{b^2}+\frac{z^2}{c^2}=1$,旋转轴 z 轴,则旋转面方程为

$$\frac{x^2+y^2}{b^2}+\frac{z^2}{c^2}=1 \text{ 或} \frac{x^2}{b^2}+\frac{y^2}{b^2}+\frac{z^2}{c^2}=1 \quad \text{椭球面}$$

yOz 面上的曲线:$z=ky$,旋转轴 z 轴,则旋转面方程为

$$z=\pm k\sqrt{x^2+y^2} \text{ 或 } z^2=k^2(x^2+y^2) \quad \text{圆锥面}$$

如果将上面的两条曲线分别绕 y 轴旋转一周,则旋转面方程分别为

$$\frac{x^2}{c^2}+\frac{y^2}{b^2}+\frac{z^2}{c^2}=1 \quad \text{椭球面}$$

$$y=\pm k\sqrt{x^2+z^2} \text{ 或 } y^2=k^2(x^2+z^2) \quad \text{圆锥面}$$

3. 柱面(母线平行于坐标轴的柱面)

定义 3　空间有一确定的曲线 l,直线 L.使直线 L 沿定曲线 l 平移,所形成的曲面称为柱面,其中曲线 l 称为柱面的准线,而直线 L 称为柱面的母线.

注意　一般,给定一柱面后,其母线是确定的,但其准线是不唯一的;即柱面上的任意一条曲线都可能成为柱面的准线.

建立准线为 xOy 平面上的曲线 $l:f(x,y)=0$,母线平行于 z 轴的柱面 Σ 的方程.

设 $M_0(x_0,y_0,z_0)$是柱面上的任意一点,M_0 在 xOy 平面上的投影点为 $M(x_0,y_0,0)$,则 M 一定在平面曲线 $l:f(x,y)=0$ 上,故其坐标(x_0,y_0)一定满足方程 $f(x,y)=0$,即 $f(x_0,y_0)=0$;由 M_0 在柱面上的任意性,对于柱面上的任意点 $M(x,y,z)$,其坐标均满足方程 $f(x,y)=0$.

反之如果点 $M(x,y,z)$不在柱面上,则其投影点一定不在曲线 l 上,坐标必然不满足方程 $f(x,y)=0$.从而以 xOy 平面上的曲线 $l:f(x,y)=0$ 为准线,母线平行于 z 轴的柱面 Σ 的方程为 $f(x,y)=0$.(图 8-15)

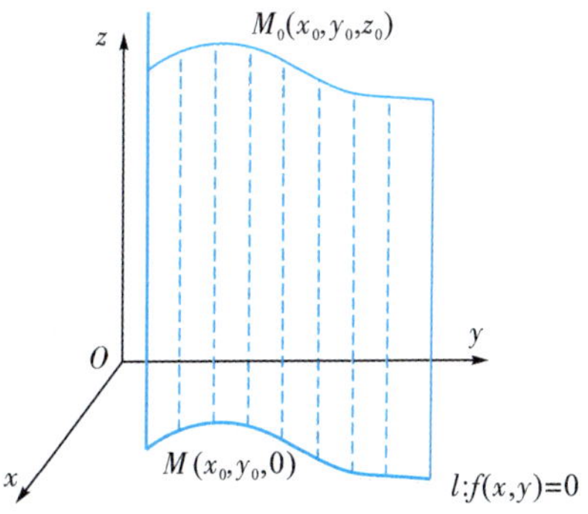

图 8-15

注意　(1)在空间中,二元函数方程均表示空间的柱面;$f(x,y)=0$ 表示母线平行于 z 轴的柱面;$f(x,z)=0$ 表示母线平行于 y

轴的柱面;$f(y,z)$表示母线平行于 x 轴的柱面.

(2)注意母线平行于坐标轴的柱面与平面曲线的区别,一般平面曲线的方程可以表示为

$$l:\begin{cases}f(x,y)=0\\ z=0\end{cases}$$ 表示 xOy 面上的曲线;

$$l:\begin{cases}f(x,y)=0\\ z=z_0\end{cases}$$ 表示平面 $z=z_0$ 上的曲线.

例3 求准线在 xOy 面上的圆 $x^2+y^2=R^2$,母线平行于 z 轴的圆柱面方程.

解 设 $M(x,y,z)$为此圆柱面上的任意一点,过点 $M(x,y,z)$的母线与 xOy 面的交点 $M_1(x,y,0)$一定在准线上,所以不论点 $M(x,y,z)$的竖坐标 z 取何值,它的横坐标 x 和纵坐标 y 都满足 $x^2+y^2=R^2$,所以所求圆柱面方程为 $x^2+y^2=R^2$.

4. 空间曲线

空间曲线可以看作两个曲面的交线,设 $F(x,y,z)=0$ 与 $G(x,y,z)=0$ 是两个曲面方程,它们的交线为 Γ,因为曲线 Γ 上每一点的坐标都同时满足这两个曲面方程,所以曲线上任一点的坐标应满足方程组

$$\begin{cases}F(x,y,z)=0\\ G(x,y,z)=0\end{cases}\qquad (*)$$

反之,若空间中的点不在曲线 Γ 上,必然不能同时在两个曲面上,所以该点不满足方程组(*),因此方程组(*)便是空间曲线 Γ 的方程,而曲线 Γ 即为方程组(*)的图形.

当方程组(*)的两个曲面方程为两个不平行的平面方程时,方程组

$$L:\begin{cases}A_1x+B_1y+C_1z+D_1=0 & \boldsymbol{n}_1\\ A_2x+B_2y+C_2z+D_2=0 & \boldsymbol{n}_2\end{cases}\qquad (\boldsymbol{n}_1\neq\boldsymbol{n}_2)$$

即表示上节中介绍的空间直线方程.

习题 8-4

1. 建立以点(1,3,−2)为球心,且通过坐标原点(0,0,0)的球面方程.

2. 方程 $x^2+y^2+z^2-6z=7$ 表示怎样的曲面?

3. 求$\begin{cases}\dfrac{x^2}{3}+\dfrac{z^2}{4}=1\\ y=0\end{cases}$绕 x 轴及 z 轴旋转所得的旋转曲面的方程.

4. 说明下列方程所表示的曲面的名称，若为旋转曲面，说明它是如何形成的.

(1) $x+y^2+z^2=1$；　　(2) $x^2-\frac{y^2}{9}+z^2=1$.

8.5 空间曲线及其在坐标面上的投影

8.5.1 空间曲线的一般方程

上节我们已经指出，空间曲线可看作两个曲面的交线，曲面 $F(x,y,z)=0$ 和 $G(x,y,z)=0$ 的交线 Γ 可以用方程组

$$\begin{cases}F(x,y,z)=0\\G(x,y,z)=0\end{cases} \qquad (*)$$

来表示，方程组(*)称为曲线 Γ 的一般方程.

例 1 方程组

$$\begin{cases}x^2+y^2=4\\2x+3y=12\end{cases}$$

表示怎样的曲线？

解 方程组中第一个方程表示母线平行于 z 轴的圆柱面，其准线是 xOy 面上的圆，圆心在原点，半径为 2；方程组中的第二个方程表示母线平行于 y 轴的柱面，由于它的准线是 xOz 面上的直线，因此它是一个平面. 故方程组就表示上述平面与圆柱面的交线.

例 2 方程组

$$\begin{cases}z=\sqrt{a^2-x^2-y^2}\\\left(x-\frac{a}{2}\right)^2+y^2=\left(\frac{a}{2}\right)^2\end{cases} \quad (a>0)$$

表示怎样的曲线？

解 方程组的第一个方程表示球心在坐标原点，半径为 a 的上半球面. 第二个方程表示母线平行于 z 轴的圆柱面，它的准线是 xOy 面上的圆，这圆的圆心在点 $\left(\frac{a}{2},0\right)$，半径为 $\frac{a}{2}$. 故方程组就表示上述圆柱面与上半球面的交线.

8.5.2 空间曲线在坐标面上的投影

以空间曲线 Γ 为准线，母线垂直于 xOy 面的柱面叫作 Γ 对 xOy 面的投影柱面. 投影柱面与 xOy 面的交线叫作 Γ 在 xOy 面上的投影曲线. 同理可定义 Γ 在 xOz，yOz 面上的投影曲线.

设空间曲线 Γ 的一般方程为

$$\begin{cases}F(x,y,z)=0\\G(x,y,z)=0\end{cases}\tag{*}$$

现在我们来研究方程组(*)消去变量 z 后的结果

$$P(x,y)=0$$

由于当点 $M(x,y,z)\in\Gamma$ 时，其坐标满足方程组(*)，而 $P(x,y)=0$ 是方程组(*)消去变量 z 后的结果，所以点 $M(x,y,z)$ 中的 x,y 一定满足方程组(*)，因此点 $M(x,y,z)$在 $P(x,y)=0$ 所表示的柱面上，这说明该柱面包含了空间曲线 Γ. 从而柱面 $P(x,y)=0$ 与 xOy 面($z=0$)的交线

$$\begin{cases}P(x,y)=0\\z=0\end{cases}$$

必然包含了空间曲线 Γ 在 xOy 面上的投影曲线.

用同样的方法，消去方程组中的变量 x 或 y 得到 $Q(y,z)=0$ 或 $R(x,z)=0$，再分别与 $x=0$ 或 $y=0$ 联立，就可以得到包含了空间曲线 Γ 在 yOz 面上或 xOz 面上的投影曲线的曲线方程

$$\begin{cases}Q(y,z)=0\\x=0\end{cases}\text{或}\begin{cases}R(x,z)=0\\y=0\end{cases}$$

例 3 求曲线 Γ：$\begin{cases}x^2+y^2+z^2=16\\y+z=0\end{cases}$ 在 xOy 面上或 yOz 面上的投影曲线的曲线方程.

解 将方程组消去 z 可得：$x^2+2y^2=16$，所以空间曲线 Γ 在 xOy 面上的投影曲线方程为：$\begin{cases}x^2+2y^2=16\\z=0\end{cases}$.

又因为曲线 Γ 的第二个方程不含 x，所以 $y+z=0$ 即为曲线 Γ 关于 yOz 面上的投影柱面，它在 yOz 面上表示一条直线，而曲线 Γ 在 yOz 面上的投影只是该直线的一部分，即

$$\begin{cases}y+z=0 & (-2\sqrt{2}\leqslant y\leqslant 2\sqrt{2})\\x=0\end{cases}$$

习题 8-5

1. 指出下列方程组所表示的曲线.

(1) $\begin{cases}(x-1)^2+(y+5)^2+z^2=34\\ y+2=0\end{cases}$；　(2) $\begin{cases}x^2-4y^2-2z^2=0\\ z=1\end{cases}$.

2. 求下列方程组所表示的曲线在各坐标面上的投影方程.

(1) $\begin{cases}\sqrt{4-x^2-y^2}=z\\ x^2+y^2=2x\end{cases}$；　(2) $\begin{cases}x^2+y^2=36\\ y^2+z^2=36\end{cases}$.

3. 设一个空间曲线由方程组 $\begin{cases}z=2x^2+2y^2\\ x^2+y^2+z=6\end{cases}$ 确定，求它在 xOy 面上的投影区域.

总复习题 8

1. 求点 $M(x,y,z)$ 关于：(1)各坐标面；(2)各坐标轴；(3)坐标原点的对称点坐标.

2. 求点 $M(1,-2,3)$ 到坐标原点和各坐标轴的距离.

3. 求平行于向量 $\boldsymbol{a}=\{1,2,2\}$ 的单位向量.

4. 设 $P(2,-2,5)$，$Q(-1,6,7)$，求 $\overrightarrow{PQ}$ 的模.

5. 求过点 $(2,4,-4)$ 和 y 轴的平面方程.

6. 求以点 $(1,2,-3)$ 为球心，且通过坐标原点的球面方程.

7. 求球面 $x^2+y^2+z^2-8x+10y-2z=0$ 的球心与半径.

8. 一动点到原点的距离为 3，且到点 $(2,0,0)$，$(1,1,0)$ 的距离相等，求该动点的轨迹方程.

9. 写出下列曲线绕指定轴旋转而成的旋转曲面方程：

(1) yOz 面上的抛物线 $y^2=2z$，绕 z 轴旋转；

(2) xOy 面上的抛物线 $3x^2-2y^2=6$，绕 x 轴旋转；

(3) zOx 面上的抛物线 $2x-z=1$，绕 x 轴旋转.

第9章

多元函数微分法及其应用

育人目标

1. 使学生懂得观察事物的角度不同，所得结论也不同. 从而在生活中学会换位思考，理解他人！

2. 引导学生树立正确的世界观、人生观、价值观. 人生没有捷径，面对人生道路上的曲折，要有持之以恒的决心、坚韧不拔的毅力.

思政元素

融入数学方法——对比法的教学. 多元函数增加自变量之后，量变会引起质变，使得多元函数的概念与一元函数的概念有了本质的区别. 在实际生活中，大到一个国家、一个单位、一个部门，小到一个人的一生，本质上都是在追求极大或者最大值，要想达到这个目标就必须付出辛勤的劳动和汗水.

思政园地

多元函数的偏导数，涉及对中间变量的理解. 在求偏导数时，假定其他量不变是分析问题的一种方式，即在分析某一个因素对整个事情的影响时，固定其他变量，只观察该因素的影响. 观察事物的角度不同，结论也不同. 因此，生活中也要学会换位思考，理解他人，怀有仁爱之心.

全微分由关于 x 和 y 的偏导数及增量一起决定. 体现了现象到本质、大化小的哲学思想，对学生来说主要是学习处理事情的方式：无论多大的事情，总可以把它分解，只要把各个细节解决了，大事儿也就迎刃而解了. 讲近似相等时，告诉学生事物的发展不见得都是那么完美，要经过一番努力才能使之变得完美幸福，正如幸福是奋斗出来的. 所以大家在学习上要不畏艰难，立志做奋斗者，并且拥有勇于探索的精神.

人生就像连绵不断的曲面，起起落落是必经之路，是成长的需要，跌入低谷不气馁，甘于平淡不放任，伫立高峰不张扬，这才叫宽阔胸襟. 要学会用运动的观点看待问题，低谷与顶峰只是人生路上的一个转折点.

与此同时,多元函数微分学还告诉我们,要认识事物的真相与全貌,必须超越狭小的范围,把握全局才能得到准确判断.

通过对复合函数求导法则的学习,同学们要深刻认识事物之间的共性与个性,进一步体会共性是不同事物的普遍性质,个性是事物区别于他物的特殊性质的哲学观点.

还要明白生活中很多事情既需要分工,也需要合作,只有合理协作,才能绽放出更加绚丽的光彩.在与人相处中,要懂得团结友爱,精诚合作.只有全国人民团结一心,才能使我们的祖国更加繁荣昌盛.

讨论

1. 阅读以上内容,你从中懂得了什么?
2. 通过你的认识,谈一谈多元函数微分法与一元函数微分法的异同?

前面我们研究了一元函数及其微积分,但在自然科学、工程技术以及经济生活等领域中,往往涉及多个因素之间关系的问题,这在数学上就表现为一个变量依赖于多个变量的情形,因而就引出了多元函数的概念及其微分和积分的问题.

本章在一元函数微分学的基础上,讨论多元函数的微分法及其应用.讨论中我们以二元函数为主,但所得到的概念、性质与结论都可以很自然地推广到二元以上的多元函数.

9.1　多元函数的基本概念、极限与连续

9.1.1　邻域

在一元函数中,我们曾使用过邻域和区间的概念,由于讨论多元函数的需要,下面我们给出二维平面中邻域的概念.

设 $P_0(x_0,y_0)\in\mathbf{R}^2$,$\delta$ 为某一正数,在 $\mathbf{R}^2$ 中与点 $P_0(x_0,y_0)$ 的距离小于 δ 的点 $P(x,y)$ 的全体,称为点 $P_0(x_0,y_0)$ 的 δ 邻域,记作 $U(P_0,\delta)$,即

$$U(P_0,\delta)=\{P\in\mathbf{R}^2\mid |P_0P|<\delta\}=\left\{(x,y)\mid\sqrt{(x-x_0)^2+(y-y_0)^2}<\delta\right\}$$

在几何上,$U(P_0,\delta)$ 就是平面上以点 $P_0(x_0,y_0)$ 为圆心,以 δ 为半径的圆盘(不包括圆周).

在之前学习的微积分中,所讨论的往往是只有一个自变量和一个因变量的函数,我们称之为一元函数.然而在很多自然现象以及实际问题中,常常会遇到多个变量之间的依赖关系.

9.1.2 多元函数的概念

引例 1 圆柱体的体积 V 和它的底半径 r、高 h 之间具有关系

$$V=\pi r^2 h$$

这里,当 r,h 在集合 $\{(r,h)\mid r>0,h>0\}$ 内取定一对值 (r,h) 时,V 的对应值就随之确定.

引例 2 设 R 是电阻 R_1,R_2 并联后的总电阻,由电学知道,它们之间具有关系

$$R=\frac{R_1R_2}{R_1+R_2}$$

R 的对应值就随之确定.

上面两个引例的具体意义虽然各不相同,但它们却有共同的性质,类似于一元函数的定义就可得出以下关于二元函数的定义.(本节主要以二元函数作为多元函数的典型,展开相关讨论)

1. 二元函数的定义

定义 1 设有三个变量 x,y,z 如果变量 x,y 在一定范围内任取一对数值时,变量 z 按照一定的对应法则 f 总有唯一确定的数值与之对应,则称 z 是 x,y 的二元函数,记为 $z=f(x,y)$. 其中 x,y 称为自变量,z 称为因变量,自变量 x,y 的变化范围 D 称为二元函数的定义域. 数集 $\{z\mid z=f(x,y),(x,y)\in D\}$ 称为二元函数的值域.

与二元函数类似可定义三元函数 $u=f(x,y,z)$ 以及三元以上的函数,二元及二元以上的函数统称为多元函数.

2. 二元函数的定义域

关于二元函数 $z=f(x,y)$ 的定义域,与一元函数类似,即为能够使表达式 $z=f(x,y)$ 有意义的所有的自变量的取值范围. 在实数域中,一元函数的定义域是实数轴上的某个区域,而二元函数的定义域比较复杂,可以是整个 xOy 平面,也可以是一条曲线,甚至可以是由曲线所围成的部分平面等.

例如,函数 $z=\ln(x+y)$ 的定义域为:

$$\{(x,y)\mid x+y>0\}$$

这是一个无界开区域.(图 9-1)

又如,函数 $z=\arcsin(x^2+y^2)$ 的定义域为:

$$\{(x,y)\mid x^2+y^2\leqslant 1\}$$

这是一个闭区域.(图 9-2)

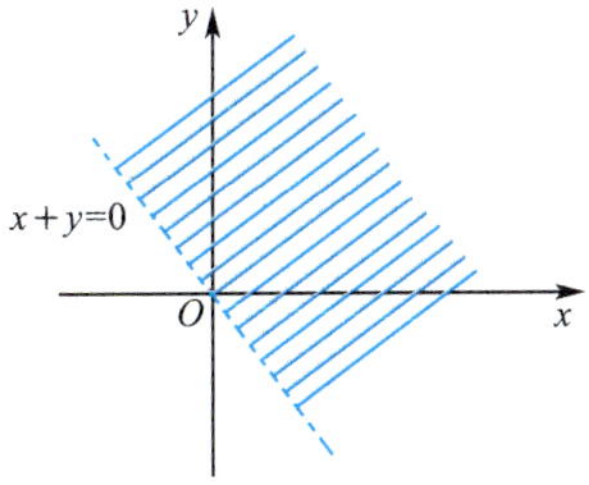

图 9-1

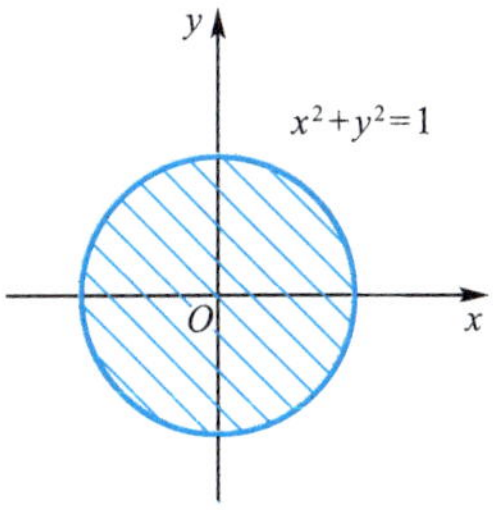

图 9-2

·注意· 一元函数的单调性、奇偶性、周期性等性质的定义在多元函数中不再适用，但有界性的定义仍然适用：

设有 n 元函数 $y=f(\boldsymbol{X})$（$\boldsymbol{X}$ 为 n 维数组），其定义域为 $D\subset\mathbf{R}^n$，集合 $X\subset D$. 若存在正数 M，使对任一元素 $\boldsymbol{X}\in X$，有 $|f(\boldsymbol{X})|\leqslant M$，则称 $y=f(\boldsymbol{X})$ 在 X 上有界，M 称为 $y=f(\boldsymbol{X})$ 在 X 上的一个界.

3. 二元函数的图像与几何意义

设二元函数 $z=f(x,y)$ 的定义域为 D，对于任意取定的点 $(x,y)\in D$，对应的函数值为 $z=f(x,y)$，这样，以 x 为横坐标、y 为纵坐标、z 为竖坐标在空间就确定一点 $M(x,y,z)$，当 (x,y) 取遍 D 上一切点时，得到一个空间点集 $\{(x,y,z)\mid z=f(x,y),(x,y)\in D\}$，这个点集在三维空间中就形成一张曲面 Σ. 我们称此曲面 Σ 为二元函数 $z=f(x,y)$ 的图形. 而定义域即为曲面 Σ 在 xOy 面上的投影区域.

例如，函数 $z=\sqrt{R^2-x^2-y^2}\ (R>0)$ 的图形为球心在原点，半径为 R 的上半球面，其定义域为 $\{(x,y)\mid x^2+y^2\leqslant R^2\}$，图形为上半球面在 xOy 面上的投影区域：圆心在原点，半径为 R 的圆面.

9.1.3 二元函数的极限与连续

1. 二元函数的极限

对于二元函数 $z=f(x,y)$ 极限的讨论，实质上即为当 (x,y) 趋近于某个固定的点 $P_0(x_0,y_0)$ 时，函数 z 变化状态的讨论.

定义 2 设二元函数 $z=f(x,y)$ 在点 $P_0(x_0,y_0)$ 的邻域内有定义（该邻域可以是空心邻域，即点 P_0 可除外）. 当 $P(x,y)$ 沿任意路径趋于点 $P_0(x_0,y_0)$ 时，函数 $z=f(x,y)$ 的值总是趋近于一个确定的常数 A，则称 A 是函数 $z=f(x,y)$ 当 $(x,y)\to(x_0,y_0)$ 时的极限. 记作

$$\lim_{\substack{x\to x_0\\ y\to y_0}} f(x,y)=A \text{ 或 } \lim_{P\to P_0} f(x,y)=A$$

·注意· (1)定义中的方向(路径)是任意的;

(2)为了区别于一元函数的极限,二元函数的极限也叫二重极限;

(3)二元函数的极限运算法则与一元函数类似.我们必须注意的是,所谓二重极限存在,是指 $P(x,y)$ 以任何方式(路径)趋于 $P_0(x_0,y_0)$ 时,函数都无限接近于 A.因此,如果 $P(x,y)$ 以某一种特殊方式,例如沿着一条直线或某个固定曲线趋于 $P_0(x_0,y_0)$ 时,即使函数无限接近于某一确定值,我们也不能由此断定函数的极限存在.反之,如果当 $P(x,y)$ 以不同方式趋于 $P_0(x_0,y_0)$ 时,函数趋于不同的值,那么就可以断定此函数的极限不存在.下面用例子来说明这种情形.

例 1 考察函数

$$f(x,y)=\begin{cases}\dfrac{xy}{x^2+y^2}, & x^2+y^2\neq 0\\ 0, & x^2+y^2=0\end{cases}$$

显然,当点 $P(x,y)$ 沿 x 轴趋于点(0,0)时,$\lim\limits_{x\to 0}f(x,0)=\lim\limits_{x\to 0}0=0$;又当点 $P(x,y)$ 沿 y 轴趋于点(0,0)时,$\lim\limits_{y\to 0}f(0,y)=\lim\limits_{y\to 0}0=0$.

虽然点 $P(x,y)$ 以上述两种特殊方式(沿 x 轴或沿 y 轴)趋于原点时函数的极限存在并且相等,但是$\lim\limits_{\substack{x\to 0\\ y\to 0}}f(x,y)$并不存在.这是因为当点 $P(x,y)$ 沿着直线 $y=kx$ 趋于点(0,0)时,有

$$\lim_{\substack{x\to 0\\ y=kx\to 0}}\frac{xy}{x^2+y^2}=\lim_{x\to 0}\frac{kx^2}{x^2+k^2x^2}=\frac{k}{1+k^2}$$

显然它是随着 k 值而改变的.若 k 取不同的数值,则$\dfrac{k}{1+k^2}$的值不同,故$\lim\limits_{\substack{x\to 0\\ y\to 0}}f(x,y)$不存在.

以上关于二元函数的极限概念,可相应地推广到 n 元函数 $u=f(P)$ 即 $u=f(x_1,x_2,\cdots,x_n)$上去.并且关于多元函数极限的定义与运算,与一元函数有着完全相同的形式,因而有关一元函数的极限运算法则和方法都可以平行地推广到多元函数上来(洛必达法则及单调有界法则除外).

例 2 求$\lim\limits_{\substack{x\to 1\\ y\to 2}}\dfrac{x+y}{xy}$.

解 函数 $f(x,y)=\dfrac{x+y}{xy}$是初等函数,故 $\lim\limits_{\substack{x\to 1\\ y\to 2}}\dfrac{x+y}{xy}=f(1,2)=\dfrac{3}{2}$.

一般地,求 $\lim\limits_{P\to P_0}f(P)$,如果 $f(P)$是初等函数,且 P_0 是 $f(P)$的定义域内的点,则 $f(P)$在点 P_0 处连续,于是$\lim\limits_{P\to P_0}f(P)=f(P_0)$.

例 3 求 $\lim\limits_{(x,y)\to(0,3)} \dfrac{\sin xy}{x}$.

解 $\lim\limits_{(x,y)\to(0,3)} \dfrac{\sin xy}{x}=\lim\limits_{(x,y)\to(0,3)} \dfrac{\sin xy}{xy}\cdot y=1\times 3=3$.

例 4 求 $\lim\limits_{(x,y)\to(0,1)} xy\cdot\sin\dfrac{1}{x^2+y^2}$.

解 由于 $\lim\limits_{(x,y)\to(0,1)} xy=0\times 1=0$，而 $\left|\sin\dfrac{1}{x^2+y^2}\right|\leqslant 1$，所以

$$\lim_{(x,y)\to(0,1)} xy\cdot\sin\frac{1}{x^2+y^2}=0$$

例 5 求 $\lim\limits_{\substack{x\to 0\\ y\to 0}} \dfrac{\sqrt{xy+1}-1}{xy}$.

解 $\lim\limits_{\substack{x\to 0\\ y\to 0}} \dfrac{\sqrt{xy+1}-1}{xy}=\lim\limits_{\substack{x\to 0\\ y\to 0}} \dfrac{xy+1-1}{xy(\sqrt{xy+1}+1)}=\lim\limits_{\substack{x\to 0\\ y\to 0}} \dfrac{1}{\sqrt{xy+1}+1}=\dfrac{1}{2}$.

2. 二元函数的连续性

有了二元函数的极限概念，就可以定义二元函数的连续性.

定义 3 若函数 $z=f(x,y)$ 在点 (x_0,y_0) 的邻域内（这里只能是实心邻域）有定义，且有 $\lim\limits_{\substack{x\to x_0\\ y\to y_0}} f(x,y)=A=f(x_0,y_0)$，则称函数 $z=f(x,y)$ 在点 (x_0,y_0) 处连续.

如果函数 $f(x,y)$ 在开区域（或闭区域）D 内的每一点连续，那么就称函数 $f(x,y)$ 在 D 内连续，或者称 $f(x,y)$ 是 D 内的连续函数.

若函数 $z=f(x,y)$ 在点 (x_0,y_0) 不连续，则称 (x_0,y_0) 为函数 $z=f(x,y)$ 的间断点. 另外，$z=f(x,y)$ 不但可以有间断点，而且有时间断点还可以形成一条曲线，称为间断线. 例如 $(0,0)$ 是函数 $f(x,y)=\dfrac{1}{x^2+y^2}$ 的间断点；而 $x^2+y^2=2$ 是函数 $f(x,y)=\dfrac{1}{x^2+y^2-2}$ 的间断线.

进一步考虑函数 $f(x,y)=\begin{cases}\dfrac{xy}{x^2+y^2}, & x^2+y^2\neq 0\\ 0, & x^2+y^2=0\end{cases}$ 在 $(0,0)$ 处的连续性.

解 取 $y=kx$，则 $\lim\limits_{\substack{x\to 0\\ y\to 0}} \dfrac{xy}{x^2+y^2}=\lim\limits_{\substack{x\to 0\\ y=kx}} \dfrac{kx^2}{x^2+k^2x^2}=\dfrac{k}{1+k^2}$.

其值随 k 的不同而变化，极限不存在. 故函数在 $(0,0)$ 处不连续.

与一元函数类似，二元连续函数经过四则运算后仍为连续函数，并且二元函数的复合函数仍为连续函数.

以上关于二元函数的连续性的概念,可相应地推广到 n 元函数 $f(P)$ 上去.

与闭区间上一元连续函数的性质相类似,在有界闭区域上多元连续函数也有如下性质.

性质1(最大值和最小值定理) 在有界闭区域 D 上的多元连续函数,在 D 上一定有最大值和最小值.

性质2(介值定理) 在有界闭区域 D 上的多元连续函数,如果在 D 上取得两个不同的函数值,则它在 D 上取得介于这两个值之间的任何值至少一次.

一元函数中关于极限的运算法则,对于多元函数仍然适用.根据极限运算法则,可以证明多元连续函数的和、差、积均为连续函数;在分母不为零时,连续函数的商是连续函数;多元连续函数的复合函数也是连续函数.

多元初等函数的连续性,如果要求它在点 P_0 处的极限,而该点又在此函数的定义域内,则极限值就是函数在该点的函数值,即

$$\lim_{P\to P_0} f(P)=f(P_0).$$

习题 9-1

1.求下列函数的定义域,并绘出定义域的图形.

(1)$f(x,y)=\sqrt{1-x^2}+\sqrt{1-y^2}$;

(2)$f(x,y)=\arcsin x+\arcsin\dfrac{y}{2}$;

(3)$f(x,y)=\sqrt{16-x^2-y^2}+\dfrac{1}{\sqrt{x^2+y^2-4}}$.

2.已知函数 $f(x+y,x-y)=xy+y^2$,求 $f(x,y)$.

3.已知函数 $f(u,v,w)=u^w+w^{u+v}$,试求 $f(x+y,x-y,xy)$.

4.求下列极限.

(1)$\lim\limits_{\substack{x\to 0\\ y\to 1}}\dfrac{1-xy}{x^2+y^2}$;　　(2)$\lim\limits_{\substack{x\to 1\\ y\to 0}}\dfrac{\ln(x+e^y)}{\sqrt{x^2+y^2}}$.

5.证明下列极限不存在.

(1)$\lim\limits_{\substack{x\to 0\\ y\to 0}}\dfrac{x+y}{x-y}$;　　(2)$\lim\limits_{\substack{x\to 0\\ y\to 0}}\dfrac{x^2y^2}{x^2y^2+(x-y)^2}$.

6.函数 $z=\dfrac{y^2+2x}{y^2-2x}$ 在何处是间断的?

7.证明 $\lim\limits_{\substack{x\to 0\\ y\to 0}}\dfrac{xy}{\sqrt{x^2+y^2}}=0$.

9.2 偏导数及其几何应用

9.2.1 偏导数的定义

在研究一元函数时，我们从研究函数的变化率引入了导数概念. 对于多元函数同样需要讨论它的变化率. 但多元函数的自变量不止一个，因此变量与自变量的关系要比一元函数复杂得多. 在本节中，我们首先考虑多元函数关于其中一个自变量的变化率. 以二元函数 $z=f(x,y)$ 为例，如果只有自变量 x 变化，而自变量 y 固定（看作常量），这时它就是 x 的一元函数，这函数对 x 的导数，就称为二元函数 z 对 x 的偏导数，即有如下定义：

定义　设函数 $z=f(x,y)$ 在点 (x_0,y_0) 的某一邻域内有定义，当 y 固定在 y_0 而 x 在 x_0 处有增量 Δx 时，相应的函数有增量

$$f(x_0+\Delta x,y_0)-f(x_0,y_0)$$

如果

$$\lim_{\Delta x\to 0}\frac{f(x_0+\Delta x,y_0)-f(x_0,y_0)}{\Delta x}$$

存在，则称此极限为函数 $z=f(x,y)$ 在点 (x_0,y_0) 处对 x 的偏导数，记作

$$\left.\frac{\partial z}{\partial x}\right|_{\substack{x=x_0\\y=y_0}},\left.\frac{\partial f}{\partial x}\right|_{\substack{x=x_0\\y=y_0}}\text{或 } f'_x(x_0,y_0)$$

例如，上述极限可以表示为

$$f'_x(x_0,y_0)=\lim_{\Delta x\to 0}\frac{f(x_0+\Delta x,y_0)-f(x_0,y_0)}{\Delta x}.$$

类似地，函数 $z=f(x,y)$ 在点 (x_0,y_0) 处对 y 的偏导数的定义为

$$f'_y(x_0,y_0)=\lim_{\Delta y\to 0}\frac{f(x_0,y_0+\Delta y)-f(x_0,y_0)}{\Delta y}$$

记作 $\left.\frac{\partial z}{\partial y}\right|_{\substack{x=x_0\\y=y_0}},\left.\frac{\partial f}{\partial y}\right|_{\substack{x=x_0\\y=y_0}}$ 或 $f'_y(x_0,y_0)$.

如果函数 $z=f(x,y)$ 在区域 D 内每一点 (x,y) 处对 x 的偏导数都存在，那么这个偏导数就是 x,y 的函数，称为函数 $z=f(x,y)$ 对自变量 x 的偏导数，记作

$$\frac{\partial z}{\partial x},\frac{\partial f}{\partial x}\text{或 } f'_x(x,y)$$

类似地，可以定义函数 $z=f(x,y)$ 对自变量 y 的偏导数，记作

$$\frac{\partial z}{\partial y},\frac{\partial f}{\partial y}\text{或} f'_y(x,y)$$

例 1 求 $z=x^2+3xy+y^2$ 在点(1,2)处的偏导数.

解 把 y 看作常量,得

$$\frac{\partial z}{\partial x}=2x+3y$$

把 x 看作常量,得

$$\frac{\partial z}{\partial y}=3x+2y$$

将(1,2)代入上面的结果,就得

$$\left.\frac{\partial z}{\partial x}\right|_{\substack{x=1\\y=2}}=2\cdot 1+3\cdot 2=8$$

$$\left.\frac{\partial z}{\partial y}\right|_{\substack{x=1\\y=2}}=3\cdot 1+2\cdot 2=7$$

例 2 求 $z=x^2\cdot\sin y$ 的偏导数.

解 将 y 看作常数,对 x 求导得:$\frac{\partial z}{\partial x}=2x\sin y$;

将 x 看作常数,对 y 求导得:$\frac{\partial z}{\partial y}=x^2\cos y$.

例 3 设 $f(x,y)=\begin{cases}\dfrac{xy}{x^2+y^2}, & x^2+y^2\neq 0\\ 0, & x^2+y^2=0\end{cases}$,求 $f'_x(0,0)$,$f'_y(0,0)$.

解 $f'_x(0,0)=\lim\limits_{\Delta x\to 0}\dfrac{f(0+\Delta x,0)-f(0,0)}{\Delta x}=\lim\limits_{\Delta x\to 0}\dfrac{\dfrac{\Delta x\cdot 0}{(\Delta x)^2+0^2}-0}{\Delta x}=0.$

同理可得 $f'_y(0,0)=0$.

·注意· (1)分段函数在分界点处的偏导数必须由定义求得;

(2)二元函数 $f(x,y)$ 在点 (x_0,y_0) 处偏导数存在,但函数在该点处不一定连续,如上例中 $f(x,y)$ 在点(0,0)处偏导数存在但不连续;

(3)偏导数定义可推广到三元及三元以上的函数.

例 4 求 $r=\sqrt{x^2+y^2+z^2}$ 的偏导数.

解 把 y 和 z 都看作常量,得

$$\frac{\partial r}{\partial x}=\frac{x}{\sqrt{x^2+y^2+z^2}}=\frac{x}{r}$$

由于所给函数关于自变量的对称性（自变量 x,y,z 在函数中的地位是一样的），所以

$$\frac{\partial r}{\partial y}=\frac{y}{r},\quad \frac{\partial r}{\partial z}=\frac{z}{r}$$

9.2.2 高阶偏导数

设函数 $z=f(x,y)$ 在区域 D 内具有偏导数

$$\frac{\partial z}{\partial x}=f'_x(x,y),\quad \frac{\partial z}{\partial y}=f'_y(x,y)$$

那么在 D 内 $f'_x(x,y)$，$f'_y(x,y)$ 都是 x,y 的函数. 如果这两个函数的偏导数也存在，则称它们是函数 $z=f(x,y)$ 的二阶偏导数. 按照对变量求导次序的不同有下列四个二阶偏导数：

$$\frac{\partial z}{\partial x}\left(\frac{\partial z}{\partial x}\right)=\frac{\partial^2 z}{\partial x^2}=f''_{xx}(x,y),\quad \frac{\partial z}{\partial y}\left(\frac{\partial z}{\partial x}\right)=\frac{\partial^2 z}{\partial x\partial y}=f''_{xy}(x,y)$$

$$\frac{\partial z}{\partial x}\left(\frac{\partial z}{\partial y}\right)=\frac{\partial^2 z}{\partial y\partial x}=f''_{yx}(x,y),\quad \frac{\partial z}{\partial y}\left(\frac{\partial z}{\partial y}\right)=\frac{\partial^2 z}{\partial y^2}=f''_{yy}(x,y)$$

其中第二、第三个偏导数称为**混合偏导数**. 同样可得三阶、四阶，以及 n 阶偏导数. 二阶及二阶以上的偏导数统称为**高阶偏导数**.

例 5　设 $z=x^3y^2-3xy^3-xy+1$，求 $\frac{\partial^2 z}{\partial x^2}$，$\frac{\partial^2 z}{\partial y\partial x}$，$\frac{\partial^2 z}{\partial x\partial y}$，$\frac{\partial^2 z}{\partial y^2}$ 及 $\frac{\partial^3 z}{\partial x^3}$.

解　$\frac{\partial z}{\partial x}=3x^2y^2-3y^3-y$，　$\frac{\partial z}{\partial y}=2x^3y-9xy^2-x$；

$$\frac{\partial^2 z}{\partial x^2}=6xy^2,\quad \frac{\partial^2 z}{\partial y\partial x}=6x^2y-9y^2-1;$$

$$\frac{\partial^2 z}{\partial x\partial y}=6x^2y-9y^2-1,\quad \frac{\partial^2 z}{\partial y^2}=2x^3-18xy;$$

$$\frac{\partial^3 z}{\partial x^3}=6y^2.$$

我们看到，例 5 中两个二阶混合偏导数相等，即 $\frac{\partial^2 z}{\partial y\partial x}=\frac{\partial^2 z}{\partial x\partial y}$，这不是偶然的. 事实上，我们有下述定理.

定理　如果函数 $z=f(x,y)$ 的两个二阶混合偏导数 $\frac{\partial^2 z}{\partial y\partial x}$ 及 $\frac{\partial^2 z}{\partial x\partial y}$ 在点 (x,y) 处连续，那么在该点处这两个二阶混合偏导数必相等.

换句话说，二阶混合偏导数在连续的条件下与求导的次序无关.

9.2.3 偏导数的几何应用

1. 空间曲线的切线与法平面

设 $M_0(x_0,y_0,z_0)$是空间曲线 $C:\begin{cases}x=x(t)\\y=y(t)\\z=z(t)\end{cases}(\alpha\leqslant t\leqslant\beta)$(其中 $x(t),y(t),z(t)$均可导)上的一个定点,M 是曲线 C 上 M_0 近旁的一个动点.当点 M 沿曲线 C 趋近于 M_0 时,割线 MM_0 的极限位置 M_0T 即为曲线 C 在点 M_0 处的切线.过点 M_0 且与切线 M_0T 垂直的平面称为曲线 C 在点 M_0 处的法平面.

所以根据点向式,可以求出曲线 C 当 $t=t_0$ 时所对应的点 $M_0(x_0,y_0,z_0)$处的切线方程为:

$$\frac{x-x_0}{x'(t_0)}=\frac{y-y_0}{y'(t_0)}=\frac{z-z_0}{z'(t_0)}$$

显然向量$\{x'(t_0),y'(t_0),z'(t_0)\}$是曲线 C 在点 $M_0(x_0,y_0,z_0)$处的法平面的一个法向量,所以根据点法式可以求出法平面方程为:

$$x'(t_0)(x-x_0)+y'(t_0)(y-y_0)+z'(t_0)(z-z_0)=0$$

例 6 求螺旋线$\begin{cases}x=\cos t\\y=\sin t\\z=t\end{cases}$在点 $t=0$ 处的切线方程与法平面方程.

解 当 $t=0$ 时,曲线上对应的点为$(1,0,0)$,此时 $x'\big|_{t=0}=0,y'\big|_{t=0}=1,z'\big|_{t=0}=1$,取切线的方向向量$\{0,1,1\}$,由点向式可求出切线方程为:$\frac{x-1}{0}=\frac{y}{1}=\frac{z}{1}$;法平面方程为:$y+z=0$.

2. 曲面的切平面与法线

曲面 Σ 的方程为 $F(x,y,z)=0$,点 $M_0(x_0,y_0,z_0)$在曲面 Σ 上,若函数 $F(x,y,z)$在点 M_0 连续,且有不全为零的偏导数,则曲面 Σ 内所有过点 M_0 的曲线在该点处的切线均在同一平面上,我们把此平面称为曲面 Σ 在点 M_0 处的切平面,并且把曲面 Σ 内所有过点 M_0 且垂直于切平面的直线称为曲面 Σ 在点 M_0 处的法线.

易知向量$\{F'_x(x_0,y_0,z_0),F'_y(x_0,y_0,z_0),F'_z(x_0,y_0,z_0)\}$是曲面 Σ 在点 M_0 处的切平面的一个法向量,因此由点法式可得出切平面的方程为:

$$F'_x(x_0,y_0,z_0)(x-x_0)+F'_y(x_0,y_0,z_0)(y-y_0)+F'_z(x_0,y_0,z_0)(z-z_0)=0$$

由点向式可得曲面 Σ 在点 M_0 处的法线方程为:

$$\frac{x-x_0}{F'_x(x_0,y_0,z_0)}=\frac{y-y_0}{F'_y(x_0,y_0,z_0)}=\frac{z-z_0}{F'_z(x_0,y_0,z_0)}$$

例 7　求旋转抛物面 $z=x^2+y^2$ 在点(1,2,5)处的切平面方程和法线方程.

解　设 $F(x,y,z)=x^2+y^2-z$，则 $F'_x=2x, F'_y=2y, F'_z=-1$. 从而 $F'_x(1,2,5)=2$，$F'_y(1,2,5)=4, F'_z(1,2,5)=-1$，取向量$\{2,4,-1\}$为切平面的一个法向量，则在点(1,2,5)处的切平面方程为：$2(x-1)+4(y-2)-(z-5)=0$，即 $2x+4y-z-5=0$.

法线方程为：$\frac{x-1}{2}=\frac{y-2}{4}=\frac{z-5}{-1}$.

习题 9-2

1. 求下列函数的偏导数.

(1) $z=x^3y-y^3x$；　　(2) $s=\frac{u^2+v^2}{uv}$；

(3) $z=\sqrt{\ln(xy)}$；　　(4) $z=\sin(xy)+\cos^2(xy)$.

2. 设 $T=2\pi\sqrt{\frac{l}{g}}$，求证 $l\frac{\partial T}{\partial l}+g\frac{\partial T}{\partial g}=0$.

3. 设 $z=xe^{\frac{y}{x}}$，求证 $x\frac{\partial z}{\partial x}+y\frac{\partial z}{\partial y}=z$.

4. 设 $f(x,y)=x+y\arcsin(xy)$，求 $f'_x(x,1)$.

5. 求函数 $z=x^4+y^4-4x^2y^2$ 的$\frac{\partial^2 z}{\partial x^2},\frac{\partial^2 z}{\partial y^2},\frac{\partial^2 z}{\partial x\partial y}$.

6. 设 $f(x,y,z)=xy^2+yz^2+zx^2$，求 $f'_{xz}(1,0,2)$.

7. 求曲面 $e^z-2z+xy=3$ 在点(2,1,0)处的切平面及法线方程.

9.3　全微分及其应用

9.3.1　全微分的概念

1. 全增量的定义

在定义二元函数 $z=f(x,y)$的偏导数时，我们曾考虑了函数的两个增量：

$$f(x+\Delta x,y)-f(x,y)$$

$$f(x,y+\Delta y)-f(x,y)$$

它们分别称为函数 $z=f(x,y)$ 在点 (x,y) 处对 x 与对 y 的偏增量. 当 $z=f(x,y)$ 在点 (x,y) 处的偏导数存在时,这两个偏增量可分别表示为:

$$f(x+\Delta x,y)-f(x,y)=f'_x(x,y)\cdot\Delta x+o(\Delta x)$$

$$f(x,y+\Delta y)-f(x,y)=f'_y(x,y)\cdot\Delta y+o(\Delta y)$$

两式右端的第一项分别称为函数 $z=f(x,y)$ 在点 (x,y) 处对 x 与对 y 的偏微分.

在许多实际问题中,我们还需要研究函数 $z=f(x,y)$ 的形如 $f(x+\Delta x,y+\Delta y)-f(x,y)$ 的结果.

定义　如果函数 $z=f(x,y)$ 在点 $P(x,y)$ 的某邻域内有定义,并设 $P'(x+\Delta x,y+\Delta y)$ 为这邻域内的任意一点,则称这两点的函数值之差

$$f(x+\Delta x,y+\Delta y)-f(x,y)$$

为函数在点 P 对应于自变量增量 $\Delta x,\Delta y$ 的**全增量**,记为 Δz,即

$$\Delta z=f(x+\Delta x,y+\Delta y)-f(x,y)$$

2. 全微分的定义

如果函数 $z=f(x,y)$ 在点 (x,y) 的全增量 $\Delta z=f(x+\Delta x,y+\Delta y)-f(x,y)$ 可以表示为 $\Delta z=A\Delta x+B\Delta y+o(\rho)$,其中 A,B 不依赖于 $\Delta x,\Delta y$ 而仅与 x,y 有关,$\rho=\sqrt{(\Delta x)^2+(\Delta y)^2}$,则称函数 $z=f(x,y)$ 在点 (x,y) 处可微分,$A\Delta x+B\Delta y$ 称为函数 $z=f(x,y)$ 在点 (x,y) 处的**全微分**,记为 $\mathrm{d}z$,即 $\mathrm{d}z=A\Delta x+B\Delta y$.

函数若在某区域 D 内各点处处可微分,则称这函数在 D 内可微分.

定理 1　如果函数 $z=f(x,y)$ 在点 (x,y) 处可微分,则函数在该点连续.

事实上

$$\Delta z=A\Delta x+B\Delta y+o(\rho)$$

$$\lim_{\substack{\Delta x\to 0\\ \Delta y\to 0}}f(x+\Delta x,y+\Delta y)=\lim_{\rho\to 0}[f(x,y)+\Delta z]=f(x,y)$$

故函数 $z=f(x,y)$ 在点 (x,y) 处连续.

该定理的逆否命题告诉我们,如果函数 $z=f(x,y)$ 在点 (x,y) 处不连续,则 $z=f(x,y)$ 在点 (x,y) 处不可微.

3. 全微分与偏导数的关系

定理 2(必要条件)　如果函数 $z=f(x,y)$ 在点 (x,y) 处可微分,则该函数在点 (x,y) 的偏导数 $\frac{\partial z}{\partial x},\frac{\partial z}{\partial y}$ 必存在,且函数 $z=f(x,y)$ 在点 (x,y) 的全微分为:

$$\mathrm{d}z=\frac{\partial z}{\partial x}\Delta x+\frac{\partial z}{\partial y}\Delta y$$

一元函数在某点的导数存在则微分存在. 那么,若多元函数的各偏导数存在,全微分一定存在吗?

$$f(x,y)=\begin{cases}\dfrac{xy}{\sqrt{x^2+y^2}}, & x^2+y^2\neq 0\\ 0, & x^2+y^2=0\end{cases}$$

在点(0,0)处有 $f'_x(0,0)=f'_y(0,0)=0$；

$$\Delta z-(f'_x(0,0)\cdot\Delta x+f'_y(0,0)\cdot\Delta y)=\frac{\Delta x\cdot\Delta y}{\sqrt{(\Delta x)^2+(\Delta y)^2}}$$

如果考虑点 $P'(\Delta x,\Delta y)$沿着直线 $y=x$ 趋近于(0,0)，则

$$\frac{\dfrac{\Delta x\cdot\Delta y}{\sqrt{(\Delta x)^2+(\Delta y)^2}}}{\rho}=\frac{\Delta x\cdot\Delta x}{(\Delta x)^2+(\Delta x)^2}=\frac{1}{2}$$

说明它不能随着 $\rho\to 0$ 而趋于 0，故函数在点(0,0)处不可微.

说明：多元函数的各偏导数存在并不能保证全微分存在.

定理 3（充分条件）　如果函数 $z=f(x,y)$的偏导数$\dfrac{\partial z}{\partial x}$，$\dfrac{\partial z}{\partial y}$在点$(x,y)$处连续，则该函数在点$(x,y)$处可微分. 习惯上，记全微分为 $dz=\dfrac{\partial z}{\partial x}dx+\dfrac{\partial z}{\partial y}dy$.

以上关于二元函数全微分的定义及可微分的必要条件和充分条件，可以完全类似地推广到三元及三元以上的多元函数.

通常我们把二元函数的全微分等于它的两个偏微分之和这种形式称为二元函数的微分符合**叠加原理**.

叠加原理也适用于二元及二元以上函数的情形. 例如，若三元函数 $u=f(x,y,z)$可微分，那么它的全微分就等于它的三个偏微分之和，即

$$du=\frac{\partial u}{\partial x}dx+\frac{\partial u}{\partial y}dy+\frac{\partial u}{\partial z}dz$$

例 1　求函数 $u=x^2+\sin\dfrac{y}{3}+e^z$ 的全微分.

解　因为$\dfrac{\partial u}{\partial x}=2x$，$\dfrac{\partial u}{\partial y}=\dfrac{1}{3}\cos\dfrac{y}{3}$，$\dfrac{\partial u}{\partial z}=e^z$，

所以

$$du=2x\,dx+\frac{1}{3}\cos\frac{y}{3}dy+e^z dz$$

例 2　计算函数 $z=e^{xy}$ 在点(2,1)处的全微分.

解　因为$\dfrac{\partial z}{\partial x}=ye^{xy}$，$\dfrac{\partial z}{\partial y}=xe^{xy}$，$\left.\dfrac{\partial z}{\partial x}\right|_{(2,1)}=e^2$，$\left.\dfrac{\partial z}{\partial y}\right|_{(2,1)}=2e^2$，

所以

$$dz=e^2dx+2e^2dy$$

9.3.2 全微分的应用

由二元函数的全微分的定义及全微分存在的充分条件可知,当二元函数 $z=f(x,y)$ 在点 $P(x,y)$ 的两个偏导数 $f'_x(x,y)$,$f'_y(x,y)$ 连续,并且 $|\Delta x|$,$|\Delta y|$ 都较小时,就有近似等式

$$\Delta z\approx \mathrm{d}z=f'_x(x,y)\Delta x+f'_y(x,y)\Delta y$$

上式也可写成

$$f(x+\Delta x,y+\Delta y)\approx f(x,y)+f'_x(x,y)\Delta x+f'_y(x,y)\Delta y \qquad (*)$$

我们利用上述两式,就可以对二元函数做近似计算和误差估计.

例 3 计算 $(1.04)^{2.02}$ 的近似值.

解 设函数 $f(x,y)=x^y$,显然要计算的即为 $f(1.04,2.02)$,取 $x=1,y=2,\Delta x=0.04,\Delta y=0.02$.由于

$$f(1,2)=1$$

$$f'_x(x,y)=yx^{y-1},f'_y(x,y)=x^y\ln x$$

$$f'_x(1,2)=2,f'_y(1,2)=0$$

所以由公式(*)可得

$$(1.04)^{2.02}\approx 1+2\times 0.04+0\times 0.02=1.08$$

习题 9-3

1. 求下列函数的全微分.

(1)$z=\ln(xy)(xy>0)$;

(2)$z=x^3+\mathrm{e}^{-2y}+2\pi$;

(3)$z=\arcsin\dfrac{x}{y}(y>x>0)$.

2. 求函数 $u=\sqrt{x^2+y^2+z^2}$ 在点(1,-1,1)处的全微分.

3. 一直角三角形的斜边长为 2.1 m,一个锐角为 31°,求这个锐角所对边长的近似值.

9.4 多元复合函数及隐函数求导法则

一元函数微分学中,复合函数的求导法则(链式法则)起着重要作用,本节我们将把它推广到多元复合函数的情形.对于隐函数导数的计算方法,我们则通过列出隐函数存在定

理，并根据多元复合函数的求导法则来导出隐函数的求导公式.

9.4.1 多元复合函数求导法则

下面按照多元复合函数的不同复合形式，分三种情形进行讨论：

1. 复合函数的中间变量均为一元函数的情形

定理 1　如果函数 $u=\varphi(t)$ 及 $v=\psi(t)$ 都在点 t 可导，函数 $z=f(u,v)$ 在对应点 (u,v) 具有连续偏导数，则复合函数 $z=f(\varphi(t),\psi(t))$ 在点 t 可导，且有

$$\frac{\mathrm{d}z}{\mathrm{d}t}=\frac{\partial z}{\partial u}\frac{\mathrm{d}u}{\mathrm{d}t}+\frac{\partial z}{\partial v}\frac{\mathrm{d}v}{\mathrm{d}t} \tag{9-1}$$

该定理可以推广到复合函数的中间变量多于两个的情形. 例如，

设 $z=f(u,v,\omega)$，$u=\varphi(t)$，$v=\psi(t)$，$\omega=\omega(t)$ 复合得出复合函数 $z=f(\varphi(t),\psi(t),\omega(t))$，则在与定理 1 类似的条件下，

可以得出该复合函数在点 t 可导，且有

$$\frac{\mathrm{d}z}{\mathrm{d}t}=\frac{\partial z}{\partial u}\frac{\mathrm{d}u}{\mathrm{d}t}+\frac{\partial z}{\partial v}\frac{\mathrm{d}v}{\mathrm{d}t}+\frac{\partial z}{\partial \omega}\frac{\mathrm{d}\omega}{\mathrm{d}t} \tag{9-2}$$

公式(9-1)(9-2)称为复合函数 z 的全导数.

例 1　设 $z=\mathrm{e}^{2u+3v}$，其中 $u=x^2$，$v=\sin x$，求 $\dfrac{\mathrm{d}z}{\mathrm{d}x}$.

解　因为

$$\frac{\partial z}{\partial u}=2\mathrm{e}^{2u+3v},\ \frac{\mathrm{d}u}{\mathrm{d}x}=2x,\ \frac{\partial z}{\partial v}=3\mathrm{e}^{2u+3v},\ \frac{\mathrm{d}v}{\mathrm{d}x}=\cos x$$

所以

$$\begin{aligned}\frac{\mathrm{d}z}{\mathrm{d}x}&=\frac{\partial z}{\partial u}\frac{\mathrm{d}u}{\mathrm{d}x}+\frac{\partial z}{\partial v}\frac{\mathrm{d}v}{\mathrm{d}x}\\&=4x\mathrm{e}^{2u+3v}+3\cos x\,\mathrm{e}^{2u+3v}\\&=(4x+3\cos x)\mathrm{e}^{2x^2+3\sin x}\end{aligned}$$

2. 复合函数的中间变量均为多元函数的情形

定理 2　如果函数 $u=\varphi(x,y)$ 及 $v=\psi(x,y)$ 都在点 (x,y) 具有分别对 x，y 的偏导数，函数 $z=f(u,v)$ 在对应点 (u,v) 具有连续偏导数，则复合函数 $z=f(\varphi(x,y),\psi(x,y))$ 在点 (x,y) 的两个偏导数存在，且有

$$\frac{\partial z}{\partial x}=\frac{\partial z}{\partial u}\frac{\partial u}{\partial x}+\frac{\partial z}{\partial v}\frac{\partial v}{\partial x} \tag{9-3}$$

$$\frac{\partial z}{\partial y}=\frac{\partial z}{\partial u}\frac{\partial u}{\partial y}+\frac{\partial z}{\partial v}\frac{\partial v}{\partial y} \tag{9-4}$$

·注意· (1)事实上,这里求$\frac{\partial z}{\partial x}$时,将 y 看作常量,因此中间变量 u,v 仍可看作关于 x 的一元函数,从而应用定理 1 可以得出相应结论.但是由于复合函数 $z=f(\varphi(x,y),\psi(x,y))$,以及 $u=\varphi(x,y)$ 和 $v=\psi(x,y)$ 都是关于 x,y 的二元函数,所以应把式(9-1)中的 d 改为∂,从而得到式(9-3)与式(9-4);

(2)类似地,可把中间变量和自变量推广到多于两个的情形,从而得出与式(9-2)类似的结果.

例 2 设 $z=u^2\ln v,u=\frac{x}{y},v=3x-2y$,求$\frac{\partial z}{\partial x},\frac{\partial z}{\partial y}$.

解

$$\begin{aligned}\frac{\partial z}{\partial x}&=\frac{\partial z}{\partial u}\cdot\frac{\partial u}{\partial x}+\frac{\partial z}{\partial v}\cdot\frac{\partial v}{\partial x}\\&=2u\ln v\cdot\frac{1}{y}+\frac{u^2}{v}\cdot 3\\&=\frac{2x}{y^2}\ln(3x-2y)+\frac{3x^2}{y^2(3x-2y)}\end{aligned}$$

$$\begin{aligned}\frac{\partial z}{\partial y}&=\frac{\partial z}{\partial u}\cdot\frac{\partial u}{\partial y}+\frac{\partial z}{\partial v}\cdot\frac{\partial v}{\partial y}\\&=2u\ln v\left(-\frac{x}{y^2}\right)+\frac{u^2}{v}\cdot(-2)\\&=-\frac{2x}{y^3}\ln(3x-2y)-\frac{2x^2}{(3x-2y)y^2}\end{aligned}$$

3. 复合函数中间变量为一元函数及多元函数混合的情形

定理 3 如果函数 $u=\varphi(x,y)$在点(x,y)具有分别对 x,y 的偏导数,函数 $v=\psi(x)$在点 x 可导,函数 $z=f(u,v)$在对应点(u,v)具有连续偏导数,则复合函数 $z=f(\varphi(x,y),\psi(x))$在点$(x,y)$的两个偏导数存在,且有

$$\frac{\partial z}{\partial x}=\frac{\partial z}{\partial u}\frac{\partial u}{\partial x}+\frac{\partial z}{\partial v}\frac{\mathrm{d}v}{\mathrm{d}x}\tag{9-5}$$

$$\frac{\partial z}{\partial y}=\frac{\partial z}{\partial u}\frac{\partial u}{\partial y}\tag{9-6}$$

例 3 设 $z=\mathrm{e}^v\sin u,u=xy,v=3x$,求$\frac{\partial z}{\partial x},\frac{\partial z}{\partial y}$.

解

$$\begin{aligned}\frac{\partial z}{\partial x}&=\frac{\partial z}{\partial u}\frac{\partial u}{\partial x}+\frac{\partial z}{\partial v}\frac{\mathrm{d}v}{\mathrm{d}x}=\mathrm{e}^v\cos u\cdot y+\mathrm{e}^v\sin u\cdot 3\\&=y\cos(xy)\mathrm{e}^{3x}+3\mathrm{e}^{3x}\sin(xy)\end{aligned}$$

$$\frac{\partial z}{\partial y}=\frac{\partial z}{\partial u}\frac{\partial u}{\partial y}=\mathrm{e}^v\cos u\cdot x=x\cos(xy)\mathrm{e}^{3x}$$

9.4.2 隐函数求导法则

本小节主要讨论由方程 $F(x,y)=0$ 及 $F(x,y,z)=0$ 所确定的隐函数求导公式.

定理 4(隐函数存在定理 1) 设函数 $F(x,y)=0$ 在点 (x_0,y_0) 的某一邻域内具有连续偏导数,且 $F(x_0,y_0)=0$,$F'_y(x_0,y_0)\neq 0$,则方程 $F(x,y)=0$ 点 (x_0,y_0) 的某一邻域内能唯一确定一个具有连续导数的函数 $y=f(x)$,且 $y=f(x)$ 满足以下两个结论:

(1)$y_0=f(x_0)$;

(2)$\frac{\mathrm{d}y}{\mathrm{d}x}=-\frac{F'_x}{F'_y}$.

下面仅对结论(2)进行推导:

将 $y=f(x)$ 代入 $F(x,y)=0$ 可得

$$F(x,f(x))=0 \tag{9-7}$$

对方程(9-7)左右两边(其中左边可看作是关于 x 的一个复合函数)关于 x 求导可得:

$$\frac{\partial F}{\partial x}+\frac{\partial F}{\partial y}\frac{\mathrm{d}y}{\mathrm{d}x}=0$$

由定理 4 条件可得:$\frac{\mathrm{d}y}{\mathrm{d}x}=-\frac{F'_x}{F'_y}$.

同理,如果隐函数是由方程 $F(x,y,z)=0$ 所确定的,则可以得到类似的结论:

定理 5(隐函数存在定理 2) 设函数 $F(x,y,z)=0$ 在点 (x_0,y_0,z_0) 的某一邻域内具有连续偏导数,且 $F(x_0,y_0,z_0)=0$,$F'_y(x_0,y_0,z_0)\neq 0$,则方程 $F(x,y,z)=0$ 在点 (x_0,y_0,z_0) 的某一邻域内能唯一确定一个具有连续偏导数的函数 $z=f(x,y)$,且 $z=f(x,y)$ 满足以下两个结论:

(1)$z_0=f(x_0,y_0)$;

(2)$\frac{\partial z}{\partial x}=-\frac{F'_x}{F'_z}$,$\frac{\partial z}{\partial y}=-\frac{F'_y}{F'_z}$.

例 4 设 $\sin xy+\mathrm{e}^x=y^3$,求 $\frac{\mathrm{d}y}{\mathrm{d}x}$.

解 设 $F(x,y)=\sin xy+\mathrm{e}^x-y^3$,因为

$$F'_x=y\cos xy+\mathrm{e}^x,F'_y=x\cos xy-3y^2,$$

所以

$$\frac{\mathrm{d}y}{\mathrm{d}x}=-\frac{F'_x}{F'_y}=-\frac{y\cos xy+\mathrm{e}^x}{x\cos xy-3y^2}$$

例 5 设 $z^3-3xyz=2$，求 $\frac{\partial z}{\partial x}, \frac{\partial z}{\partial y}$.

解 设 $F(x,y,z)=z^3-3xyz-2$，因为

$$F'_x=-3yz, F'_y=-3xz, F'_z=3z^2-3xy$$

所以

$$\frac{\partial z}{\partial x}=-\frac{F'_x}{F'_z}=\frac{yz}{z^2-xy}$$

$$\frac{\partial z}{\partial y}=-\frac{F'_y}{F'_z}=\frac{xz}{z^2-xy}$$

习题 9-4

1. 求下列复合函数的一阶偏导数.

(1) $z=ue^v, u=x+2y, v=xy$；

(2) $z=\sin u\cdot\ln v, u=\frac{x}{y}, v=3x-4y$.

2. 求由下列方程所确定的隐函数的导数.

(1) 设 $xy-\ln y=1$，求 $\frac{dy}{dx}$；

(2) 设 $\sin(x^2+y)+e^y=e$，求 $\frac{dy}{dx}$；

(3) 设 $z=x+ye^z$，求 $\frac{\partial z}{\partial x}, \frac{\partial z}{\partial y}, \frac{\partial^2 z}{\partial x\partial y}$.

9.5 多元函数的极值和最值

9.5.1 二元函数极值的定义

设函数 $z=f(x,y)$ 在点 (x_0,y_0) 的某邻域内有定义，对于该邻域内异于 (x_0,y_0) 的点 (x,y)：若满足不等式 $f(x,y)<f(x_0,y_0)$，则称函数在 (x_0,y_0) 有极大值；若满足不等式 $f(x,y)>f(x_0,y_0)$，则称函数在 (x_0,y_0) 有极小值，极大值、极小值统称为极值. 使函数取得极值的点称为极值点.

9.5.2 多元函数取得极值的条件

定理 1(必要条件)　设函数 $z=f(x,y)$ 在点 (x_0,y_0) 具有偏导数,且在点 (x_0,y_0) 处有极值,则它在该点的偏导数必然为零:$f'_x(x_0,y_0)=0,f'_y(x_0,y_0)=0$.

推广　如果三元函数 $u=f(x,y,z)$ 在点 $P(x_0,y_0,z_0)$ 具有偏导数,则它在 $P(x_0,y_0,z_0)$ 有极值的必要条件为

$$f'_x(x_0,y_0,z_0)=0,f'_y(x_0,y_0,z_0)=0,f'_z(x_0,y_0,z_0)=0$$

仿照一元函数,凡能使一阶偏导数同时为零的点,均称为函数的驻点.

·注意·　极值点为驻点;驻点不一定是极值点.

例如,点(0,0)是函数 $z=xy$ 的驻点,但不是极值点.

·问题·　如何判定一个驻点是否为极值点?

定理 2(充分条件)　设函数 $z=f(x,y)$ 在点 (x_0,y_0) 的某邻域内连续,有一阶及二阶连续偏导数,又 $f'_x(x_0,y_0)=0,f'_y(x_0,y_0)=0$,令

$$f''_{xx}(x_0,y_0)=A,f''_{xy}(x_0,y_0)=B,f''_{yy}(x_0,y_0)=C$$

则 $f(x,y)$ 在点 (x_0,y_0) 处是否取得极值的条件如下:

(1)$AC-B^2>0$ 时具有极值,当 $A<0$ 时有极大值,当 $A>0$ 时有极小值;

(2)$AC-B^2<0$ 时没有极值;

(3)$AC-B^2=0$ 时可能有极值,也可能没有极值,还需另做讨论.

例 1　求由方程 $x^2+y^2+z^2-2x+2y-4z-10=0$ 确定的函数 $z=f(x,y)$ 的极值.

解　将方程两边分别对 x,y 求偏导 $\begin{cases}2x+2z\cdot z'_x-2-4z'_x=0\\2y+2z\cdot z'_y+2-4z'_y=0\end{cases}$.

由函数取极值的必要条件知,驻点为 $P(1,-1)$,再对方程组分别求 x,y 的偏导数,

$$A=z''_{xx}\Big|_P=\frac{1}{2-z},\quad B=z''_{xy}\big|_P=0,\quad C=z''_{yy}\Big|_P=\frac{1}{2-z}$$

故 $B^2-AC=-\dfrac{1}{(2-z)^2}<0(z\neq2)$,函数在 P 有极值.将 $P(1,-1)$ 代入原方程,有 $z_1=-2,z_2=6$.

当 $z_1=-2$ 时,$A=\dfrac{1}{4}>0$,所以 $z=f(1,-1)=-2$ 为极小值;

当 $z_2=6$ 时,$A=-\dfrac{1}{4}<0$,所以 $z=f(1,-1)=6$ 为极大值.

求函数 $z=f(x,y)$ 极值的一般步骤:

第一步　解方程组 $\begin{cases} f'_x(x,y)=0 \\ f'_y(x,y)=0 \end{cases}$ 求出实数解,得驻点.

第二步　对于每一个驻点 (x_0,y_0),求出二阶偏导数的值 A,B,C.

第三步　确定 $AC-B^2$ 的符号,再判定是否是极值.

9.5.3 多元函数的最值

与一元函数相类似,我们可以利用函数的极值来求函数的最大值和最小值.

求最值的一般方法:将函数在 D 内的所有驻点处的函数值及在 D 的边界上的最大值和最小值相互比较,其中最大者即为最大值,最小者即为最小值.

例 2　求二元函数 $z=f(x,y)=x^2y(4-x-y)$ 在直线 $x+y=6$,x 轴和 y 轴所围成的闭区域 D(图 9-3)上的最大值与最小值.

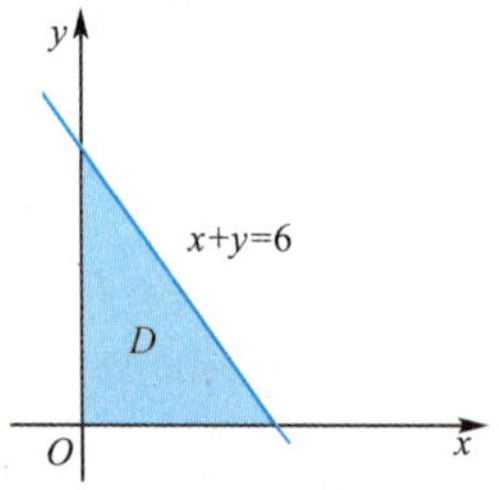

图 9-3

解　先求函数在 D 内的驻点,解方程组

$$\begin{cases} f'_x(x,y)=2xy(4-x-y)-x^2y=0 \\ f'_y(x,y)=x^2(4-x-y)-x^2y=0 \end{cases}$$

得区域 D 内唯一驻点 $(2,1)$,且 $f(2,1)=4$,再求 $f(x,y)$ 在 D 边界上的最值,在边界 $x=0$ 和 $y=0$ 上 $f(x,y)=0$,在边界 $x+y=6$ 上,即 $y=6-x$,于是 $f(x,y)=x^2(6-x)(-2)$,由 $f'_x=4x(x-6)+2x^2=0$,得 $x_1=0,x_2=4 \Rightarrow y=6-x|_{x=4}=2$,比较后可知 $f(2,1)=4$ 为最大值,$f(4,2)=-64$ 为最小值.

对于实际情况下的最值问题,往往从问题本身就能判定它们的最大值或最小值一定存在,且在定义域内取得.这时如果函数在定义域内有唯一驻点,则该驻点的函数值就是函数的最大值或最小值.

例 3　某工厂要用钢板制作一个容积为 $8\ \mathrm{m}^3$ 的无盖长方体容器,若不计钢板的厚度,怎样制作才能使材料最省?

解　由题意可知材料最省的长方体容器一定存在.设容器的长、宽、高分别为 x,y,z,则无盖容器所需钢板面积为

$$S=xy+2yz+2xz$$

由题意 $V=xyz=8$,于是

$$A=xy+\frac{16(x+y)}{xy}\quad (x>0,y>0)$$

解方程组 $\begin{cases}\dfrac{\partial A}{\partial x}=y-\dfrac{16}{x^2}=0\\ \dfrac{\partial A}{\partial y}=x-\dfrac{16}{y^2}=0\end{cases}$，得 $x=y=2\sqrt[3]{2}$，故驻点唯一．代入 $z=\dfrac{8}{xy}$ 得出 $z=\sqrt[3]{2}$．故当长方体的长、宽、高分别取 $2\sqrt[3]{2}$ m，$2\sqrt[3]{2}$ m，$\sqrt[3]{2}$ m 时所需材料最省．

习题 9-5

1．求函数 $z=4(x-y)-x^2-y^2$ 的极值点与极值．

2．求函数 $z=e^{2x}(x+2y+y^2)$ 的极值点与极值．

3．求函数 $f(x,y)=x^3-y^3+3x^2+3y^2-9x+1$ 的极值．

4．某工厂生产 A，B 两种型号的产品．A 产品售价为每件 1 000 元，B 产品售价为每件 900 元，生产 A，B 两型号产品各 x，y 件的总成本为：$3x^2+3y^2+xy+200x+300y+40\ 000$ 元，求 A，B 两种型号的产品各生产多少件时利润最大？

总复习题 9

1．求函数 $f(x,y)=\dfrac{\arccos(2-x^2-y^2)}{\sqrt{x-y^2}}$ 的定义域．

2．求下列函数的极限．

(1) $\lim\limits_{(x,y)\to(0,2)}\dfrac{\sin xy}{2x}$；　　(2) $\lim\limits_{(x,y)\to(0,0)}\dfrac{2-\sqrt{xy+4}}{xy}$．

3．求 $z=x^2+2xy+y^2$ 在点(1，2)的偏导数．

4．设 $z=\dfrac{x}{y}$，求 $\dfrac{\partial z}{\partial x}$，$\dfrac{\partial x}{\partial y}$，$\dfrac{\partial y}{\partial z}$．

5．设 $z=e^u\cos v$，$u=xy$，$v=x+2y$，求 $\dfrac{\partial z}{\partial x}$，$\dfrac{\partial z}{\partial y}$．

6．设 $z=\dfrac{y}{f(x^2-y^2)}$，其中 $f(u)$ 为可导函数，验证：$\dfrac{1}{x}\dfrac{\partial z}{\partial x}+\dfrac{1}{y}\dfrac{\partial z}{\partial y}=\dfrac{z}{y^2}$．

7．求曲面 $z=xy-2$ 在点(1，1，−1)处的切平面方程．

8．证明：若方程 $F\left(z+\dfrac{1}{x},z-\dfrac{1}{y}\right)=0$ 可确定函数 $z=z(x,y)$，其中 $F(u,v)=0$ 具有二阶连续偏导数，且 $F_u\cdot F_v\neq 0$，则 $x^2\dfrac{\partial z}{\partial x}-y^2\dfrac{\partial z}{\partial y}=1$．

9．某种商品销售过程中，若投入 x 万元在电视做广告，投入 y 万元在网络做广告，则销售收入为 $R=-2x^2-8xy-10y^2+14x+32y+15$ 万元，求最佳广告策略．

第10章

重积分

育人目标

在学生的人格塑造中，应融入“曲”和“直”两个概念，帮助他们深刻领会微积分曲直的辩证关系.

思政元素

积分的概念是通过“分割—近似代替—求和—取极限”四个步骤建立起来的，其核心思想是哲学中以直代曲的辩证观. 具体体现在为人处世的思想上，体现了对立和统一、量变到质变的逻辑思维. 我国古代儒家思想中的“外圆内方”的处世哲学，就是“曲直”思维的最好诠释. 在学生的人格塑造中，应融入“曲”和“直”两个概念，引导他们“方做人，圆处事”，既锤炼光明正大、明辨是非的高尚品格，又运用机智圆通、灵活老练的精妙技巧.

思政园地

牟合方盖是由我国古代数学家刘徽首先发现并采用的一种用于计算球体体积的方法. 将求内切球的体积转化为求牟合方盖的体积. 刘徽：“观立方之内，合盖之外，虽衰杀有渐，而多少不掩判合总结，方圆相缠，浓纤诡互，不可等正. 欲陋形措意，惧失正理. 敢不阙疑，以俟能言者.”刘徽提出，“牟合方盖”的体积跟内接球体体积的比为 4∶π，只要有方法找出“牟合方盖”的体积便可. 直至二百多年后，祖冲之和他的儿子祖暅承袭了刘徽的想法，利用“牟合方盖”彻底地解决了球体体积公式的问题. 他们的方法是将原来的“牟合方盖”平均分为八份，取它的八分之一来研究. 在计算二重积分的过程中交换积分次序以及利用对称性、奇偶性化简二次积分的目的都是使题目由难变易. 复杂的二重积分题目，通过寻找题目的核心要素，采用适当的求解方法就可以实现由难变易的转化.

若将定积分中和式极限的概念推广到定义在区域上多元函数的情形，便得到重积分的概念. 本章将介绍重积分的概念、计算方法以及它在几何、物理方面的一些应用.

10.1　二重积分的概念和性质

10.1.1　二重积分的概念

1. 引例

定积分的概念，在几何上源自平面曲边梯形面积的计算，而二重积分的几何背景是曲顶柱体体积的计算.

引例 1　曲顶柱体的体积.

设有一立体，它的底是 xOy 平面上的闭区域 D，侧面是以 D 的边界曲线为准线、母线平行于 z 轴的柱面，顶是曲面 $z=f(x,y)$（$f(x,y)$ 在 D 上连续且非负），这种几何体称为区域 D 上的曲顶柱体，现在我们来讨论如何计算其体积 V.

对于平顶柱体，其高是不变的，它的体积可用公式：

体积＝高×底面积

来计算. 而对如图 10-1 所示的曲顶柱体，当点 (x,y) 在区域 D 上变动时，高度 $f(x,y)$ 是一个变量，因此它的体积不能直接用上述公式来计算. 不妨参照定积分中求曲边梯形面积的方法，先对底面区域 D 划分，然后近似代替并求和，最后求极限便得曲顶柱体体积. 具体做法如下：

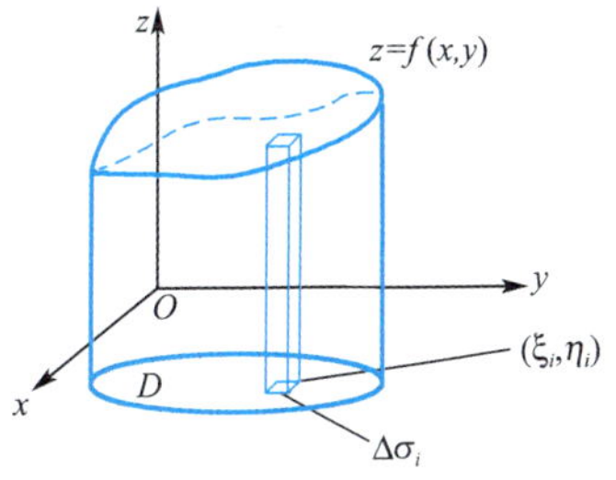

图 10-1　曲顶柱体

(1)分割

将区域 D 任意分成 n 个小闭区域：$\Delta\sigma_1$，$\Delta\sigma_2$，$\Delta\sigma_3$，…，$\Delta\sigma_n$，并以 $\Delta\sigma_i$ $(i=1,2,\cdots,n)$ 表示第 i 个小闭区域及其面积，分别以每个小闭区域 $\Delta\sigma_i$ 的边界曲线为准线，作母线平行于 z 轴的柱面，这些柱面将原来的曲顶柱体分成 n 个小曲顶柱体.

(2)近似代替

由于 $f(x,y)$ 在 D 上连续，当 $(x,y)\in\Delta\sigma_i$ 时，$f(x,y)$ 变化很小，小曲顶柱体可近似地看作平顶柱体. 在每个小曲顶柱体的底 $\Delta\sigma_i$ 上任取一点 (ξ_i,η_i) $(i=1,2,\cdots,n)$，用以 $f(\xi_i,\eta_i)$ 为高，$\Delta\sigma_i$ 为底的平顶柱体的体积近似代替第 i 个小曲顶柱体的体积，即

$$\Delta v_i\approx f(\xi_i,\eta_i)\Delta\sigma_i\quad(i=1,2,3,\cdots,n)$$

(3)求和

将这 n 个小平顶柱体的体积相加，就得到原曲顶柱体体积的近似值，即

$$V=\sum_{i=1}^{n}\Delta v_i \approx \sum_{i=1}^{n} f(\xi_i,\eta_i)\Delta\sigma_i$$

(4) 取极限

将区域 D 无限细分,令 n 个小闭区域的直径的最大值(记作 λ)趋向于零. 即

$$\lambda=\max_{1\leqslant i\leqslant n}\{d_i\}\to 0$$

其中,d_i 表示小闭区域的直径,也就是闭区域上任意两点间距离的最大值.

则上述和式极限值便为曲顶柱体体积,即

$$V=\lim_{\lambda\to 0}\sum_{i=1}^{n} f(\xi_i,\eta_i)\Delta\sigma_i$$

引例 2 平面薄片的质量.

设一平面薄片占有 xOy 平面上的闭区域 D,它的面密度(单位面积上的质量)为 D 上的连续函数 $\mu(x,y)$,且 $\mu(x,y)>0$,求该平面薄片的质量 M.

我们知道,如果薄片是均匀的,即面密度是常数,那么薄片的质量可以用公式

质量 = 面密度 × 面积

来计算. 现在薄片的面密度 $\mu(x,y)$ 在 D 上是变量,所以薄片的质量就不能直接采用上述公式来计算. 引例 1 中用来处理曲顶柱体体积的方法完全适用于此问题. 即可以通过"分割、近似代替、求和、取极限"这四个步骤求得. 步骤如下:

(1) 把薄片(区域 D)分成 n 个小块:$\Delta\sigma_1,\Delta\sigma_2,\Delta\sigma_3,\cdots,\Delta\sigma_n$,并以 $\Delta\sigma_i(i=1,2,\cdots,n)$ 表示第 i 个小块的面积.

(2) 当小块 $\Delta\sigma_i(i=1,2,\cdots,n)$ 的直径很小时,由于 $\mu(x,y)$ 在 D 上连续,在 $\Delta\sigma_i$ 上任取一点 $(\xi_i,\eta_i)(i=1,2,\cdots,n)$,则 $\mu(\xi_i,\eta_i)\Delta\sigma_i$ 可看作第 i 个小块质量的近似值. (图 10-2)

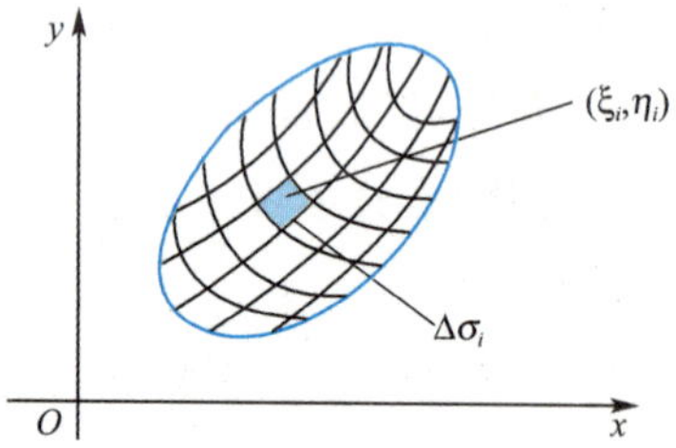

图 10-2 平面薄片的质量

(3) 再求和、取极限,便得到薄片的质量

$$M=\lim_{\lambda\to 0}\sum_{i=1}^{n}\mu(\xi_i,\eta_i)\Delta\sigma_i$$

其中,λ 表示 n 个小块的直径的最大值.

上面两个问题的实际背景不同,但所求量都归结为同一形式和的极限. 在物理、力学、几何和工程技术中许多量都可以采用上述解决问题的方法,最终归结为这种和式的极限. 抛开这些问题的实际背景,抽象出它们共同的数量特征,便得出下述二重积分的定义.

2. 二重积分的定义

定义 设二元函数 $z=f(x,y)$ 为定义在有界闭区域 D 上的有界函数,将区域 D 任意分成 n 个小闭区域 $\Delta\sigma_1,\Delta\sigma_2,\Delta\sigma_3,\cdots,\Delta\sigma_n$,其中 $\Delta\sigma_i$ 表示第 i 个小闭区域及其面积,在

每个 $\Delta\sigma_i$ 上任取一点 (ξ_i,η_i)，作积 $f(\xi_i,\eta_i)\Delta\sigma_i(i=1,2,\cdots,n)$，并作和 $\sum_{i=1}^{n}f(\xi_i,\eta_i)\Delta\sigma_i$，如果当各个小闭区域的直径的最大值 λ 趋向于零时，此和式的极限总存在，则称此极限值为函数 $f(x,y)$ 在闭区域 D 上的**二重积分**，记作 $\iint\limits_D f(x,y)\mathrm{d}\sigma$，即

$$\iint\limits_D f(x,y)\mathrm{d}\sigma=\lim_{\lambda\to 0}\sum_{i=1}^{n}f(\xi_i,\eta_i)\Delta\sigma_i$$

其中，$f(x,y)$ 称为**被积函数**，$f(x,y)\mathrm{d}\sigma$ 称为**被积表达式**，$\mathrm{d}\sigma$ 称为**面积元素**，D 称为**积分区域**，$\iint$ 称为**二重积分号**，$\sum_{i=1}^{n}f(\xi_i,\eta_i)\Delta\sigma_i$ 称为**积分和**.

应当指出，**闭区域 D 上的连续函数一定是可积的**，即上式右端的和的极限一定存在，且这个极限与区域 D 的分割方法以及点 (ξ_i,η_i) 的取法无关，只与 $f(x,y)$ 及 D 有关.

在直角坐标系中，可用平行于 x 轴和 y 轴的直线网格去分割区域 D，这时除了包含边界点的一些小闭区域外，其余的小闭区域都是矩形小闭区域. 设矩形小闭区域 $\Delta\sigma_i$ 的边长为 Δx_j 和 Δy_k，则 $\Delta\sigma_i=\Delta x_j\cdot\Delta y_k$. 故在直角坐标系中面积元素 $\mathrm{d}\sigma$ 可记作 $\mathrm{d}x\,\mathrm{d}y$，从而二重积分记作

$$\iint\limits_D f(x,y)\mathrm{d}x\,\mathrm{d}y$$

其中，$\mathrm{d}x\,\mathrm{d}y$ 称为直角坐标系中的面积元素.

在今后的讨论中，总假设 $f(x,y)$ 在有界闭区域 D 上连续. 故二重积分 $\iint\limits_D f(x,y)\mathrm{d}\sigma$ 总存在.

引例 1 中曲顶柱体的体积就可以表示为区域 D 上的二重积分，即

$$V=\iint\limits_D f(x,y)\mathrm{d}\sigma=\iint\limits_D f(x,y)\mathrm{d}x\,\mathrm{d}y$$

引例 2 中面密度不均匀的薄片的质量就可以表示为区域 D 上的二重积分，即

$$M=\iint\limits_D \mu(x,y)\mathrm{d}\sigma=\iint\limits_D \mu(x,y)\mathrm{d}x\,\mathrm{d}y$$

3. 二重积分的几何意义

(1) 若在 D 上 $f(x,y)\geqslant 0$，则 $\iint\limits_D f(x,y)\mathrm{d}\sigma$ 表示以区域 D 为底，以 $f(x,y)$ 为顶的曲顶柱体的体积.

(2) 若在 D 上 $f(x,y)<0$，则 $\iint\limits_D f(x,y)\mathrm{d}\sigma$ 的值是负的，其值为该曲顶柱体体积的相反数.

(3) 若 $f(x,y)$ 在 D 的某些子区域上为正,在 D 的另一些子区域上为负,则 $\iint\limits_D f(x,y)\mathrm{d}\sigma$ 表示在这些子区域上曲顶柱体体积的代数和(在 xOy 平面之上的曲顶柱体体积减去 xOy 平面之下的曲顶柱体体积).

例 1 计算二重积分 $\iint\limits_D 3\mathrm{d}\sigma$,其中 $D=\{(x,y)\mid 0\leqslant x\leqslant 1,0\leqslant y\leqslant 2\}$.

解 二重积分 $\iint\limits_D 3\mathrm{d}\sigma$ 的几何意义表示以平面 $z=3$ 为顶,以长为 2,宽为 1 的矩形为底的长方体的体积,故 $\iint\limits_D 3\mathrm{d}\sigma=2\times 1\times 3=6$.

10.1.2 二重积分的性质

二重积分与一元函数的定积分具有相应的性质,下面论及的函数均假定在区域 D 上可积.

性质 1 被积函数的常数因子可以提到二重积分号的外面,即

$$\iint\limits_D kf(x,y)\mathrm{d}\sigma=k\iint\limits_D f(x,y)\mathrm{d}\sigma \quad (k\text{ 为常数})$$

性质 2 $\iint\limits_D [f(x,y)\pm g(x,y)]\mathrm{d}\sigma=\iint\limits_D f(x,y)\mathrm{d}\sigma\pm\iint\limits_D g(x,y)\mathrm{d}\sigma$.

性质 3 如果闭区域 D 被分成两个小闭区域 D_1 和 D_2,则在 D 上的二重积分等于两个子闭区域 D_1,D_2 上的二重积分之和,即

$$\iint\limits_D f(x,y)\mathrm{d}\sigma=\iint\limits_{D_1} f(x,y)\mathrm{d}\sigma+\iint\limits_{D_2} f(x,y)\mathrm{d}\sigma$$

这个性质表明二重积分对积分区域具有可加性.

性质 4 如果在区域 D 上 $f(x,y)\equiv 1$,σ 为区域 D 的面积,则

$$\iint\limits_D \mathrm{d}\sigma=\sigma$$

性质 5 如果在区域 D 上 $f(x,y)\leqslant g(x,y)$ 成立,则

$$\iint\limits_D f(x,y)\mathrm{d}\sigma\leqslant\iint\limits_D g(x,y)\mathrm{d}\sigma$$

推论 函数在区域 D 上的二重积分的绝对值不大于函数绝对值在区域 D 上的二重积分,即

$$\left|\iint\limits_D f(x,y)\mathrm{d}\sigma\right|\leqslant\iint\limits_D |f(x,y)|\mathrm{d}\sigma$$

性质 6　设 M,m 分别是 $f(x,y)$ 在闭区域 D 上的最大值和最小值，σ 表示 D 的面积，则

$$m\sigma \leqslant \iint_D f(x,y)\mathrm{d}\sigma \leqslant M\sigma$$

性质 7（二重积分中值定理）　设函数 $f(x,y)$ 在有界闭区域 D 上连续，σ 是 D 的面积，则在 D 上至少存在一点 (ξ,η)，使得

$$\iint_D f(x,y)\mathrm{d}\sigma = f(\xi,\eta)\cdot\sigma$$

这些性质的证明与相应的定积分性质的证明相类似，证明略.

例 2　比较积分 $\iint_D (x+y)^2\mathrm{d}\sigma$ 与 $\iint_D (x+y)^3\mathrm{d}\sigma$，其中 D 是由 x 轴、y 轴与直线 $x+y=1$ 所围成的闭区域.

解　在积分区域 D 上，$0\leqslant x+y\leqslant 1$，故有 $(x+y)^3\leqslant (x+y)^2$，则

$$\iint_D (x+y)^3\mathrm{d}\sigma \leqslant \iint_D (x+y)^2\mathrm{d}\sigma$$

习题 10-1

1. 设有一平面薄板占有 xOy 平面上的闭区域 D，它在点 (x,y) 处的压强为 $p(x,y)$，$p(x,y)>0$ 且 $p(x,y)$ 在 D 上连续，试求该薄板上总压力 P 的二重积分表达式 .

2. 设 $D=\{(x,y)\mid 1\leqslant x^2+y^2\leqslant 9\}$，求 $\iint_D 2\mathrm{d}\sigma$.

3. 根据二重积分的性质，比较下列积分的大小.

(1) $\iint_D (x+y)^2\mathrm{d}\sigma$ 与 $\iint_D (x+y)^3\mathrm{d}\sigma$，其中 D 是由圆周 $(x-2)^2+(y-1)^2=2$ 所围成的闭区域；

(2) $\iint_D \ln(x+y)\mathrm{d}\sigma$ 与 $\iint_D [\ln(x+y)]^2\mathrm{d}\sigma$，其中 D 是三角形闭区域，三个顶点分别为 $(1,0)$，$(1,1)$，$(2,0)$.

4. 利用二重积分的几何意义，求出下列二重积分的值.

(1) $\iint_D \mathrm{d}\sigma$，$D: x^2+y^2\leqslant 1$；

(2) $\iint_D \sqrt{R^2-x^2-y^2}\,\mathrm{d}\sigma$，$D: x^2+y^2\leqslant R^2$.

10.2 二重积分的计算

按照上一节二重积分的定义来计算二重积分显然很困难，本节将介绍二重积分的计算方法，这种方法是将二重积分转化为两次定积分(或累次积分). 我们首先介绍在直角坐标系中的计算方法，然后介绍在极坐标系中的计算方法.

10.2.1 直角坐标系下二重积分的计算

在具体讨论二重积分的计算之前，先介绍 X 型区域和 Y 型区域的概念.

形如 $D:\begin{cases} a\leqslant x\leqslant b \\ \varphi_1(x)\leqslant y\leqslant \varphi_2(x) \end{cases}$ 的不等式组表示的平面区域(图 10-3(a))称为 X 型区域；

形如 $D:\begin{cases} c\leqslant y\leqslant d \\ \phi_1(y)\leqslant x\leqslant \phi_2(y) \end{cases}$ 的不等式组表示的平面区域(图 10-3(b))称为 Y 型区域.

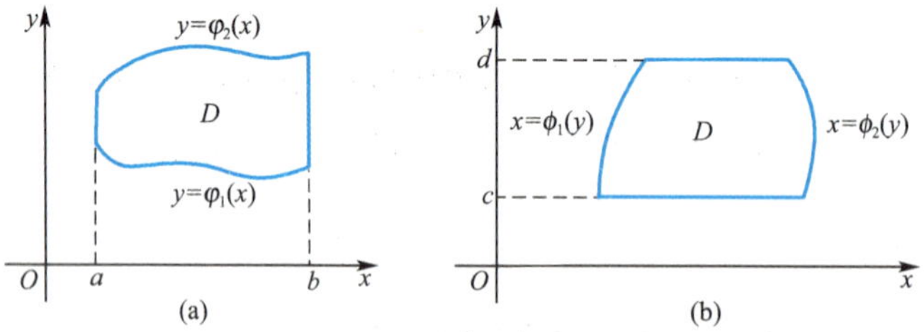

图 10-3 X 型区域和 Y 型区域

怎样来确定 X 型区域和 Y 型区域不等式中 x 和 y 的变化范围.

首先在 xOy 平面上画出积分区域 D 的图形，假如 D 是 X 型的，如图 10-3(a)所示，将 D 投影到 x 轴上，得到 x 的取值范围是区间$[a,b]$，在区间$[a,b]$上任取一个 x 值，过 x 画一条与 y 轴平行的直线，该直线与区域 D 的边界交点的纵坐标 $y_1(x)$，$y_2(x)$的范围即 y 的变化范围. 类似地，积分区域是 Y 型的如图 10-3(b)所示，按照上述方法可确定 x 和 y 的变化范围.

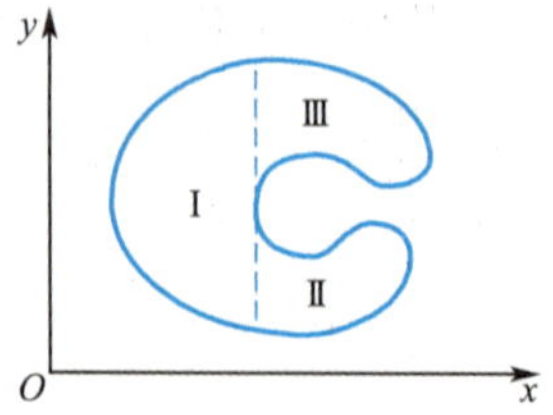

图 10-4 积分区域划分

如果积分区域 D，既有一局部使穿过 D 内部且平行于 y 轴的直线与 D 的边界相交多于两点，又有一局部使穿过 D 内部且平行于 x 轴的直线与 D 的边界相交多于两点，那么 D 既不是 X 型区域，又不是 Y 型区域，对于这种情形，可以把 D 分成几个局部，使每个局部是 X 型区域或 Y

型区域. 例如，在图 10-4 中，把 D 分成三部分，它们都是 X 型区域.

例 1　分别用 X 型和 Y 型表示由曲线 $y=x-2$ 和 $x=y^2$ 所围成的区域 D.

解　如图 10-5(a)所示，用 X 型表示区域 D 为：

$$D:\begin{cases}0\leqslant x\leqslant 1\\ -\sqrt{x}\leqslant y\leqslant\sqrt{x}\end{cases}\quad 和\quad\begin{cases}1\leqslant x\leqslant 4\\ x-2\leqslant y\leqslant\sqrt{x}\end{cases}$$

如图 10-5(b)所示，用 Y 型表示区域 D 为：

$$D:\begin{cases}-1\leqslant y\leqslant 2\\ y^2\leqslant x\leqslant y+2\end{cases}$$

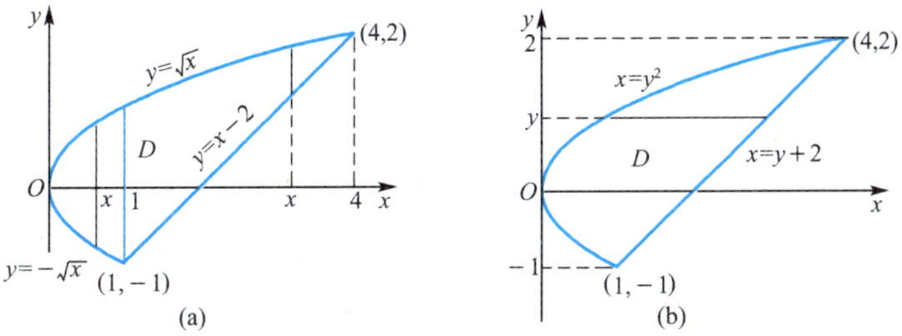

图 10-5　例 1 图

下面介绍二重积分的计算.

设积分区域 D 可用 X 型表示为：

$$D:\begin{cases}a\leqslant x\leqslant b\\ y_1(x)\leqslant y\leqslant y_2(x)\end{cases}$$

其中 $y_1(x)$，$y_2(x)$ 在区间$[a,b]$上连续，现利用二重积分的几何意义讨论$\iint\limits_D f(x,y)\mathrm{d}\sigma$ 的计算.

当 $f(x,y)\geqslant 0$ 时，按照二重积分的几何意义，上述二重积分的值等于以积分区域 D 为底，以曲面 $z=f(x,y)$ 为顶的曲顶柱体的体积(图 10-6). 下面我们应用求“平行截面面积已知的立体的体积”的方法，来计算这个曲顶柱体的体积.

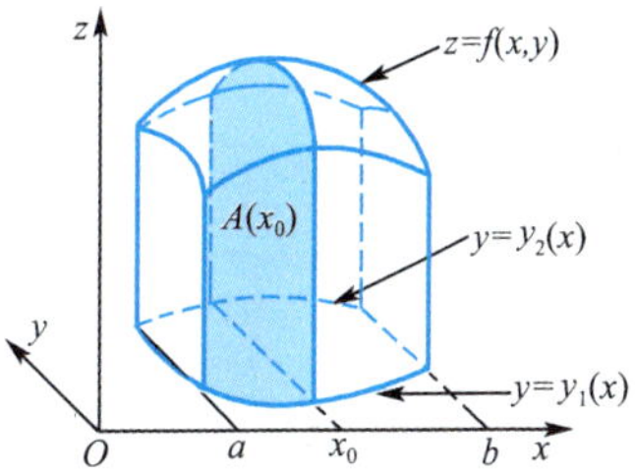

图 10-6　直角坐标系下二重积分的计算

设 $x\in[a,b]$，设 $A(x)$ 表示过点 x 且垂直于 x 轴的平面截曲顶柱体的截面面积，则曲顶柱体体积 V 的微元 $\mathrm{d}V$ 为：

$$\mathrm{d}V=A(x)\mathrm{d}x$$

且

$$V=\int_a^b A(x)\mathrm{d}x$$

其中该截面是一个以区间$[y_1(x_0),y_2(x_0)]$为底边，以曲线$z=f(x_0,y)$(x_0是固定的)为曲边的曲边梯形，其面积可表示为：

$$A(x_0)=\int_{y_1(x_0)}^{y_2(x_0)} f(x_0,y)\mathrm{d}y$$

则对于过区间$[a,b]$上任一点x且平行于yOz面的平面截曲顶柱体的截面面积为：

$$A(x)=\int_{y_1(x)}^{y_2(x)} f(x,y)\mathrm{d}y$$

将$A(x)$代入体积公式，得曲顶柱体的体积为：

$$V=\int_a^b\left[\int_{y_1(x)}^{y_2(x)} f(x,y)\mathrm{d}y\right]\mathrm{d}x$$

于是，二重积分

$$\iint_D f(x,y)\mathrm{d}\sigma=\int_a^b\left[\int_{y_1(x)}^{y_2(x)} f(x,y)\mathrm{d}y\right]\mathrm{d}x$$

上式右端的积分叫作先对y，后对x的二次积分.即先将x看作常数，把$f(x,y)$只看作关于y的一元函数，并对y计算从$y_1(x)$到$y_2(x)$的定积分；然后把所得的结果(是一个关于x的函数)再对x计算在区间$[a,b]$上的定积分.上述积分也可记为：

$$\iint_D f(x,y)\mathrm{d}\sigma=\int_a^b\mathrm{d}x\int_{y_1(x)}^{y_2(x)} f(x,y)\mathrm{d}y$$

这种积分也称为累次积分.

·注意· 虽然讨论中，我们假定$f(x,y)\geqslant 0$，但这只是为几何上说明方便而引入的条件，实际上公式的成立不受此条件的限制.

同理积分区域D若用Y型表示，

$$D:\begin{cases}c\leqslant y\leqslant d\\ x_1(y)\leqslant x\leqslant x_2(y)\end{cases}$$

其中$x_1(y)$，$x_2(y)$在区间$[c,d]$上连续，类似地有

$$\iint_D f(x,y)\mathrm{d}\sigma=\int_c^d\left[\int_{x_1(y)}^{x_2(y)} f(x,y)\mathrm{d}x\right]\mathrm{d}y$$

通常也可记为：

$$\iint_D f(x,y)\mathrm{d}\sigma=\int_c^d\mathrm{d}y\int_{x_1(y)}^{x_2(y)} f(x,y)\mathrm{d}x$$

例2 试求二重积分$\iint\limits_D(x^2+2xy)\mathrm{d}\sigma$，其中$D$是由$x=-2$，$x=1$，$y=-1$，$y=1$所围成的矩形区域.

解 由积分区域是矩形区域可知，

$$\iint_D(x^2+2xy)\mathrm{d}\sigma=\int_{-2}^1\mathrm{d}x\int_{-1}^1(x^2+2xy)\mathrm{d}y$$

$$=\int_{-2}^{1}\left[(x^2y+xy^2)\Big|_{-1}^{1}\right]dx$$

$$=\int_{-2}^{1}(2x^2)dx=\frac{2}{3}x^3\Big|_{-2}^{1}=6$$

例 3 计算$\iint\limits_D 2xy\,d\sigma$,其中 D 是由直线 $y=1$,$x=2$ 及 $y=x$ 所围成的闭区域.

解法 1 画出积分区域 D,如图 10-7 所示,D 是 X 型的,D 上点的横坐标变化范围是[1,2],在[1,2]上任取一个 x 值,过点 x 作平行于 y 轴的直线,由图 10-7 知对应交点的纵坐标 y 满足

$$1\leqslant y\leqslant x$$

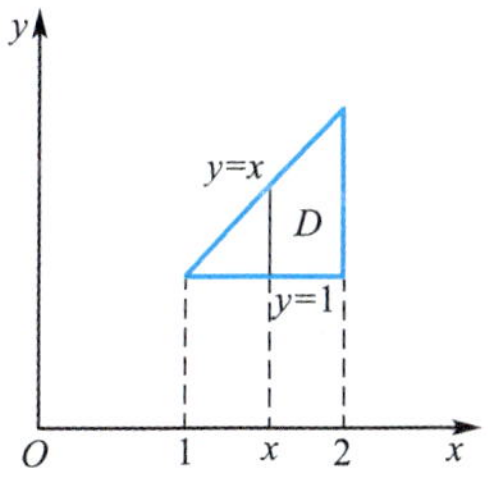

图 10-7 例 3 图(1)

因此,

$$\iint\limits_D 2xy\,d\sigma=\int_1^2 dx\int_1^x 2xy\,dy$$

$$=\int_1^2\left[x\left(y^2\Big|_1^x\right)\right]dx$$

$$=\int_1^2(x^3-x)dx$$

$$=\left(\frac{1}{4}x^4-\frac{1}{2}x^2\right)\Big|_1^2=\frac{9}{4}$$

解法 2 如果把积分区域 D 看成 Y 型的,如图 10-8 所示,D 上点的纵坐标变化范围是[1,2],在[1,2]上任取一个 y 值,过点 y 作平行于 x 轴的直线,由图 10-8 知对应交点的横坐标 x 满足

$$y\leqslant x\leqslant 2$$

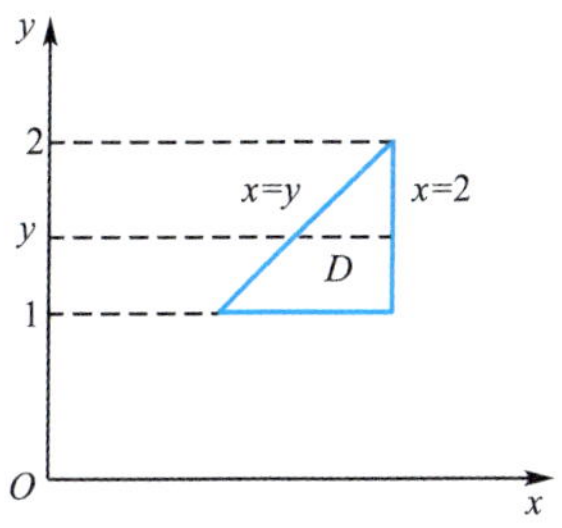

图 10-8 例 3 图(2)

因此,

$$\iint\limits_D 2xy\,d\sigma=\int_1^2 dy\int_y^2 2xy\,dx$$

$$=\int_1^2\left[y\left(x^2\Big|_y^2\right)\right]dy$$

$$=\int_1^2(4y-y^3)dy$$

$$=\left(2y^2-\frac{1}{4}y^4\right)\Big|_1^2=\frac{9}{4}$$

例 4 计算$\iint\limits_D xy\,d\sigma$,其中 D 是由抛物线 $y^2=x$ 及直线 $y=x-2$ 所围成的闭区域.

解 画出积分区域 D,如图 10-9 所示,D 是 Y 型的,积分区域 D 表示为:

$$D:\begin{cases}-1\leqslant y\leqslant 2\\ y^2\leqslant x\leqslant y+2\end{cases}$$

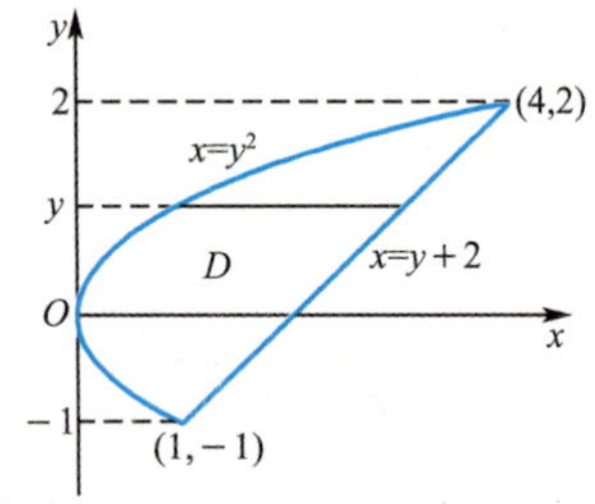

图 10-9　例 4 图(1)

所以

$$\begin{aligned}\iint_D xy\,\mathrm{d}\sigma&=\int_{-1}^{2}\mathrm{d}y\int_{y^2}^{y+2}xy\,\mathrm{d}x\\&=\int_{-1}^{2}\left[y\left(\frac{1}{2}x^2\Big|_{y^2}^{y+2}\right)\right]\mathrm{d}y\\&=\frac{1}{2}\int_{-1}^{2}[y(y+2)^2-y(y^2)^2]\mathrm{d}y\\&=\frac{1}{2}\left(\frac{1}{4}y^4+\frac{4}{3}y^3+2y^2-\frac{1}{6}y^6\right)\Big|_{-1}^{2}\\&=5\frac{5}{8}\end{aligned}$$

若把积分区域看成 X 型的，则由于在区间[0,1]及[1,4]上表示 $y_1(x)$ 的式子不同，所以要用经过交点(1,−1)且平行于 y 轴的直线 $x=1$ 把区域 D 分成 D_1 和 D_2 两部分(图 10-10). 其中

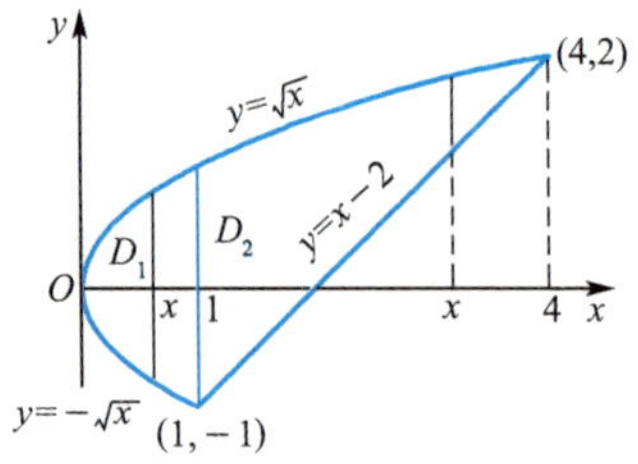

图 10-10　例 4 图(2)

$$D_1:\begin{cases}0\leqslant x\leqslant 1\\ -\sqrt{x}\leqslant y\leqslant\sqrt{x}\end{cases}$$

$$D_2:\begin{cases}1\leqslant x\leqslant 4\\ x-2\leqslant y\leqslant\sqrt{x}\end{cases}$$

根据二重积分的性质 3 可得

$$\begin{aligned}\iint_D xy\,\mathrm{d}\sigma&=\iint_{D_1}xy\,\mathrm{d}\sigma+\iint_{D_2}xy\,\mathrm{d}\sigma\\&=\int_0^1\mathrm{d}x\int_{-\sqrt{x}}^{\sqrt{x}}xy\,\mathrm{d}y+\int_1^4\mathrm{d}x\int_{x-2}^{\sqrt{x}}xy\,\mathrm{d}y\end{aligned}$$

由此可见，在选择积分区域类型时应考虑计算的简便性.

上述例子说明，在化二重积分为二次积分时，为了计算简便，需要选择恰当的二次积分的次序，既要考虑积分区域 D 的形状，又要考虑 $f(x,y)$ 的特征.

10.2.2　极坐标系下二重积分的计算

有些二重积分，积分区域 D 的边界曲线用极坐标方程来表示比较方便，且被积函数用极坐标变量 ρ,θ 表达比较简单. 这时，就可以考虑利用极坐标来计算二重积分

$$\iint_D f(x,y)\mathrm{d}\sigma$$

根据二重积分的定义

$$\iint_D f(x,y)\mathrm{d}\sigma = \lim_{\lambda\to 0}\sum_{i=1}^{n} f(\xi_i,\eta_i)\Delta\sigma_i$$

下面我们来研究这个和的极限在极坐标系中的形式. 假定从极点 O 出发，且穿过闭区域 D 内部的射线与 D 的边界曲线相交不多于两点，我们用以极点为中心的一族同心圆：$r=$ 常数以及从极点出发的一族射线：$\theta=$ 常数，把 D 分成 n 个小闭区域(图 10-11).

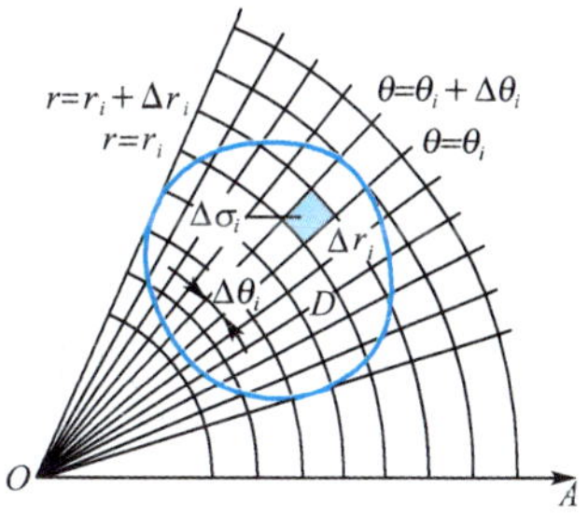

图 10-11　极坐标系下二重积分的计算

除了包含边界点的一些小闭区域外，小闭区域的面积 $\Delta\sigma_i$ 可计算如下：

$$\begin{aligned}\Delta\sigma_i &= \frac{1}{2}(r_i+\Delta r_i)\Delta\theta_i\cdot(r_i+\Delta r_i)-\frac{1}{2}r_i\Delta\theta_i\cdot r_i\\ &=\frac{r_i+(r_i+\Delta r_i)}{2}\cdot\Delta r_i\cdot\Delta\theta_i\\ &=\bar{r}_i\Delta r_i\Delta\theta_i\end{aligned}$$

其中$\bar{r}_i$ 表示相邻两圆弧的半径的平均值，在这个小闭区域内取圆周 $r=\bar{r}_i$ 上的一点$(\bar{r}_i,\bar{\theta}_i)$，该点的直角坐标设为 ξ_i,η_i，那么由直角坐标与极坐标之间的关系有

$$\xi_i=\bar{r}_i\cos\bar{\theta}_i,\eta_i=\bar{r}_i\sin\bar{\theta}_i$$

于是

$$\lim_{\lambda\to 0}\sum_{i=1}^{n} f(\xi_i,\eta_i)\Delta\sigma_i=\lim_{\lambda\to 0}\sum_{i=1}^{n} f(\bar{r}_i\cos\bar{\theta}_i,\bar{r}_i\sin\bar{\theta}_i)\bar{r}_i\cdot\Delta r_i\cdot\Delta\theta_i$$

即

$$\iint_D f(x,y)\mathrm{d}\sigma=\iint_D f(r\cos\theta,r\sin\theta)r\,\mathrm{d}r\,\mathrm{d}\theta$$

这里我们把点(r,θ) 看作在同一平面上的点(x,y) 的极坐标表示，所以上式右端的积分区域仍然记作 D.

由于在直角坐标系中$\iint_D f(x,y)\mathrm{d}\sigma$ 也常记作$\iint_D f(x,y)\mathrm{d}x\,\mathrm{d}y$，所以上式又可写成

$$\iint_D f(x,y)\mathrm{d}x\,\mathrm{d}y=\iint_D f(r\cos\theta,r\sin\theta)r\,\mathrm{d}r\,\mathrm{d}\theta$$

这就是二重积分的变量从直角坐标变换为极坐标的变换公式，其中 $r\,\mathrm{d}r\,\mathrm{d}\theta$ 就是**极坐标系中的面积元素**，把积分区域表示为极坐标系下不等式组的形式，需根据极点与区域 D 的位置而定，现分三种情形加以讨论：

1. 极点在区域 D 的外面(图 10-12)

区域 D 夹在两条射线 $\theta=\alpha,\theta=\beta$ 之间,区域的内外边界为:$r=r_1(\theta),r=r_2(\theta)$. 此时,积分区域可用不等式组

$$D:\begin{cases} r_1(\theta)\leqslant r\leqslant r_2(\theta) \\ \alpha\leqslant\theta\leqslant\beta \end{cases}$$

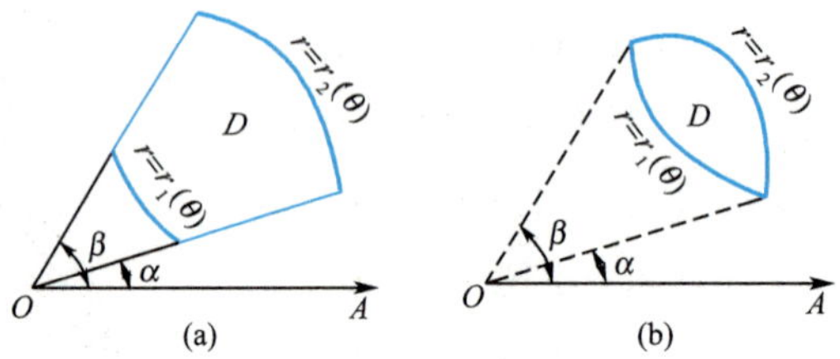

图 10-12　极点在区域 D 的外面

来表示,此时可把二重积分 $\iint\limits_D f(x,y)\mathrm{d}\sigma$ 转化为极坐标系下的累次积分,即

$$\begin{aligned}\iint\limits_D f(x,y)\mathrm{d}\sigma&=\iint\limits_D f(r\cos\theta,r\sin\theta)r\mathrm{d}r\mathrm{d}\theta\\&=\int_\alpha^\beta\mathrm{d}\theta\int_{r_1(\theta)}^{r_2(\theta)}f(r\cos\theta,r\sin\theta)r\mathrm{d}r\end{aligned}$$

2. 极点在区域 D 的边界上(图 10-13)

积分区域 D 可用不等式组

$$D:\begin{cases} 0\leqslant r\leqslant r(\theta) \\ \alpha\leqslant\theta\leqslant\beta \end{cases}$$

来表示,故有

$$\begin{aligned}\iint\limits_D f(x,y)\mathrm{d}\sigma&=\iint\limits_D f(r\cos\theta,r\sin\theta)r\mathrm{d}r\mathrm{d}\theta\\&=\int_\alpha^\beta\mathrm{d}\theta\int_0^{r(\theta)}f(r\cos\theta,r\sin\theta)r\mathrm{d}r\end{aligned}$$

3. 极点在区域 D 的内部(图 10-14)

积分区域 D 可用不等式组

$$D:\begin{cases} 0\leqslant r\leqslant r(\theta) \\ 0\leqslant\theta\leqslant 2\pi \end{cases}$$

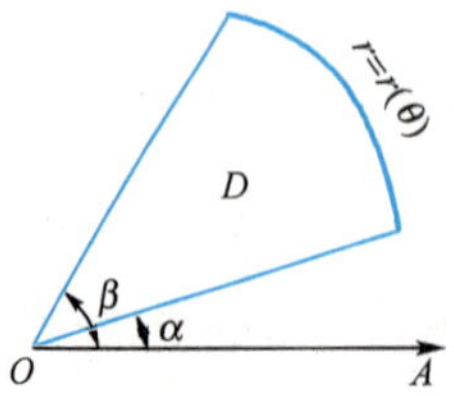

图 10-13　极点在区域 D 的边界上

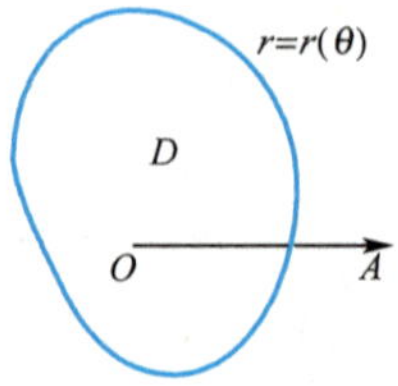

图 10-14　极点在区域 D 的内部

来表示，故有

$$\iint_D f(x,y)\mathrm{d}\sigma=\iint_D f(r\cos\theta,r\sin\theta)r\mathrm{d}r\mathrm{d}\theta$$
$$=\int_0^{2\pi}\mathrm{d}\theta\int_0^{r(\theta)}f(r\cos\theta,r\sin\theta)r\mathrm{d}r$$

例 5 计算$\iint_D y\mathrm{d}x\mathrm{d}y$，其中 D 是由 $x^2+y^2=2ax\ (a>0)$ 与 x 轴围成的上半圆区域(图 10-15).

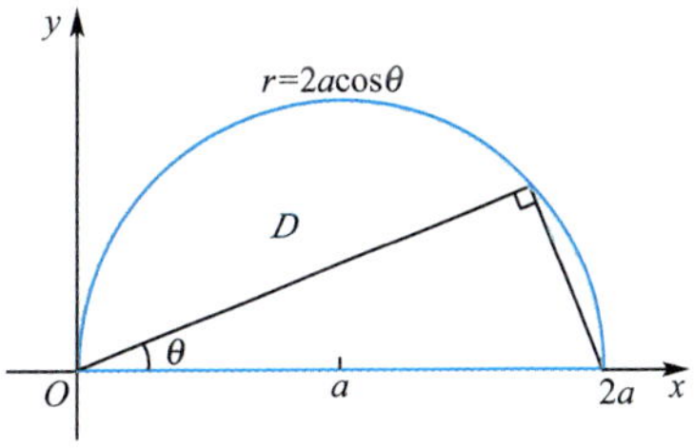

图 10-15 例 5 图

解 D 在极坐标系里 $0\leqslant\theta\leqslant\dfrac{\pi}{2}, 0\leqslant r\leqslant 2a\cos\theta$

$$\iint_D y\mathrm{d}x\mathrm{d}y=\int_0^{\frac{\pi}{2}}\mathrm{d}\theta\int_0^{2a\cos\theta}r\sin\theta\cdot r\mathrm{d}r$$
$$=\frac{1}{3}\int_0^{\frac{\pi}{2}}r^3\Big|_0^{2a\cos\theta}\sin\theta\mathrm{d}\theta$$
$$=\frac{8a^3}{3}\int_0^{\frac{\pi}{2}}\cos^3\theta\sin\theta\mathrm{d}\theta$$
$$=-\frac{2}{3}a^3\cos^4\theta\Big|_0^{\frac{\pi}{2}}=\frac{2}{3}a^3$$

例 6 求解 $I=\iint_D(\sqrt{x^2+y^2}+y)\mathrm{d}\sigma$，其中

$D:\begin{cases}x^2+y^2\leqslant 4\\(x+1)^2+y^2\geqslant 1\end{cases}$ (图 10-16).

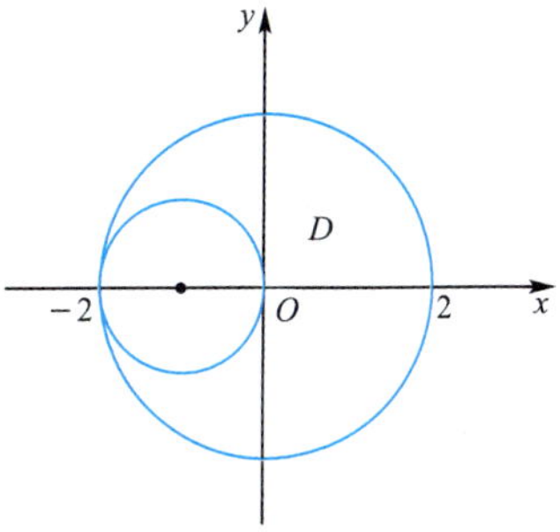

图 10-16 例 6 图

解法 1 根据$\iint_D=\iint_{D_{大圆}}-\iint_{D_{小圆}}$ 且

$$\iint_{D_{大圆}}(\sqrt{x^2+y^2}+y)\mathrm{d}\sigma=\iint_{D_{大圆}}\sqrt{x^2+y^2}\mathrm{d}\sigma+0(\text{对称性})$$
$$=\int_0^{2\pi}\mathrm{d}\theta\int_0^2 r^2\mathrm{d}r=\frac{16\pi}{3}$$

$$\iint_{D_{小圆}}(\sqrt{x^2+y^2}+y)\mathrm{d}\sigma=\iint_{D_{小圆}}\sqrt{x^2+y^2}\mathrm{d}\sigma+0(\text{对称性})$$
$$=\int_{\frac{\pi}{2}}^{\frac{3\pi}{2}}\mathrm{d}\theta\int_0^{-2\cos\theta}r^2\mathrm{d}r=\frac{32}{9}$$

所以

$$\iint_D(\sqrt{x^2+y^2}+y)\mathrm{d}\sigma=\frac{16}{9}(3\pi-2)$$

解法 2 由积分区域对称性和被积函数的奇偶性可知

$$\iint_D y\,d\sigma = 0,$$

$$\iint_D \sqrt{x^2+y^2}\,d\sigma = 2\iint_{D_上} \sqrt{x^2+y^2}\,d\sigma,$$

所以

$$原式 = 2\left(\iint_{D_{上1}} \sqrt{x^2+y^2}\,d\sigma + \iint_{D_{上2}} \sqrt{x^2+y^2}\,d\sigma\right)$$

$$= 2\left(\int_0^{\frac{\pi}{2}} d\theta \int_0^2 r^2\,dr + \int_{\frac{\pi}{2}}^{\pi} d\theta \int_{-2\cos\theta}^{2} r^2\,dr\right)$$

$$= 2\left[\frac{4}{3}\pi + \left(\frac{4}{3}\pi - \frac{16}{9}\right)\right] = \frac{16}{9}(3\pi - 2)$$

习题 10-2

1. 用 X 型或 Y 型表示下列曲线所围成的区域 D.

(1) D 由 $y^2 = x, y = x$ 围成;

(2) D 由 $y = x^2, y = 2 - x^2$ 围成.

2. 计算下列二重积分的值.

(1) $\iint\limits_D (x^2+y^2)\,d\sigma$,其中区域 $D=\{(x,y)\mid -1\leqslant x\leqslant 1, -1\leqslant y\leqslant 1\}$;

(2) $\iint\limits_D (3x+2y)\,d\sigma$,其中区域 D 是由两坐标轴及直线 $x+y=2$ 所围成的闭区域;

(3) $\iint\limits_D \frac{y}{x}\,d\sigma$,其中区域 D 是由 $y=x, y=2x, x=1, x=2$ 所围成的闭区域;

(4) $\iint\limits_D x\cos(x+y)\,d\sigma$,其中区域 D 是顶点分别为 $(0,0)$, $(\pi,0)$ 和 (π,π) 的三角形闭区域.

3. 画出下列累次积分所表示的二重积分的积分域,并交换积分次序.

(1) $\int_0^1 dy \int_y^{y^2} f(x,y)\,dx$;

(2) $\int_0^2 dy \int_{y^2}^{2y} f(x,y)\,dx$;

(3) $\int_0^1 dy \int_{-\sqrt{1-y^2}}^{\sqrt{1-y^2}} f(x,y)\,dx$;

(4) $\int_1^e dx \int_0^{\ln x} f(x,y)\,dy$.

4. 画出积分区域，并计算下列二重积分.

(1)$\iint\limits_D f(x,y)\mathrm{d}\sigma$，其中 D 是由圆周 $x^2+y^2=a^2$ 所围成的闭区域；

(2)$\int_0^1 \mathrm{d}x\int_0^{x^2} f(x,y)\mathrm{d}y$；

(3)$\int_0^2 \mathrm{d}x\int_x^{\sqrt{3x}} f(\sqrt{x^2+y^2})\mathrm{d}y$.

5. 利用极坐标求解下列二重积分.

(1)$\iint\limits_D \mathrm{e}^{x^2+y^2}\mathrm{d}\sigma$，其中 D 是由圆周 $x^2+y^2=4$ 所围成的闭区域；

(2)$\iint\limits_D \ln(x^2+y^2+1)\mathrm{d}\sigma$，其中 D 是由圆周 $x^2+y^2=1$ 及坐标轴所围成的第一象限内的闭区域.

10.3　三重积分

10.3.1　三重积分的概念

定积分及二重积分作为和的极限的概念，可以很自然地推广到三重积分，由二重积分的定义可类似给出三重积分的定义：

定义　设 Ω 是空间的有界闭区域，$f(x,y,z)$ 是 Ω 上的有界函数，任意将 Ω 分成 n 个小区域 $\Delta v_1,\Delta v_2,\cdots,\Delta v_n$，同时用 Δv_i 表示该小区域的体积，记 Δv_i 的直径为 $d(\Delta v_i)$，并令 $\lambda=\max\limits_{1\leqslant i\leqslant n} d(\Delta v_i)$，在 Δv_i 上任取一点 $(\xi_i,\eta_i,\zeta_i)(i=1,2,\cdots,n)$，作乘积 $f(\xi_i,\eta_i,\zeta_i)\Delta v_i$，把这些乘积加起来得和式 $\sum\limits_{i=1}^{n} f(\xi_i,\eta_i,\zeta_i)\Delta v_i$，若极限 $\lim\limits_{\lambda\to 0}\sum\limits_{i=1}^{n} f(\xi_i,\eta_i,\zeta_i)\Delta v_i$ 存在(它不依赖于区域 Ω 的分法及点 (ξ_i,η_i,ζ_i) 的取法)，则称这个极限值为函数 $f(x,y,z)$ 在空间区域 Ω 上的三重积分，记作

$$\iiint\limits_{\Omega} f(x,y,z)\,\mathrm{d}v$$

即

$$\iiint\limits_{\Omega} f(x,y,z)\,\mathrm{d}v=\lim_{\lambda\to 0}\sum_{i=1}^{n} f(\xi_i,\eta_i,\zeta_i)\Delta v_i$$

其中，$f(x,y,z)$ 叫作被积函数，Ω 叫作积分区域，$\mathrm{d}v$ 叫作体积元素.

在直角坐标系中,若对区域 Ω 用平行于三个坐标面的平面来分割,就把区域分成一些小长方体.和二重积分完全类似,此时三重积分也可用符号 $\iiint\limits_{\Omega} f(x,y,z)\,dx\,dy\,dz$ 来表示,即在直角坐标系中体积元素 dv 可记为 $dx\,dy\,dz$.

如上,关于二重积分的一些术语,例如被积函数、积分区域等,都可相应地用到三重积分上,三重积分的性质也与第一节中所述的二重积分的性质类似,这里不再重复了.

10.3.2 三重积分的计算

计算三重积分的根本方法是将三重积分化为三次积分来计算,下面利用不同的坐标分别讨论将三重积分化为三次积分的方法,且只限于表达方法.

1. 利用直角坐标计算三重积分

假设有一直线,平行于 z 轴且穿过闭区域 Ω 内部与整个闭区域 Ω 的边界曲面 S 相交不多于两点.把整个闭区域 Ω 投影到 xOy 面上,得到平面闭区域 D_{xy}(图 10-17).以 D_{xy} 的边界为准线,作母线平行于 Z 轴的柱面,这柱面与曲面 S 的交线从 S 中分出的上、下两局部,它们的方程分别为 $S_1:z=z_1(x,y)$,$S_2:z=z_2(x,y)$,其中 $z_1(x,y)$,$z_2(x,y)$ 都是 D_{xy} 上的连续函数,且 $z_1(x,y)\leqslant z_2(x,y)$.过 D_{xy} 内任一点 (x,y) 作平行于 z 轴的直线,这直线通过曲面 S_1 穿入 Ω 内,然后通过曲面 S_2 穿出 Ω 外,穿入点与穿出点的竖坐标分别为:$z_1(x,y)$,$z_2(x,y)$.

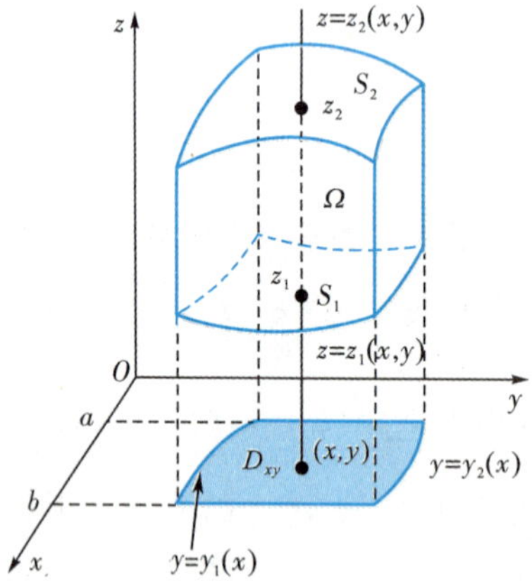

图 10-17 利用直角坐标计算三重积分

在这种情形下,积分区域 Ω 可表示为:

$$\Omega=\{(x,y,z)\mid z_1(x,y)\leqslant z\leqslant z_2(x,y),(x,y)\in D_{xy}\}$$

先将 x,y 看作定值,将 $f(x,y,z)$ 只看作 z 的函数,在区间 $[z_1(x,y),z_2(x,y)]$ 上对 z 积分,积分的结果是 x,y 的函数,记为 $F(x,y)$,即

$$F(x,y)=\int_{z_1(x,y)}^{z_2(x,y)} f(x,y,z)\mathrm{d}z$$

然后计算 $F(x,y)$ 在闭区域 D_{xy} 上的二重积分

$$\iint_{D_{xy}} F(x,y)\mathrm{d}\sigma=\iint_{D_{xy}}\left[\int_{z_1(x,y)}^{z_2(x,y)} f(x,y,z)\mathrm{d}z\right]\mathrm{d}\sigma$$

假设闭区域

$$D_{xy}=\{(x,y)\mid y_1(x)\leqslant y\leqslant y_2(x),a\leqslant x\leqslant b\}$$

把这个二重积分化为二次积分，于是得到三重积分的计算公式

$$\iiint_{\Omega} f(x,y,z)\mathrm{d}v=\int_a^b\mathrm{d}x\int_{y_1(x)}^{y_2(x)}\mathrm{d}y\int_{z_1(x,y)}^{z_2(x,y)} f(x,y,z)\mathrm{d}z$$

即把三重积分化为先对 z、次对 y、最后对 x 的三次积分.

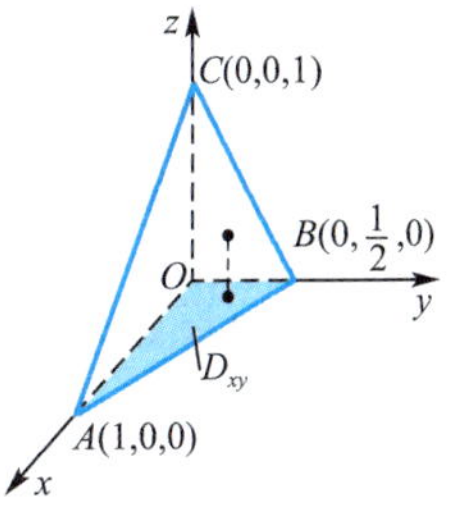

图 10-18　例图

例　计算三重积分 $\iiint_{\Omega} x\,\mathrm{d}x\,\mathrm{d}y\,\mathrm{d}z$，其中 Ω 为三个坐标面及平面 $x+2y+z=1$ 所围成的区域.

解　积分区域 Ω 在 xOy 平面的投影区域 D_{xy} 是由坐标轴与直线 $x+2y=1$ 所围成的区域(图 10-18)：$0\leqslant x\leqslant 1, 0\leqslant y\leqslant \dfrac{1-x}{2}$，所以

$$\begin{aligned}\iiint_{\Omega} x\,\mathrm{d}x\,\mathrm{d}y\,\mathrm{d}z&=\int_0^1\mathrm{d}x\int_0^{\frac{1-x}{2}}\mathrm{d}y\int_0^{1-x-2y} x\,\mathrm{d}z\\&=\int_0^1 x\,\mathrm{d}x\int_0^{\frac{1-x}{2}}(1-x-2y)\mathrm{d}y\\&=\frac{1}{4}\int_0^1(x-2x^2+x^3)\mathrm{d}x=\frac{1}{48}\end{aligned}$$

2. 利用柱面坐标计算三重积分

三重积分在柱面坐标系中的计算方法如下：

若空间点 $M(x,y,z)$ 与 (r,θ,z) 建立了一一对应关系，把 (r,θ,z) 称为点 $M(x,y,z)$ 的**柱面坐标**. 不难看出，柱面坐标实际上是极坐标的推广. 这里 r,θ 为点 M 在 xOy 面上的投影 P 的极坐标. $0\leqslant r<+\infty, 0\leqslant\theta\leqslant 2\pi, -\infty<z<+\infty$(图 10-19).

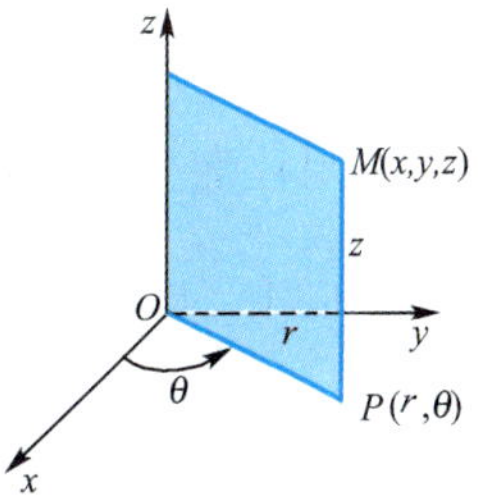

图 10-19　利用柱面坐标计算三重积分

柱面坐标系的三组坐标面为：

(1) $r=$ 常数，以 z 为轴的圆柱面；

(2) $\theta=$ 常数，过 z 轴的半平面；

(3)$z=$常数,平行于 xOy 面的平面.

显然,点 M 的直角坐标与柱面坐标的关系为:

$$x=r\cos\theta$$
$$y=r\sin\theta$$
$$z=z$$

在柱面坐标系下,体积元素之间的关系式为:

$$dx\,dy\,dz=r\,dr\,d\theta\,dz$$

于是,柱面坐标系下三重积分公式为:

$$\iiint_{\Omega}f(x,y,z)dx\,dy\,dz=\iiint_{\Omega}f(r\cos\theta,r\sin\theta,z)r\,dr\,d\theta\,dz$$

至于变换为柱面坐标后的三重积分计算,则可化为三次积分来进行.通常把积分区域 Ω 向 xOy 面投影得投影区域 D,以确定 r,θ 的取值范围,z 的范围确定同直角坐标系情形.

习题 10-3

1. 化三重积分 $I=\iiint_{\Omega}f(x,y,z)dx\,dy\,dz$ 为三次积分,其中积分区域 Ω 分别是:

(1) 由双曲抛物面 $xy=z$ 及平面 $x+y-1=0$,$z=0$ 所围成的闭区域;

(2) 由曲面 $z=x^2+y^2$ 及平面 $z=1$ 所围成的闭区域.

2. 在直角坐标系下计算三重积分:$\iiint_{\Omega}xy^2z^3dx\,dy\,dz$,其中 Ω 是由曲面 $z=xy$ 与平面 $y=x$,$x=1$ 和 $z=0$ 所围成的闭区域.

3. 利用柱面坐标计算下列三重积分.

(1)$\iiint_{\Omega}z\,dv$,其中 Ω 是由曲面 $z=\sqrt{2-x^2-y^2}$ 及 $z=x^2+y^2$ 所围成的闭区域;

(2)$\iiint_{\Omega}(x^2+y^2)dv$,其中 Ω 是由曲面 $2(x^2+y^2)=z$ 及平面 $z=4$ 所围成的闭区域.

4. 选用适当的坐标计算三重积分:$\iiint_{\Omega}xy\,dv$,其中 Ω 为柱面 $x^2+y^2=1$ 及平面 $z=1$,$z=0$,$x=0$,$y=0$ 所围成的在第一卦限内的闭区域.

10.4 重积分的应用

我们利用定积分的元素法解决了许多求总量的问题，这种元素法也可以推广到重积分的应用中，如果所考察的某个量u对于闭区域具有可加性（当闭区域D分成许多小闭区域时，所求量u相应地分成许多部分量，且u等于部分量之和），并且在闭区域D内任取一个直径很小的闭区域$d\Omega$时，相应的部分量可近似地表示为$f(M)d\Omega$的形式，其中M为$d\Omega$内的某一点，这个$f(M)d\Omega$称为所求量u的元素而记作du，以它为被积表达式，在闭区域D上积分

$$u=\int_D f(M)d\Omega$$

这就是所求量的积分表达式. 显然当区域D为平面闭区域，M为D内点(x,y)时，$d\Omega=d\sigma$即为面积微元，则

$$u=\iint_D f(x,y)d\sigma$$

当区域D为空间闭区域，M为D内点(x,y,z)时，$d\Omega=dv$即为体积微元，则

$$u=\iiint_D f(x,y,z)dv$$

下面讨论重积分的一些应用.

10.4.1 空间曲面的面积

设曲面S的方程为$z=f(x,y)$，曲面S在xOy坐标面上的投影区域为D，$f(x,y)$在D上具有连续偏导数$f'_x(x,y)$和$f'_y(x,y)$，求曲面S的面积A.

在D上任取一面积微元$d\sigma$，在$d\sigma$内任取一点$P(x,y)$，对应曲面S上的点$M(x,y,f(x,y))$在xOy平面上的投影即为点P，点M处曲面S有切平面设为T（图 10-20），以小区域$d\sigma$的边界为准线，作母线平行于z轴的柱面，这柱面在曲面S上截下一小片曲面，其面积记为ΔA，柱面在切平面上截下一小片平面，其面积记为dA，由于$d\sigma$的直径很小，切平面T上的那一小片平面的面积dA可近似代替曲面S上相应的那一小片曲面的面积ΔA，即

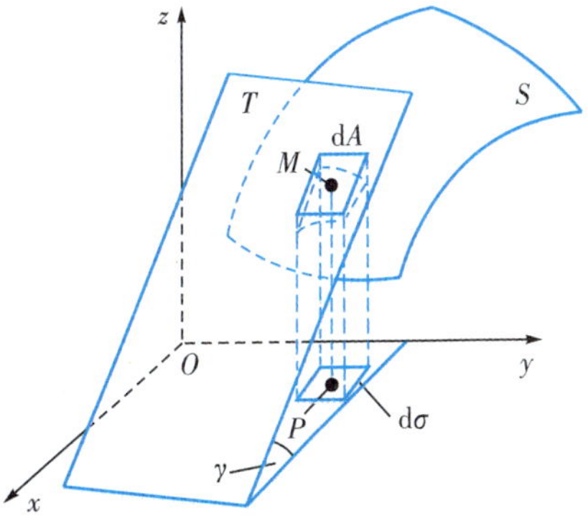

图 10-20 空间曲面的面积

$$\Delta A \approx \mathrm{d}A$$

设点 M 处曲面 S 的法线(指向朝上)与 z 轴正向的夹角为 γ,则根据投影定理有

$$\mathrm{d}A=\frac{\mathrm{d}\sigma}{\cos\gamma}$$

因为

$$\cos\gamma=\frac{1}{\sqrt{1+f_x'^2(x,y)+f_y'^2(x,y)}}$$

所以

$$\mathrm{d}A=\sqrt{1+f_x'^2(x,y)+f_y'^2(x,y)}\,\mathrm{d}\sigma$$

这就是曲面 S 的面积元素.以它为被积表达式在闭区域 D 上积分,得

$$A=\iint_D\sqrt{1+\left(\frac{\partial z}{\partial x}\right)^2+\left(\frac{\partial z}{\partial y}\right)^2}\,\mathrm{d}x\,\mathrm{d}y$$

这就是曲面面积的计算公式.

设曲面方程为 $x=g(y,z)$ 或 $y=h(z,x)$,则可把曲面投影到 yOz 面上或 zOx 面上,得投影区域 D_{yz} 或 D_{zx},类似可得

$$A=\iint_{D_{yz}}\sqrt{1+\left(\frac{\partial x}{\partial y}\right)^2+\left(\frac{\partial x}{\partial z}\right)^2}\,\mathrm{d}y\,\mathrm{d}z$$

或

$$A=\iint_{D_{zx}}\sqrt{1+\left(\frac{\partial y}{\partial x}\right)^2+\left(\frac{\partial y}{\partial z}\right)^2}\,\mathrm{d}z\,\mathrm{d}x$$

例 1 求半径为 a 的球的表面积.

解 取上半球面方程为 $z=\sqrt{a^2-x^2-y^2}$,则它在 xOy 面上的投影区域 D 可表示为

$$x^2+y^2\leqslant a^2$$

由

$$\frac{\partial z}{\partial x}=\frac{-x}{\sqrt{a^2-x^2-y^2}}$$

$$\frac{\partial z}{\partial y}=\frac{-y}{\sqrt{a^2-x^2-y^2}}$$

得

$$\sqrt{1+\left(\frac{\partial z}{\partial x}\right)^2+\left(\frac{\partial z}{\partial y}\right)^2}=\frac{a}{\sqrt{a^2-x^2-y^2}}$$

因为这函数在闭区域 D 上无界,不能直接应用曲面面积公式,由广义积分得

$$A=2\iint_D \frac{a}{\sqrt{a^2-x^2-y^2}}\mathrm{d}x\,\mathrm{d}y$$

用极坐标，得

$$A=2a\int_0^{2\pi}\mathrm{d}\theta\int_0^a \frac{r}{\sqrt{a^2-r^2}}\mathrm{d}r=4\pi a^2$$

10.4.2 质　心

设在 xOy 平面上有 n 个质点，它们分别位于点 $(x_1,y_1),(x_2,y_2),\cdots,(x_n,y_n)$ 处，质量分别为 $m_1,m_2,\cdots,m_n$. 由力学知识知道，该质点系的质心的坐标为：

$$\overline{x}=\frac{M_y}{M}=\frac{\sum\limits_{i=1}^{n}m_ix_i}{\sum\limits_{i=1}^{n}m_i},\quad \overline{y}=\frac{M_x}{M}=\frac{\sum\limits_{i=1}^{n}m_iy_i}{\sum\limits_{i=1}^{n}m_i}$$

其中，$M=\sum\limits_{i=1}^{n}m_i$ 为该质点系的总质量，$M_y=\sum\limits_{i=1}^{n}m_ix_i$，$M_x=\sum\limits_{i=1}^{n}m_iy_i$ 分别为该质点系对 y 轴和 x 轴的静矩.

设有一平面薄片占有 xOy 面上的闭区域 D，在点 (x,y) 处的面密度为 $\rho(x,y)$，$\rho(x,y)$ 在 D 上连续，现要找该薄片的重心坐标.

在闭区域 D 上任取一直径很小的闭区域 $\mathrm{d}\sigma$（这个小闭区域的面积也记作 $\mathrm{d}\sigma$），(x,y) 是这个闭区域上的一个点. 由于 $\mathrm{d}\sigma$ 直径很小，且 $\rho(x,y)$ 在 D 上连续，所以薄片中相应于 $\mathrm{d}\sigma$ 的部分的质量近似等于 $\rho(x,y)\mathrm{d}\sigma$，这部分质量可近似看作集中在点 (x,y) 上，于是可写出静矩元素 $\mathrm{d}M_y$ 及 $\mathrm{d}M_x$ 分别为：

$$\mathrm{d}M_y=x\rho(x,y)\mathrm{d}\sigma,\quad \mathrm{d}M_x=y\rho(x,y)\mathrm{d}\sigma$$

以这些元素为被积表达式，在闭区域 D 上积分，便得

$$M_y=\iint_D x\rho(x,y)\mathrm{d}\sigma,\quad M_x=\iint_D y\rho(x,y)\mathrm{d}\sigma$$

又由 10.1.1 知，薄片的质量为

$$M=\iint_D \rho(x,y)\mathrm{d}\sigma$$

所以，薄片重心的坐标为：

如果薄片是均匀的，即面密度为常量，则上式中可把 ρ 提到积分号外面并从分子、分母中约去，于是便得到均匀薄片质心的坐标为：

$$\overline{x}=\frac{1}{A}\iint\limits_D x\,\mathrm{d}\sigma,\quad \overline{y}=\frac{1}{A}\iint\limits_D y\,\mathrm{d}\sigma$$

其中,$A=\iint\limits_D \mathrm{d}\sigma$ 为闭区域 D 的面积.这时薄片的质心完全由闭区域 D 的形状所决定.我们把均匀平面薄片的质心叫作这平面薄片所占的平面图形的形心.因此平面图形 D 的形心,就可计算.

例 2 求在 $r=1,r=2$ 之间的均匀半圆环薄片的质心.(图 10-21)

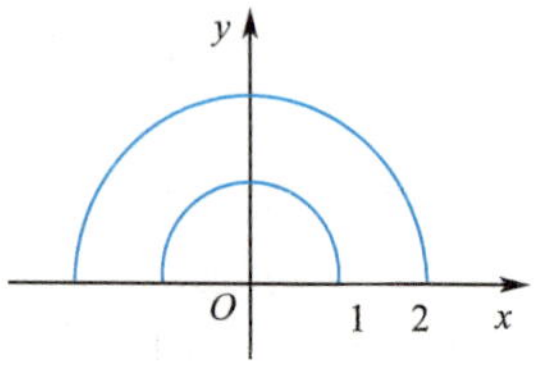

图 10-21 例 2 图

解 因为闭区域 D 对称于 y 轴,所以质心 $C(\overline{x},\overline{y})$ 必位于 y 轴上,于是 $\overline{x}=0$,D 的面积为:

$$A=\frac{1}{2}\times 2^2\pi-\frac{1}{2}\times 1^2\pi=\frac{3}{2}\pi$$

而

$$\iint\limits_D y\,\mathrm{d}\sigma=\int_0^{\pi}\sin\theta\,\mathrm{d}\theta\int_1^2 r^2\,\mathrm{d}r=(-\cos\theta)\Big|_0^{\pi}\left(\frac{1}{3}r^3\right)\Big|_1^2=\frac{14}{3}$$

所以

$$\overline{y}=\frac{1}{A}\iint\limits_D y\,\mathrm{d}\sigma=\frac{1}{\frac{3}{2}\pi}\cdot\frac{14}{3}=\frac{28}{9\pi}$$

即质心为 $\left(0,\frac{28}{9\pi}\right)$.

10.4.3 转动惯量

设在 xOy 平面上有 n 个质点,它们分别位于点 $(x_1,y_1),(x_2,y_2),\cdots,(x_n,y_n)$ 处,质量分别为 $m_1,m_2,\cdots,m_n$.由力学知识知道,该质点系对于 x 轴和 y 轴的转动惯量依次为:

$$I_x=\sum_{i=1}^{n}y_i^2m_i,\quad I_y=\sum_{i=1}^{n}x_i^2m_i$$

设有一薄片,占有 xOy 面上的闭区域 D,在点 (x,y) 处的面密度为 $\rho(x,y)$,假定 $\rho(x,y)$ 在 D 上连续.现在要求该薄片对于 x 轴的转动惯量 I_x 以及对于 y 轴的转动惯量 I_y.

应用元素法.在闭区域 D 上任取一直径很小的闭区域 $\mathrm{d}\sigma$(这个小闭区域的面积也记作 $\mathrm{d}\sigma$),(x,y) 是这个小闭区域上的一个点.因为 $\mathrm{d}\sigma$ 的直径很小,且 $\rho(x,y)$ 在 D 上连续,所以薄片中相应于 $\mathrm{d}\sigma$ 的部分的质量近似等于 $\rho(x,y)\mathrm{d}\sigma$,这部分质量可近似看作集中在点 (x,y) 上,于是可写出薄片对于 x 轴以及对于 y 轴的转动惯量元素:

$$\mathrm{d}I_x = y^2\rho(x,y)\mathrm{d}\sigma, \quad \mathrm{d}I_y = x^2\rho(x,y)\mathrm{d}\sigma$$

以这些元素为被积表达式，在闭区域 D 上积分，便得

$$I_x = \iint\limits_D y^2\rho(x,y)\mathrm{d}\sigma, \quad I_y = \iint\limits_D x^2\rho(x,y)\mathrm{d}\sigma$$

10.4.4 引　力

设有一平面薄片，占有 xOy 平面上的闭区域 D，在点 (x,y) 处的面密度为 $\rho(x,y)$，假定 $\rho(x,y)$ 在 D 上连续. 现要计算该薄片对位于 z 轴上的点 $M_0(0,0,a)(a>0)$ 处的单位质量的质点的引力.

我们应用元素法来求引力 $F=\{F_x,F_y,F_z\}$. 在闭区域 D 上任取一直径很小的闭区域 $\mathrm{d}\sigma$（这个小闭区域的面积也记作 $\mathrm{d}\sigma$），(x,y) 是 $\mathrm{d}\sigma$ 上的一个点. 薄片中相应于 $\mathrm{d}\sigma$ 的部分的质量近似等于 $\rho(x,y)\mathrm{d}\sigma$，这部分质量可近似看作集中在点 (x,y) 上，于是，按两质点间的引力公式，可得出薄片中相应于 $\mathrm{d}\sigma$ 的部分对该质点的引力的大小近似地为 $G\dfrac{\rho(x,y)\mathrm{d}\sigma}{r^2}$，引力的方向与 $(x,y,0-a)$ 一致，其中 $r=\sqrt{x^2+y^2+a^2}$，G 为引力常数. 于是，薄片对该质点的引力在三个坐标轴上的投影 F_x,F_y,F_z 的元素为：

$$\mathrm{d}F_x = G\frac{\rho(x,y)x\,\mathrm{d}\sigma}{r^3}$$

$$\mathrm{d}F_y = G\frac{\rho(x,y)y\,\mathrm{d}\sigma}{r^3}$$

$$\mathrm{d}F_z = G\frac{\rho(x,y)(0-a)\mathrm{d}\sigma}{r^3}$$

以这些元素为被积表达式，在闭区域 D 上积分，便得到

$$F_x = G\iint\limits_D \frac{\rho(x,y)x}{(x^2+y^2+a^2)^{\frac{3}{2}}}\mathrm{d}\sigma$$

$$F_y = G\iint\limits_D \frac{\rho(x,y)y}{(x^2+y^2+a^2)^{\frac{3}{2}}}\mathrm{d}\sigma$$

$$F_z = -Ga\iint\limits_D \frac{\rho(x,y)}{(x^2+y^2+a^2)^{\frac{3}{2}}}\mathrm{d}\sigma$$

例 3　求面密度为常量、半径为 R 的匀质圆形薄片：$x^2+y^2\leqslant R^2, z=0$ 对位于 z 轴上点 $M_0(0,0,a)(a>0)$ 处单位质量的质点的引力.

解　由积分区域的对称性易知，$F_x=F_y=0$. 记面密度为常量 ρ，这时

$$F_z = -\pi Ga\rho\int_0^R \frac{\mathrm{d}(r^2+a^2)}{(r^2+a^2)^{\frac{3}{2}}} = 2\pi Ga\rho\left(\frac{1}{\sqrt{R^2+a^2}}-\frac{1}{a}\right)$$

故所求引力为$\left\{0,0,2\pi G a\rho\left(\frac{1}{\sqrt{R^2+a^2}}-\frac{1}{a}\right)\right\}$.

习题 10-4

1. 求球面 $x^2+y^2+z^2=a^2$ 含在圆柱面 $x^2+y^2=ax$ 内部的那部分面积.

2. 求锥面 $z=\sqrt{x^2+y^2}$ 被柱面 $z^2=2x$ 所割下部分的曲面面积.

3. 求位于两圆 $\rho=a\cos\theta$ 和 $\rho=b\cos\theta$,$(0<a<b)$ 之间的均匀薄片的质心.

4. 设薄片所占的闭区域 D 由 $y=\sqrt{2px}$,$x=x_0$,$y=0$ 所围成,求均匀薄片的质心.

5. 设有一等腰直角三角形薄片,腰长为 a,各点处的面密度等于该点到直角顶点的距离的平方,求这薄片的质心.

总复习题 10

一、选择题

1. 当 D 是由(　　)围成的区域时,$\iint\limits_D \mathrm{d}x\,\mathrm{d}y=2$.

A. x 轴、y 轴及 $2x+y-2=0$　　B. $x=1$,$x=2$ 及 $y=3$,$y=4$

C. $|x|=\frac{1}{2}$,$|y|=\frac{1}{2}$　　D. $|x+y|=1$,$|x-y|=1$

2. 二重积分$\iint\limits_D (x^2+y^2)\mathrm{d}\sigma$,其中 D:$x^2+y^2=4$,可化为(　　).

A. $\iint\limits_D 4\mathrm{d}\sigma$　　B. $2\int_0^2\mathrm{d}x\int_0^{\sqrt{4-x^2}}(x^2+y^2)\mathrm{d}y$

C. $\int_0^{2\pi}\mathrm{d}\theta\int_0^2 r^2\mathrm{d}r$　　D. $\int_0^{2\pi}\mathrm{d}\theta\int_0^2 r^3\mathrm{d}r$

3. $\int_0^1\mathrm{d}x\int_0^{1-x}f(x,y)\mathrm{d}y=$(　　).

A. $\int_0^{1-x}\mathrm{d}y\int_0^1 f(x,y)\mathrm{d}x$　　B. $\int_0^1\mathrm{d}y\int_0^{1-y}f(x,y)\mathrm{d}x$

C. $\int_0^1\mathrm{d}y\int_0^1 f(x,y)\mathrm{d}x$　　D. $\int_0^1\mathrm{d}y\int_0^{1-x}f(x,y)\mathrm{d}x$

4. 二重积分$\iint\limits_D 3\mathrm{d}\sigma$,其中 D 是由 $x=a$,$x=b$,$y=c$,$y=d$ 围成的闭区域($a<b$,$c<d$),则$\iint\limits_D 3\mathrm{d}\sigma=$(　　).

A. $(b-a)(d-c)$　　B. $(a-b)(d-c)$

C. $3(b-a)(d-c)$　　　　D. $3(a-b)(d-c)$

5. 二重积分$\iint\limits_D y\,d\sigma$，其中 D 是由 $x^2+y^2=2Rx$，$y=x$ 所围成的第一象限中的闭区域（　　）.

A. $\frac{1}{4}R^3$　　　　B. $\frac{1}{6}R^3$

C. $\frac{1}{3}R^3$　　　　D. $\frac{2}{3}R^3$

二、填空题

1. 用 X 型表示由 $y^2=x$ 和 $x^2=y$ 所围成的区域 D 为________.

2. 计算$\iint\limits_D 3\,d\sigma=$________，其中 $D=\{(x,y)\mid 1\leqslant x^2+y^2\leqslant 16\}$.

3. 交换积分$\int_0^2 dx\int_{x^2}^{2x} f(x,y)dy$ 的积分次序后为________.

4. 计算$\iint\limits_D e^{\frac{y}{x}}\,d\sigma=$________，其中 D 是由直线 $y=1$，$y=x$，$y=2$ 和 $x=0$ 所围成的闭区域.

三、计算题

1. 计算下列二重积分的值.

(1)$\iint\limits_D e^{x+3y}\,d\sigma$，其中 D：$0\leqslant x\leqslant 3$，$0\leqslant y\leqslant 1$；

(2)$\iint\limits_D xy\,d\sigma$，其中 D：$y^2=x$，$y=x-2$.

2. 利用极坐标计算下列二重积分的值.

(1)$\iint\limits_D \ln(1+x^2+y^2)\,d\sigma$，其中 D：$x^2+y^2\leqslant 1$ 在第一象限的区域；

(2)$\iint\limits_D \sqrt{x^2+y^2}\,d\sigma$，其中 D：$x^2+y^2\leqslant 2x$ 及 $y=0$ 所围成的第一象限的区域.

3. 计算下列三重积分的值.

(1)$\iiint\limits_\Omega y\sqrt{1-x^2}\,dx\,dy\,dz$，其中 Ω：$y=-\sqrt{1-x^2-z^2}$，$x^2+z^2\leqslant 1$ 及 $y=1$；

(2)$\iiint\limits_\Omega (x^2+5xy^2\sin\sqrt{x^2+y^2})\,dx\,dy\,dz$，其中 Ω：$z=\frac{1}{2}(x^2+y^2)$，$z=1$ 及 $z=4$.

第11章

曲线积分与曲面积分

育人目标

1. 了解国家城市轨道交通事业的发展历史，激发学生的爱国情怀.

2. 了解国家在城市轨道交通事业发展过程中做出巨大贡献的榜样人物，确立崇高的职业观、正确的就业观.

思政元素

2018年9月，中国中车集团在轨道交通展上发布了新一代碳纤维地铁车辆"CETROVO"，是全球首辆全碳纤维复合材料车体地铁，将材料科技在交通领域的进步发挥得淋漓尽致. 这款全球首辆全碳纤维结构的轻量化地铁体现了众多现代化先进设计理念，采用新系统、新材料、新结构、新工艺，实现了车辆轻量化、自动驾驶、智能运维与智慧服务.

思政园地

"把城市轨道交通事业当作自己的生命看待，愿意为中国地铁奋斗终身"的施仲衡院士是中国城市轨道交通建设的亲力亲为者，是历史的见证人. 他几十年来的创新实践，成为我国城市轨道交通事业的一笔宝贵财富，激励着城轨人为建设城市轨道交通强国而奋进.

讨论

1. 从以上示例中，您学到了什么？

2. 是一种什么样的精神，使得施仲衡院士能够坚持钻研，把国家的城市轨道交通事业当作自己的生命看待？

我们已经学习了区间上的定积分、平面区域上的二重积分、空间区域上的三重积分. 在实际问题中，常常会遇到计算非均匀曲线状或曲面状构件的质量、质点受变力作用下沿曲线做功及流体通过曲面的流量等问题，要解决这类问题，就要推广积分范围，即讨论定义在曲线、曲面上的积分——曲线积分和曲面积分. 这些积分不是相互孤立的，格林在1828年发表的《数学分析在电磁学中的应用》中首次引入的格林公式，奥斯特罗格拉茨基于1826年叙述并证明的高斯公式，1854年在剑桥大学以史密斯竞赛考试题的形式公开的斯托克斯公式，以及之前学习过的牛顿-莱布尼茨公式，它们共同构成微积分学的核心内容，通过本章的学习，请读者深刻体会数学理论和公式的内在和谐美.

11.1 对弧长的曲线积分

11.1.1 对弧长的曲线积分的概念和性质

在实际的工程应用中，常常遇到计算曲线形构件的质量问题. 但由于构件的材质和粗细都不是均匀分布的，即线密度（单位长度的质量）是变量，要解决这个问题，可以把实际问题定量化.

引例 求曲线形构件的质量.

设一曲线形构件所占的位置在 xOy 面内的一段曲线弧 $L=\overset{\frown}{AB}$ 上，已知曲线形构件在点 (x,y) 处的线密度为 $\mu(x,y)$. 求曲线形构件的质量. 如图 11-1 所示.

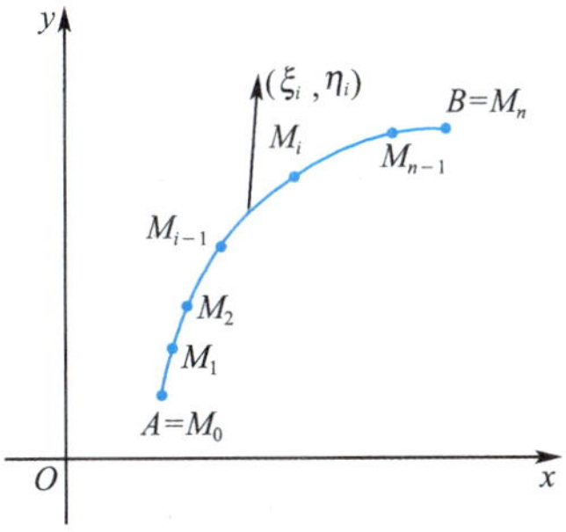

图 11-1

(1)分割：在曲线 L 上依次取点 $A=M_0,M_1,\cdots,M_{n-1},M_n=B$，把曲线分成 n 小段，$\Delta s_1,\Delta s_2,\cdots,\Delta s_n$（$\Delta s_i$ 表示曲线段 $\overset{\frown}{M_{i-1}M_i}$ 的长度）；

(2)近似：任取 $(\xi_i,\eta_i)\in\overset{\frown}{M_{i-1}M_i}$ 得第 i 小段质量的近似值

$$\Delta M_i\approx\mu(\xi_i,\eta_i)\Delta s_i$$

(3)求和:整个物质曲线的质量近似为

$$M \approx \sum_{i=1}^{n} \mu(\xi_i, \eta_i) \Delta s_i$$

(4) 取极限:令 $\lambda = \max\{\Delta s_1, \Delta s_2, \cdots, \Delta s_n\} \to 0$,则整个物质曲线的质量为

$$M = \lim_{\lambda \to 0} \sum_{i=1}^{n} \mu(\xi_i, \eta_i) \Delta s_i$$

如果把上面的平面曲线 L 换成空间曲线 Γ,把 L 上的线密度 $\mu(x,y)$ 换成 Γ 上的线密度 $\mu(x,y,z)$,用类似的方法,可以得到空间曲线构件的质量

$$M = \lim_{\lambda \to 0} \sum_{i=1}^{n} \mu(\xi_i, \eta_i, \zeta_i) \Delta s_i$$

对于这种和式极限问题,我们不考虑其物理意义,只考虑数学形式,引入对弧长的曲线积分的概念.

定义 设函数 $f(x,y)$ 定义在可求长度的曲线 L 上,并且有界.将 L 任意分成 n 个弧段:$\Delta s_1, \Delta s_2, \cdots, \Delta s_n$,并用 Δs_i 表示第 i 段的弧长;在每一弧段 Δs_i 上任取一点 (ξ_i, η_i),作和 $\sum_{i=1}^{n} f(\xi_i, \eta_i) \Delta s_i$;令 $\lambda = \max\{\Delta s_1, \Delta s_2, \cdots, \Delta s_n\}$,如果当 $\lambda \to 0$ 时,这和的极限总存在,且极限值与 L 的分法及点 (ξ_i, η_i) 的取值都无关,则称函数 $f(x,y)$ 在曲线可积,此极限为函数 $f(x,y)$ 在曲线弧 L 上对弧长的曲线积分或第一类曲线积分,记作 $\int_L f(x,y)\mathrm{d}s$,即

$$\int_L f(x,y)\mathrm{d}s = \lim_{\lambda \to 0} \sum_{i=1}^{n} f(\xi_i, \eta_i) \Delta s_i$$

其中,$f(x,y)$ 叫作被积函数,L 叫作积分弧段.

·注意· (1) 如果 L 是闭曲线,那么函数 $f(x,y)$ 在闭曲线 L 上的第一类曲线积分记作

$$\oint_L f(x,y)\mathrm{d}s$$

(2) 曲线积分的存在性:当 $f(x,y)$ 在光滑曲线弧 L 上连续时,对弧长的第一类曲线积分 $\int_L f(x,y)\mathrm{d}s$ 是存在的.以后我们总假定 $f(x,y)$ 在 L 上是连续的.

(3) 根据对弧长的曲线积分的定义,曲线形构件的质量就是曲线积分 $\int_L \mu(x,y)\mathrm{d}s$ 的值,其中 $\mu(x,y)$ 为线密度.

(4) 对弧长的曲线积分的推广:若 Γ 为空间光滑曲线族,$f(x,y,z)$ 为定义在 Γ 上的函数,则类似地可定义 $f(x,y,z)$ 在空间曲线上的第一类曲线积分,记作

$$\int_{\Gamma} f(x,y,z)\mathrm{d}s = \lim_{\lambda \to 0}\sum_{i=1}^{n} f(\xi_i,\eta_i,\zeta_i)\Delta s_i$$

根据第一类曲线积分的定义，得到以下性质：

性质1 设 c_1, c_2 为常数，则

$$\int_L [c_1 f(x,y) + c_2 g(x,y)]\mathrm{d}s = c_1\int_L f(x,y)\mathrm{d}s + c_2\int_L g(x,y)\mathrm{d}s$$

性质2 若积分弧段 L 可分成两段光滑曲线弧 L_1 及 L_2，且 L_1 和 L_2 没有公共内点，则

$$\int_L f(x,y)\mathrm{d}s = \int_{L_1} f(x,y)\mathrm{d}s + \int_{L_2} f(x,y)\mathrm{d}s$$

性质3 设在 L 上 $f(x,y) \leqslant g(x,y)$，则

$$\int_L f(x,y)\mathrm{d}s \leqslant \int_L g(x,y)\mathrm{d}s$$

特别地，有

$$\left|\int_L f(x,y)\mathrm{d}s\right| \leqslant \int_L |f(x,y)|\mathrm{d}s$$

11.1.2 对弧长的曲线积分的计算

定理 设 $f(x,y)$ 在平面曲线弧 L 上有定义且连续，L 的参数方程为

$$x = \varphi(t), y = \psi(t) \quad (\alpha \leqslant t \leqslant \beta)$$

其中 $\varphi(t), \psi(t)$ 在$[\alpha,\beta]$上具有一阶连续导数，且 $\varphi'^2(t) + \psi'^2(t) \neq 0$，则曲线积分 $\int_L f(x,y)\mathrm{d}s$ 存在，且

$$\int_L f(x,y)\mathrm{d}s = \int_{\alpha}^{\beta} f[\varphi(t),\psi(t)]\sqrt{\varphi'^2(t) + \psi'^2(t)}\,\mathrm{d}t$$

证明略.

根据定理可知，计算对弧长的曲线积分一般步骤如下：

(1) 确定积分上下限；

(2) 将积分曲线参数方程代入被积函数；

(3) 将弧长元素 $\mathrm{d}s$ 代换成$\sqrt{\varphi'^2(t) + \psi'^2(t)}\,\mathrm{d}t$；

(4) 注意积分下限一定小于积分上限.

例1 计算$\int_L \sqrt{y}\,\mathrm{d}s$，其中 L 是抛物线 $y = x^2$ 上点 $O(0,0)$ 与点 $B(1,1)$ 之间的一段弧.

解 曲线的方程为 $y = x^2 (0 \leqslant x \leqslant 1)$，因此

$$\int_L \sqrt{y}\,\mathrm{d}s=\int_0^1 \sqrt{x^2}\sqrt{1+(x^2)'^2}\,\mathrm{d}x=\int_0^1 x\sqrt{1+4x^2}\,\mathrm{d}x$$
$$=\frac{1}{12}(5\sqrt{5}-1)$$

例 2 设一曲线形构件,在平面表示为曲线 L,其方程为 $x=a\cos t,y=a\sin t$ $(0\leqslant t\leqslant 2\pi,a>0)$,若曲线上任一点 (x,y) 处的线密度 $\mu(x,y)$ 为该点到原点的距离,求曲线形构件的质量 M.

解 由题意得,曲线形构件的线密度 $\mu(x,y)=\sqrt{x^2+y^2}$,则构件质量为

$$M=\int_L \sqrt{x^2+y^2}\,\mathrm{d}s$$

因为积分曲线 L 的参数方程为 $x=a\cos t,y=a\sin t,(0\leqslant t\leqslant 2\pi,a>0)$,所以

$$M=\int_0^{2\pi}\sqrt{(a\cos t)^2+(a\sin t)^2}\sqrt{(a\cos t)'^2+(a\sin t)'^2}\,\mathrm{d}t$$
$$=\int_0^{2\pi} a\cdot a\,\mathrm{d}t=2\pi a^2$$

例 3 计算曲线积分 $\int_\Gamma (x^2+y^2+z^2)\mathrm{d}s$,其中 Γ 为螺旋线 $x=a\cos t,y=a\sin t$, $z=kt(a>0,k>0)$ 上相应于 t 从 0 到 2π 的一段弧.

解 在曲线 Γ 上有 $x^2+y^2+z^2=(a\cos t)^2+(a\sin t)^2+(kt)^2=a^2+k^2t^2$,并且

$$\mathrm{d}s=\sqrt{(-a\sin t)^2+(a\cos t)^2+k^2}\,\mathrm{d}t=\sqrt{a^2+k^2}\,\mathrm{d}t$$

于是

$$\int_\Gamma (x^2+y^2+z^2)\mathrm{d}s=\int_0^{2\pi}(a^2+k^2t^2)\sqrt{a^2+k^2}\,\mathrm{d}t=\frac{2}{3}\pi\sqrt{a^2+k^2}(3a^2+4\pi^2k^2)$$

习题 11-1

1. 计算积分 $\int_L (x+y)\mathrm{d}s$,其中 L 是连接 $(1,0)$ 及 $(0,1)$ 两点的线段.

2. 计算积分 $\int_L \mathrm{e}^{\sqrt{x^2+y^2}}\mathrm{d}s$,其中 L 是从 $(0,1)$ 顺时针沿圆周 $x=\sqrt{1-y^2}$ 到 $B\left(\frac{\sqrt{2}}{2},-\frac{\sqrt{2}}{2}\right)$ 的一段弧.

3. 计算积分 $\int_L y^2\mathrm{d}s$,其中 L 为摆线 $x=a(t-\sin t),y=a(1-\cos t)(0\leqslant t\leqslant 2\pi$, $a>0)$ 的一拱.

4. 计算积分 $\int_L (x^2+y^2)\mathrm{d}s$,其中 L 为圆周 $x=a\cos t,y=a\sin t(0\leqslant t\leqslant 2\pi,a>0)$

5. 计算积分$\int_{\Gamma}\frac{1}{x^2+y^2+z^2}\mathrm{d}s$，其中 Γ 为曲线 $x=\mathrm{e}^t\cos t, y=\mathrm{e}^t\sin t, z=\mathrm{e}^t$ 上相应于 t 从 0 变到 2 的弧段.

11.2 对坐标的曲线积分

11.2.1 对坐标的曲线积分的概念和性质

我们知道，若物体在恒力 $\boldsymbol{F}$ 的作用下移动的位移为直线 AB，则力 $\boldsymbol{F}$ 所做的功为 $W=\boldsymbol{F}\cdot\overrightarrow{AB}$. 在实际问题中，还经常遇到物体移动的路径不是直线而是曲线，且力 $\boldsymbol{F}$ 与路径上点的位置有关，这是一个变力沿曲线做功的问题.

引例　变力沿曲线所做的功.

设一质点在 xOy 面内受到力

$$\boldsymbol{F}(x,y)=P(x,y)\boldsymbol{i}+Q(x,y)\boldsymbol{j}$$

的作用，从点 A 沿光滑曲线弧 L 移动到点 B，其中函数 $P(x,y)$ 与 $Q(x,y)$ 在 L 上连续. 要计算在上述移动过程中变力 $\boldsymbol{F}(x,y)$ 所做的功. 如图 11-2 所示.

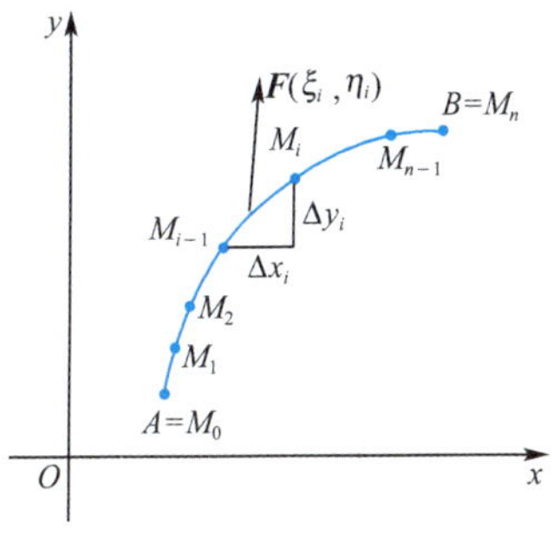

图 11-2

(1)分割：在曲线 L 上依次取点 $A=M_0, M_1, \cdots, M_{n-1}, M_n=B$，把曲线分成 n 个小弧段，取其中的一个有向小弧段 $\overparen{M_{i-1}M_i}$ 分析：由于 $\overparen{M_{i-1}M_i}$ 光滑而且很短，可以用有向线段 $\overrightarrow{M_{i-1}M_i}=(\Delta x_i)\boldsymbol{i}+(\Delta y_i)\boldsymbol{j}$ 来近似代替，其中 $\Delta x_i=x_i-x_{i-1}, \Delta y_i=y_i-y_{i-1}$；

(2)近似：由于函数 $P(x,y)$ 与 $Q(x,y)$ 在 L 上连续，可以用 $\overparen{M_{i-1}M_i}$ 上任意取定的 (ξ_i,η_i) 处的力 $\boldsymbol{F}(\xi_i,\eta_i)=P(\xi_i,\eta_i)\boldsymbol{i}+Q(\xi_i,\eta_i)\boldsymbol{j}$ 来近似代替这小弧段上各点处的力. 这样，变力 $\boldsymbol{F}(x,y)$ 沿有向小弧段 $\overparen{M_{i-1}M_i}$ 所做的功 ΔW_i 可以近似地等于恒力 $\boldsymbol{F}(\xi_i,\eta_i)$ 沿 $\overrightarrow{M_{i-1}M_i}$ 所做的功：

$$\Delta W_i\approx\boldsymbol{F}(\xi_i,\eta_i)\overrightarrow{M_{i-1}M_i}$$

即

$$\Delta W_i\approx P(\xi_i,\eta_i)\Delta x_i+Q(\xi_i,\eta_i)\Delta y_i$$

(3)求和:整个曲线上变力 $\boldsymbol{F}$ 沿有向曲线弧所做的功近似为

$$W \approx \sum_{i=1}^{n}[P(\xi_i,\eta_i)\Delta x_i + Q(\xi_i,\eta_i)\Delta y_i]$$

(4)取极限:用 λ 表示 n 个小弧段的最大长度,令 $\lambda \to 0$,则变力 $\boldsymbol{F}$ 沿有向曲线弧所做的功为

$$W = \lim_{\lambda \to 0}\sum_{i=1}^{n}[P(\xi_i,\eta_i)\Delta x_i + Q(\xi_i,\eta_i)\Delta y_i]$$

这种和的极限在研究其他问题时也会遇到,对于这种和式极限问题,我们不考虑其物理意义,只考虑数学形式,引入对坐标的曲线积分的概念.

定义 设 L 为 xOy 面内从点 A 到点 B 的一条有向光滑曲线弧,函数 $P(x,y)$ 与 $Q(x,y)$ 在 L 上有界. 在曲线 L 上沿 L 的方向任意插入一点列 $M_1(x_1,y_1)$,$M_2(x_2,y_2)$,$\cdots$,$M_{n-1}(x_{n-1},y_{n-1})$,把曲线 L 分成 n 个有向小弧段

$$\overset{\frown}{M_{i-1}M_i}(i=1,2,\cdots,n;M_0=A,M_n=B)$$

设 $\Delta x_i = x_i - x_{i-1}$,$\Delta y_i = y_i - y_{i-1}$,点 (ξ_i,η_i) 为 $\overset{\frown}{M_{i-1}M_i}$ 上任意取定的点,作乘积 $P(\xi_i,\eta_i)\Delta x_i$,并作和 $\sum\limits_{i=1}^{n}P(\xi_i,\eta_i)\Delta x_i$,如果各小弧段长度的最大值 $\lambda \to 0$ 时,这和的极限总存在,且与曲线弧的分法及点 (ξ_i,η_i) 的取法无关,那么称此极限为函数 $P(x,y)$ 在有向曲线弧 L 上对坐标 x 的曲线积分,记作 $\int_L P(x,y)\mathrm{d}x$.

如果 $\lim\limits_{\lambda \to 0}\sum\limits_{i=1}^{n}Q(\xi_i,\eta_i)\Delta y_i$ 总存在,且与曲线弧 L 的分法及点 (ξ_i,η_i) 的取法无关,那么称此极限为函数 $Q(x,y)$ 在有向曲线弧 L 上对坐标 y 的曲线积分,记作 $\int_L Q(x,y)\mathrm{d}y$,即

$$\int_L P(x,y)\mathrm{d}x = \lim_{\lambda \to 0}\sum_{i=1}^{n}P(\xi_i,\eta_i)\Delta x_i$$

$$\int_L Q(x,y)\mathrm{d}y = \lim_{\lambda \to 0}\sum_{i=1}^{n}Q(\xi_i,\eta_i)\Delta y_i$$

其中 $P(x,y)$ 与 $Q(x,y)$ 叫作被积函数,L 叫作积分弧段.

以上两个积分也称为第二类曲线积分,记作

$$\int_L P(x,y)\mathrm{d}x + Q(x,y)\mathrm{d}y$$

也可以写成向量的形式

$$\int_L \boldsymbol{F}(x,y)\cdot \mathrm{d}\boldsymbol{r}$$

其中 $\boldsymbol{F}(x,y)=P(x,y)\boldsymbol{i}+Q(x,y)\boldsymbol{j}$ 为向量值函数,$\mathrm{d}\boldsymbol{r}=\mathrm{d}x\boldsymbol{i}+\mathrm{d}y\boldsymbol{j}$.

注意　(1) 如果 L 是有向闭曲线，则记作

$$\oint_L P(x,y)\mathrm{d}x + Q(x,y)\mathrm{d}y$$

(2) 当 $P(x,y)$ 与 $Q(x,y)$ 在有向光滑曲线弧 L 上连续时，对坐标的曲线积分 $\int_L P(x,y)\mathrm{d}x$ 和 $\int_L Q(x,y)\mathrm{d}y$ 都存在. 以后我们假定 $P(x,y)$ 与 $Q(x,y)$ 在 L 上连续；

(3) 根据对坐标的曲线积分的定义，变力 $\boldsymbol{F}$ 沿有向曲线弧所做的功就是第二类曲线积分 $\int_L P(x,y)\mathrm{d}x + Q(x,y)\mathrm{d}y$ 的值；

(4) 对坐标的曲线积分的推广：若 Γ 为空间光滑曲线族，则类似地可定义空间曲线 Γ 上的第二类曲线积分，记作

$$\oint_L P(x,y,z)\mathrm{d}x + Q(x,y,z)\mathrm{d}y + R(x,y,z)\mathrm{d}z$$

根据上述第二类曲线积分的定义，可以导出对坐标的曲线积分的一些性质. 为了表达简便，我们用向量的形式表达，并假定其中的向量值函数在曲线上连续.

性质 1　设 L 是有向曲线弧，L^- 是与 L 方向相反的有向曲线弧，则

$$\int_{L^-} \boldsymbol{F}(x,y)\cdot \mathrm{d}\boldsymbol{r} = -\int_L \boldsymbol{F}(x,y)\cdot \mathrm{d}\boldsymbol{r}$$

此性质表示，当积分弧段的方向改变时，对坐标的曲线积分要改变符号，因此对坐标的曲线积分必须注意积分曲线的方向.

性质 2　设 c_1, c_2 为常数，则

$$\int_L [c_1\boldsymbol{F}(x,y) + c_2\boldsymbol{G}(x,y)]\cdot \mathrm{d}\boldsymbol{r} = c_1\int_L \boldsymbol{F}(x,y)\cdot \mathrm{d}\boldsymbol{r} + c_2\int_L \boldsymbol{G}(x,y)\cdot \mathrm{d}\boldsymbol{r}$$

性质 3　若有向弧段 L 可分成两段 L_1 及 L_2，则

$$\int_L \boldsymbol{F}(x,y)\cdot \mathrm{d}\boldsymbol{r} = \int_{L_1} \boldsymbol{F}(x,y)\cdot \mathrm{d}\boldsymbol{r} + \int_{L_2} \boldsymbol{F}(x,y)\cdot \mathrm{d}\boldsymbol{r}$$

11.2.2　对坐标的曲线积分的计算

与求对弧长的曲线积分一样，计算对坐标的曲线积分也是把它化为定积分，我们不加证明地给出如下定理.

定理　设 $P(x,y)$ 与 $Q(x,y)$ 在有向弧 L 上有定义且连续，L 的参数方程为

$$x=\varphi(t),\ y=\psi(t),\quad (\alpha \leqslant t \leqslant \beta)$$

当参数 t 单调地从 α 变到 β 时，点 $M(x,y)$ 从 L 的起点 A 运动到终点 B，其中 $\varphi(t)$，$\psi(t)$ 在 $[\alpha,\beta]$ 上具有一阶连续导数，且 $\varphi'^2(t)+\psi'^2(t)\neq 0$，则曲线积分 $\int_L P(x,y)\mathrm{d}x + Q(x,$

$y)\mathrm{d}y$ 存在,且

$$\int_L P(x,y)\mathrm{d}x+Q(x,y)\mathrm{d}y=\int_\alpha^\beta\{P[\varphi(t),\psi(t)]\varphi'(t)+Q[\varphi(t),\psi(t)]\psi'(t)\}\mathrm{d}t$$

证明略.

根据定理可知,计算对弧长的曲线积分一般步骤如下:

(1) 确定积分上下限,把对坐标的曲线积分化为定积分;

(2) 将积分曲线参数方程代入被积函数;

(3) 将 $\mathrm{d}x$ 代换成 $\varphi'(t)$,$\mathrm{d}y$ 代换成 $\psi'(t)$;

(4) 下限 α 对应 L 的起点,上限 β 对应 L 的终点,注意 α 不一定小于 β.

特别地,如果 L 由方程 $y=\varphi(x)$ 或者 $x=\varphi(y)$ 给出,可以看作参数方程的特殊形式.例如,当 L 由方程 $y=\varphi(x)$ 给出时,则

$$\int_L P(x,y)\mathrm{d}x+Q(x,y)\mathrm{d}y=\int_\alpha^\beta\{P[x,\varphi(x)]+Q[x,\varphi(x)]\varphi'(x)\}\mathrm{d}x$$

例如,当 L 由方程 $x=\varphi(y)$ 给出时,则

$$\int_L P(x,y)\mathrm{d}x+Q(x,y)\mathrm{d}y=\int_\alpha^\beta\{P[\varphi(y),y]\varphi'(y)+Q[\varphi(y),y]\}\mathrm{d}y$$

例 1 计算 $\int_L xy\,\mathrm{d}x$,其中 L 是抛物线 $y^2=x$ 上从点 $A(1,-1)$ 到 $B(1,1)$ 的一段弧.(图 11-3)

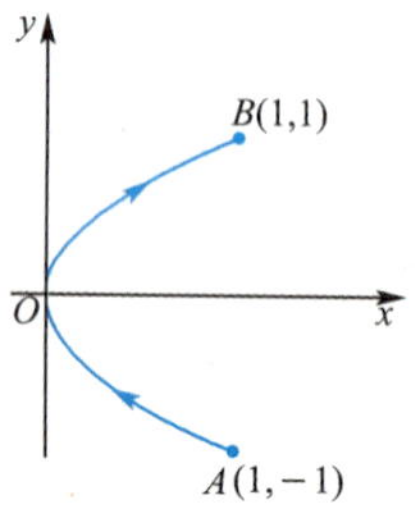

图 11-3

解法 1 将所给积分化为对 x 的定积分来计算.由于 $y=\pm\sqrt{x}$ 不是单值函数,所以要把 L 分为 AO 和 OB 两部分.在 AO 上,$y=-\sqrt{x}$,x 从 1 变到 0;在 OB 上,$y=\sqrt{x}$,x 从 0 变到 1.因此,

$$\begin{aligned}\int_L xy\,\mathrm{d}x&=\int_{AO}xy\,\mathrm{d}x+\int_{OB}xy\,\mathrm{d}x\\&=\int_1^0 x(-\sqrt{x})\mathrm{d}x+\int_0^1 x(\sqrt{x})\mathrm{d}x\\&=2\int_0^1 x^{\frac{3}{2}}\mathrm{d}x=\frac{4}{5}\end{aligned}$$

解法 2 将所给积分化为对 y 的定积分来计算.考虑函数 $x=y^2$,y 从 -1 变到 1.因此,

$$\int_L xy\,\mathrm{d}x=\int_{-1}^1 y^2y(y^2)'\mathrm{d}y=2\int_{-1}^1 y^4\mathrm{d}y=\frac{4}{5}$$

例 2 计算 $\int_L y^2\mathrm{d}x$,其中 L 为:

(1) 圆心为(0,0),半径为 a 的圆上按逆时针方向绕行的上半圆周;

(2) 从点 $A(a,0)$ 沿 x 轴到点 $B(-a,0)$ 的线段.

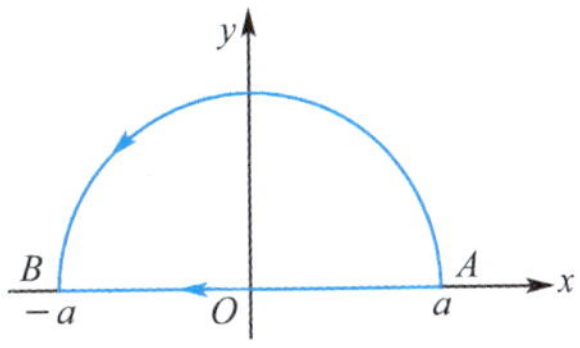

图 11-4

解　(1)L 是参数方程 $x=a\cos t$，$y=a\sin t$，当参数 t 从 0 变到 π 的曲线弧(图 11-4). 因此，

$$\int_L y^2 dx=\int_0^{\pi} a^2\sin^2 t(-a\sin t)dt=a^3\int_0^{\pi}(1-\cos^2 t)d(\cos t)$$

$$=a^3\left[\cos t-\frac{1}{3}\cos^3 t\right]_0^{\pi}=-\frac{4}{3}a^3$$

(2)L 的方程为 $y=0$，x 从 a 变到 $-a$(图 11-4). 因此

$$\int_L y^2 dx=\int_a^{-a}0dx=0$$

从例 2 可以看出，虽然两个曲线积分的被积函数相同，起点和终点也相同，但沿不同路径得出的积分值并不相等.

例 3　计算 $\int_L 2xydx+x^2dy$，其中 L 为：

(1) 抛物线 $y=x^2$ 上从点 $O(0,0)$ 到点 $B(1,1)$ 的一段弧；

(2) 抛物线 $x=y^2$ 上从点 $O(0,0)$ 到点 $B(1,1)$ 的一段弧；

(3) 有向折线 OAB，这里 O,A,B 依次是$(0,0)$，$(1,0)$，$(1,1)$.

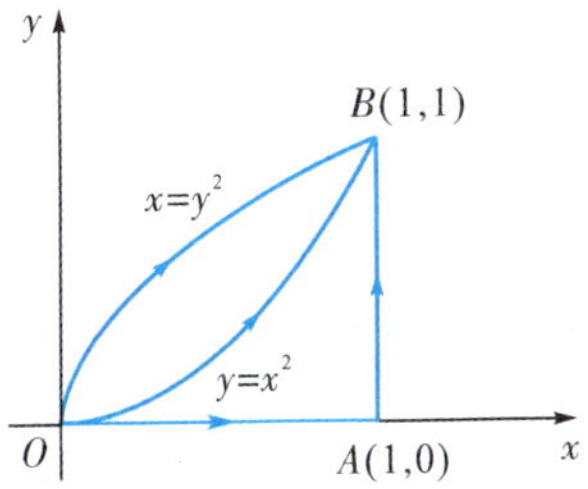

图 11-5

解　(1) 化为对 x 的定积分. L：$y=x^2$，x 从 0 变到 1(图 11-5). 因此

$$\int_L 2xydx+x^2dy=\int_0^1(2x\cdot x^2+x^2\cdot 2x)dx=4\int_0^1 x^3dx=1$$

(2) 化为对 y 的定积分. L：$x=y^2$，y 从 0 变到 1(图 11-5). 因此，

$$\int_L 2xydx+x^2dy=\int_0^1(2y^2\cdot y\cdot 2y+y^4)dy=5\int_0^1 y^4dx=1$$

(3) 有向折线 OAB 可以分为 OA 和 AB 两段(图 11-5)，因此，

$$\int_L 2xydx+x^2dy=\int_{OA}2xydx+x^2dy+\int_{AB}2xydx+x^2dy$$

在 OA 上，$y=0$，x 从 0 变到 1，因此，

$$\int_{OA}2xydx+x^2dy=\int_0^1(2x\cdot 0+x^2\cdot 0)dx=0$$

在 AB 上，$x=1$，y 从 0 变到 1，因此，

$$\int_{AB}2xydx+x^2dy=\int_0^1(2\cdot 1\cdot y\cdot 0+1)dy=1$$

所以

$$\int_L 2xydx+x^2dy=1$$

11.2.3 两类曲线积分之间的关系

平面曲线弧 L 上的两类曲线积分之间有如下关系：

$$\int_L P(x,y)\mathrm{d}x+Q(x,y)\mathrm{d}y=\int_L[P(x,y)\cos\alpha+Q(x,y)\cos\beta]\mathrm{d}s$$

其中 $\alpha(x,y)$ 与 $\beta(x,y)$ 为有向曲线弧在点 (x,y) 处的切向量的方向角.

习题 11-2

1. 计算 $\int_L(x^2+2xy)\mathrm{d}x+(x^2+y^4)\mathrm{d}y$，其中 L 是从点 $O(0,0)$ 到点 $A(1,1)$ 的直线段.

2. 计算 $\int_L(x^2-y^2)\mathrm{d}x$，其中 L 是抛物线 $y=x^2$ 上从点 $(0,0)$ 到点 $(2,4)$ 的一段弧.

3. 计算 $\int_L y\mathrm{d}x+x\mathrm{d}y$，其中 L 是圆周 $x=R\cos t$，$y=R\sin t$ 上对应 t 从 0 到 $\frac{\pi}{2}$ 的一段弧.

4. 计算 $\int_L y\mathrm{d}x+x\mathrm{d}y$，其中 L 分别为下列有向线段：

(1) $L: y=0, x: \pi\to 0$；　　　　(2) $L: y=\sin x, x: \pi\to 0$.

5. 计算 $\int_L(x+y)\mathrm{d}x+(y-x)\mathrm{d}y$，其中 L 分别为下列有向线段：

(1) 抛物线 $y^2=x$ 上从点 $(1,1)$ 到点 $(4,2)$ 的一段弧；

(2) 从点 $(1,1)$ 到点 $(4,2)$ 的直线段；

(3) 先沿直线从点 $(1,1)$ 到点 $(1,2)$，然后再沿直线到点 $(4,2)$ 的折线；

(4) 曲线 $x=2t^2+t+1$，$y=t^2+1$ 上从点 $(1,1)$ 到点 $(4,2)$ 的一段弧.

11.3 格林公式及其应用

格林公式是微积分理论中的重要公式，它建立了平面区域上的二重积分与其边界上的对坐标的曲线积分之间的联系，揭示了定向曲线积分与积分路径无关的条件，在积分理论的发展中起了很大的作用.

11.3.1 格林公式

在介绍格林公式之前，我们先介绍平面单联通区域的概念及平面区域边界曲线正方向的规定.

1. 单连通与复连通区域

设 D 为平面区域，如果 D 内任一闭曲线所围的部分都属于 D，则称 D 为平面单连通区域，否则称为复连通区域.（图 11-6）例如：

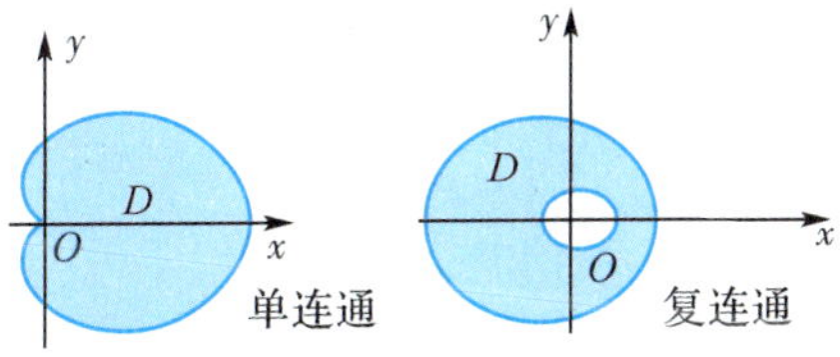

图 11-6

对平面区域 D 的边界曲线 L，我们规定 L 的正方向如下：当观察者沿 L 的这个方向行走时，D 内在他近处的那一部分总在他的左边.

特别地，对单连通区域 D 来说，L 的正向就是逆时针方向；复连通闭区域 D 的边界曲线 L 的正方向如图 11-7 所示.

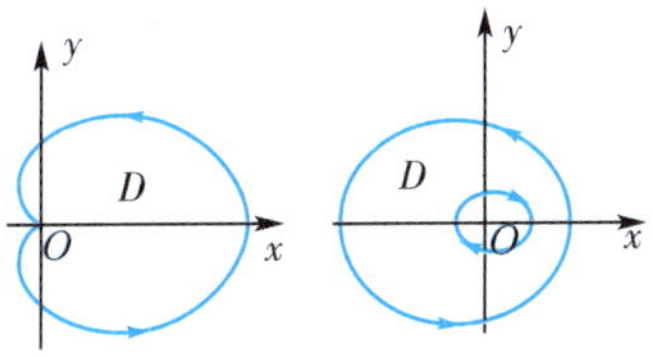

图 11-7

2. 区域 D 的边界曲线 L 的方向

定理 1　设平面有界闭区域 D 由分段光滑的曲线 L 围成，函数 $P(x,y)$ 与 $Q(x,y)$ 在 D 上具有一阶连续偏导数，则有

$$\iint_D \left(\frac{\partial Q}{\partial x}-\frac{\partial P}{\partial y}\right)\mathrm{d}x\,\mathrm{d}y=\oint_L P\,\mathrm{d}x+Q\,\mathrm{d}y$$

其中 L 是 D 的取正向的边界曲线，上述公式称为**格林公式**.

证明　仅就 D 既是 X 型又是 Y 型的区域情形进行证明.

设 $D=\{(x,y)\mid \varphi_1(x)\leqslant y\leqslant \varphi_2(x), a\leqslant x\leqslant b\}$，如图 11-8 所示.

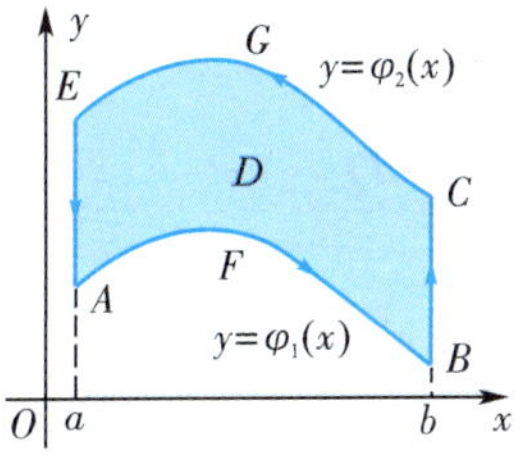

图 11-8

因为$\dfrac{\partial P}{\partial y}$连续，所以由二重积分的计算法有

$$\iint_D \frac{\partial P}{\partial y}\mathrm{d}x\,\mathrm{d}y=\int_a^b\left\{\int_{\varphi_1(x)}^{\varphi_2(x)}\frac{\partial P(x,y)}{\partial y}\mathrm{d}y\right\}\mathrm{d}x$$

$$=\int_a^b\{P[x,\varphi_2(x)]-P[x,\varphi_1(x)]\}\mathrm{d}x$$

另一方面,由对坐标的曲线积分的性质及计算法有

$$\oint_L P\,\mathrm{d}x=\int_{L_1}P\,\mathrm{d}x+\int_{L_2}P\,\mathrm{d}x$$

$$=\int_a^b P[x,\varphi_1(x)]\mathrm{d}x+\int_b^a P[x,\varphi_2(x)]\mathrm{d}x$$

$$=\int_a^b\{P[x,\varphi_1(x)]-P[x,\varphi_2(x)]\}\mathrm{d}x$$

因此

$$-\iint_D\frac{\partial P}{\partial y}\mathrm{d}x\,\mathrm{d}y=\oint_L P\,\mathrm{d}x$$

设 $D=\{(x,y)\mid \psi_1(x)\leqslant y\leqslant \psi_2(x),c\leqslant x\leqslant d\}$. 类似地可证

$$\iint_D\frac{\partial Q}{\partial x}\mathrm{d}x\,\mathrm{d}y=\oint_L Q\,\mathrm{d}y$$

由于 D 既是 X 型的又是 Y 型的,所以以上两式同时成立,两式合并即得

$$\iint_D\left(\frac{\partial Q}{\partial x}-\frac{\partial P}{\partial y}\right)\mathrm{d}x\,\mathrm{d}y=\oint_L P\,\mathrm{d}x+Q\,\mathrm{d}y$$

·注意· (1) 格林公式建立了平面区域上的二重积分与其封闭边界曲线上对坐标的曲线积分的联系,给出了计算对坐标的曲线积分的新方法;

(2) 对复连通区域 D,格林公式右端应包括沿区域 D 的全部边界的曲线积分,且边界的方向对区域 D 来说都是正向.

(3) 特别地,设区域 D 的边界曲线为 L,取 $P=-y,Q=x$,则由格林公式得

$$2\iint_D\mathrm{d}x\,\mathrm{d}y=\oint_L x\,\mathrm{d}y-y\,\mathrm{d}x \text{ 或 } \iint_D\mathrm{d}x\,\mathrm{d}y=\frac{1}{2}\oint_L x\,\mathrm{d}y-y\,\mathrm{d}x$$

例 1 计算 $\oint_L x^2y\,\mathrm{d}x-xy^2\,\mathrm{d}y$,其中 L 为正向圆周 $x^2+y^2=a^2$.

解 令 $P=x^2y,Q=-xy^2$,则 $\dfrac{\partial Q}{\partial x}-\dfrac{\partial P}{\partial y}=-y^2-x^2$. 由格林公式得

$$\oint_L x^2y\,\mathrm{d}x-xy^2\,\mathrm{d}y=-\iint_D(x^2+y^2)\mathrm{d}x\,\mathrm{d}y$$

$$=-\int_0^{2\pi}\mathrm{d}\theta\int_0^a\rho^3\,\mathrm{d}\rho=-\frac{\pi}{2}a^4$$

例 2　求椭圆 $x=a\cos\theta, y=b\sin\theta$ 所围成图形的面积 A.

解　$A=\iint\limits_D \mathrm{d}x\,\mathrm{d}y=\frac{1}{2}\oint_L x\,\mathrm{d}y-y\,\mathrm{d}x=\frac{1}{2}\int_0^{2\pi}(ab\cos^2\theta+ab\sin^2\theta)\mathrm{d}\theta$

$=\frac{1}{2}ab\int_0^{2\pi}\mathrm{d}\theta=\pi ab.$

例 3　计算$\iint\limits_D \mathrm{e}^{-y^2}\mathrm{d}x\,\mathrm{d}y$，其中 D 是以 $O(0,0)$，$A(1,1)$，$B(0,1)$ 为顶点的三角形闭区域.

解　令 $P=0, Q=x\mathrm{e}^{-y^2}$，则$\frac{\partial Q}{\partial x}-\frac{\partial P}{\partial y}=\mathrm{e}^{-y^2}$. 由格林公式得

$$\iint\limits_D \mathrm{e}^{-y^2}\mathrm{d}x\,\mathrm{d}y=\int_{OA+AB+BO}x\mathrm{e}^{-y^2}\mathrm{d}y=\int_{OA}x\mathrm{e}^{-y^2}\mathrm{d}y$$

$$=\int_0^1 x\mathrm{e}^{-x^2}\mathrm{d}x=\frac{1}{2}\left(1-\frac{1}{\mathrm{e}}\right)$$

11.3.2　平面上曲线积分与路径无关的条件

一般来说，当被积函数确定，对坐标的曲线积分值会因端点的变化而变化，还会随着路径的不同而不同. 有的曲线积分沿不同的路径，其值不同，但有的曲线积分值只取决于路径的起点和终点，而与路径无关. 我们自然要问，当被积函数满足什么条件时，曲线积分与路径无关呢？

如图 11-9 所示，设 G 是一个区域，$P(x,y)$，$Q(x,y)$ 在 G 内具有连续的一阶偏导数，L_1，L_2 是 G 内以 A 为起点，B 为终点的任意两条光滑曲线，若恒有

$$\int_{L_1}P\,\mathrm{d}x+Q\,\mathrm{d}y=\int_{L_2}P\,\mathrm{d}x+Q\,\mathrm{d}y$$

就称曲线积分$\int_L P\,\mathrm{d}x+Q\,\mathrm{d}y$ 在 G 内与路径无关，否则称它与路径有关.

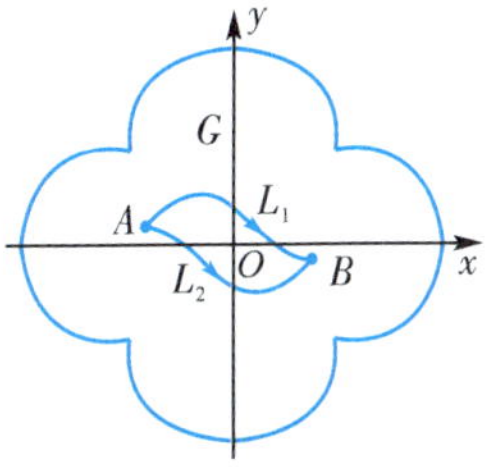

图 11-9

定理 2　设 G 是一个区域，$P(x,y)$，$Q(x,y)$ 在 G 内具有连续的一阶偏导数，则以下四个条件等价：

(1) 对 G 中任意光滑闭曲线 L，有$\oint_L P\,\mathrm{d}x+Q\,\mathrm{d}y=0$；

(2) 对 G 中任一分段光滑曲线 L，曲线积分$\int_L P\,\mathrm{d}x+Q\,\mathrm{d}y$ 与路径无关，只与起点和终点有关；

(3) $P\mathrm{d}x+Q\mathrm{d}y$ 在 G 内是某一函数 $u(x,y)$ 的全微分，即 $\mathrm{d}u(x,y)=P\mathrm{d}x+Q\mathrm{d}y$；

(4) 在 G 内每一点都有 $\frac{\partial P}{\partial y}=\frac{\partial Q}{\partial x}$.

说明：验证曲线积分与路径无关最便利的条件是 $\frac{\partial P}{\partial y}=\frac{\partial Q}{\partial x}$；若曲线积分与路径无关，可选择方便的路径进行计算；计算曲线积分时，可利用格林公式进行简化计算.

例 4 计算 $\oint_L \frac{x\mathrm{d}y-y\mathrm{d}x}{x^2+y^2}$，其中 L 为一条无重点、分段光滑且不经过原点的连续闭曲线，L 的方向为逆时针方向.

解 令 $P=\frac{-y}{x^2+y^2}$，$Q=\frac{x}{x^2+y^2}$. 则当 $x^2+y^2\neq 0$ 时，有

$$\frac{\partial Q}{\partial x}=\frac{y^2-x^2}{(x^2+y^2)^2}=\frac{\partial P}{\partial y}.$$

记 L 所围成的闭区域为 D. 当 $(0,0)\notin D$ 时，由格林公式得

$$\oint_L \frac{x\mathrm{d}y-y\mathrm{d}x}{x^2+y^2}=0$$

当 $(0,0)\in D$ 时，在 D 内取一圆周 $l: x^2+y^2=r^2\ (r>0)$. 由 L 及 l 围成一个复连通区域 D_1，应用格林公式得

$$\oint_L \frac{x\mathrm{d}y-y\mathrm{d}x}{x^2+y^2}-\oint_l \frac{x\mathrm{d}y-y\mathrm{d}x}{x^2+y^2}=0$$

其中，l 的方向取逆时针方向. 于是

$$\oint_L \frac{x\mathrm{d}y-y\mathrm{d}x}{x^2+y^2}=\oint_l \frac{x\mathrm{d}y-y\mathrm{d}x}{x^2+y^2}=\int_0^{2\pi}\frac{r^2\cos^2\theta+r^2\sin^2\theta}{r^2}\mathrm{d}\theta=2\pi$$

例 5 计算 $I=\int_L (xe^y-2y)\mathrm{d}y+(e^y+x)\mathrm{d}x$，其中，

(1) L 是圆周 $x^2+y^2=ax\ (a>0)$，方向取逆时针方向；

(2) L 是上半圆周 $x^2+y^2=ax\ (a>0, y\geqslant 0)$，由点 $A(a,0)$ 到点 $O(0,0)$.

解 由于 $\frac{\partial P}{\partial y}=e^y=\frac{\partial Q}{\partial x}$，所以曲线积分与路径无关.

(1) 因为 L 是封闭曲线，且函数 $P(x,y)$，$Q(x,y)$ 在 G 内具有连续的一阶偏导数，所以

$$I=\int_L (xe^y-2y)\mathrm{d}y+(e^y+x)\mathrm{d}x=0$$

(2) 由于曲线积分与积分路径无关,我们可取新的积分路径有向线段$\overrightarrow{AO}$,因此

$$I=\int_L (xe^y-2y)\mathrm{d}y+(e^y+x)\mathrm{d}x=\int_{\overrightarrow{AO}}(xe^y-2y)\mathrm{d}y+(e^y+x)\mathrm{d}x$$
$$=-\int_0^a (e^0+x)\mathrm{d}x=-a-\frac{1}{2}a^2$$

11.3.3 二元函数的全微分求积

由前面内容可知,曲线积分$\int_L P\mathrm{d}x+Q\mathrm{d}y$ 在 D 内与路径无关,则存在二阶连续偏导数连续的函数 $u(x,y)$,使得 $\mathrm{d}u(x,y)=P\mathrm{d}x+Q\mathrm{d}y$,则有

(1) 函数 $u(x,y)$ 称为表达式$\int_L P\mathrm{d}x+Q\mathrm{d}y$ 的原函数;

(2) 我们可以选择特殊的路径来计算曲线积分,比如可以选择平行于坐标轴的直线段连接成的折线作为积分路径,如图 11-10 所示.

$$u(x,y)=\int_{(x_0,y_0)}^{(x,y)} P\mathrm{d}x+Q\mathrm{d}y$$
$$=\int_{x_0}^{x} P(x,y_0)\mathrm{d}x+\int_{y_0}^{y} Q(x,y)\mathrm{d}y$$

或

$$u(x,y)=\int_{(x_0,y_0)}^{(x,y)} P\mathrm{d}x+Q\mathrm{d}y$$
$$=\int_{y_0}^{y} Q(x_0,y)\mathrm{d}y+\int_{x_0}^{x} P(x,y)\mathrm{d}x$$

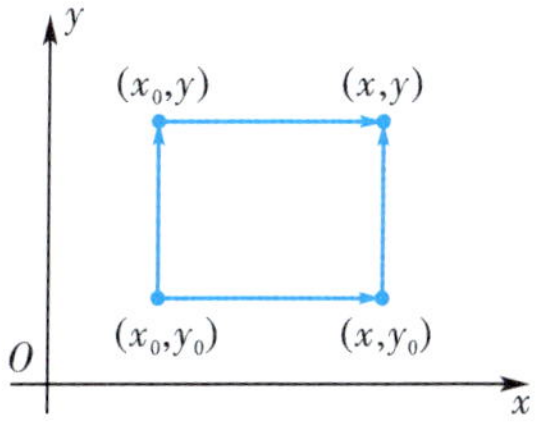

图 11-10

例 6 验证在整个 xOy 平面内,$(4x^3+10xy^3-3y^4)\mathrm{d}x+(15x^2y^2-12xy^3+5y^4)\mathrm{d}y$ 是某个二元函数的全微分,并求它的原函数.

解　令 $P=4x^3+10xy^3-3y^4$,$Q=15x^2y^2-12xy^3+5y^4$,且$\frac{\partial P}{\partial y}=30xy^2-12y^3=\frac{\partial Q}{\partial x}$在整个 xOy 平面内恒成立,所以$(4x^3+10xy^3-3y^4)\mathrm{d}x+(15x^2y^2-12xy^3+5y^4)\mathrm{d}y$ 是某个二元函数的全微分.下面求它的原函数.

取 $A(0,0)$,令

$$\varphi(x,y)=\int_{(0,0)}^{(x,y)}(4x^3+10xy^3-3y^4)\mathrm{d}x+(15x^2y^2-12xy^3+5y^4)\mathrm{d}y$$

则

$$\varphi(x,y)=\int_0^x 4x^3\mathrm{d}x+\int_0^y (15x^2y^2-12xy^3+5y^4)\mathrm{d}y$$

$$=x^4+5x^2y^3-3xy^4+y^5$$

所以原函数为

$$u(x,y)=\varphi(x,y)+C=x^4+5x^2y^3-3xy^4+y^5+C$$

习题 11-3

1. 计算$\oint_L(2xy-x^2)\mathrm{d}x-(x+y^2)\mathrm{d}y$,其中$L$是由抛物线$y=x^2$和$y^2=x$所围成的区域的正方向边界曲线.

2. 计算$\oint_L(x+y)^2\mathrm{d}x-(x^2+y^2)\mathrm{d}y$,其中$L$是由$A(1,1)$,$B(3,2)$,$C(2,5)$为顶点的三角形的正方向边界曲线.

3. 利用曲线积分,求由椭圆$9x^2+16y^2=144$所围图形的面积.

4. 验证下列积分与路径无关,并计算积分的值.

(1)$\int_{(1,1)}^{(2,3)}(x+y)\mathrm{d}x+(x-y)\mathrm{d}y$;

(2)$\int_{(1,2)}^{(3,4)}(6xy^2-y^3)\mathrm{d}x+(6x^2y-3xy^2)\mathrm{d}y$.

5. 验证下列$P\mathrm{d}x+Q\mathrm{d}y$在整个$xOy$平面内是某个二元函数的全微分,并求它的原函数.

(1)$(x+2y)\mathrm{d}x+(2x+y)\mathrm{d}y$;

(2)$2xy\mathrm{d}x+x^2\mathrm{d}y$.

11.4 对面积的曲面积分

11.4.1 对面积的曲面积分的概念和性质

我们前面学习过利用二重积分计算空间光滑曲面的面积,本节将用类似于求解对弧长的曲线积分的方法,通过研究非均匀曲面的质量问题,导出对面积的曲面积分.

引例 求非均匀曲面的质量.

设空间中有一段光滑曲面Σ,已知曲面上任一点(x,y,z)处的面密度为$\mu(x,y,z)$.求曲面的质量.

(1) 分割:将曲面分成n个小曲面:$\Delta s_1,\Delta s_2,\cdots,\Delta s_n$($\Delta s_i$表示小曲面的面积);

(2) 近似：任取$(\xi_i,\eta_i,\zeta_i)\in\Delta s_i$，得第$i$个小曲面的质量的近似值

$$\Delta M_i\approx\mu(\xi_i,\eta_i,\zeta_i)\Delta s_i$$

(3) 求和：整个曲面的质量近似为

$$M\approx\sum_{i=1}^{n}\mu(\xi_i,\eta_i,\zeta_i)\Delta s_i$$

(4) 取极限：令$\lambda=\max\{\Delta s_1,\Delta s_2,\cdots,\Delta s_n\}\to 0$，则整个曲面的质量为

$$M=\lim_{\lambda\to 0}\sum_{i=1}^{n}\mu(\xi_i,\eta_i,\zeta_i)\Delta s_i$$

对于这种和式极限问题，我们不考虑其物理意义，只考虑数学形式，引入对面积的曲面积分的概念.

定义　设函数$f(x,y,z)$定义在光滑曲面Σ上，并且有界.将Σ任意分成n个小曲面：$\Delta s_1,\Delta s_2,\cdots,\Delta s_n$，并用$\Delta s_i$表示第$i$个小曲面的面积；在每一个小曲面$\Delta s_i$上任取一点$(\xi_i,\eta_i,\zeta_i)$，作和$\sum\limits_{i=1}^{n}f(\xi_i,\eta_i,\zeta_i)\Delta s_i$；令$\lambda=\max\{\Delta s_1,\Delta s_2,\cdots,\Delta s_n\}$，如果当$\lambda\to 0$时，这和的极限总存在，且极限值与$\Sigma$的分法及点$(\xi_i,\eta_i,\zeta_i)$的取值都无关，则称函数$f(x,y,z)$在曲面$\Sigma$可积，此极限为函数$f(x,y,z)$在曲面$\Sigma$上对面积的曲面积分或第一类曲面积分，记作$\iint\limits_{\Sigma}f(x,y,z)\mathrm{d}S$，即

$$\iint\limits_{\Sigma}f(x,y,z)\mathrm{d}S=\lim_{\lambda\to 0}\sum_{i=1}^{n}f(\xi_i,\eta_i,\zeta_i)\Delta s_i$$

其中，$f(x,y,z)$叫作被积函数，Σ叫作积分曲面，$\mathrm{d}S$称为曲面面积元素.

·注意·　(1) 如果Σ是封闭曲面，那么函数$f(x,y,z)$在封闭曲面Σ上的第一类曲面积分记作

$$\oiint\limits_{\Sigma}f(x,y,z)\mathrm{d}S$$

(2) 曲面积分的存在性：当$f(x,y,z)$在光滑或分片光滑曲面Σ上连续时，$f(x,y,z)$在Σ上必可积.以后我们总假定$f(x,y,z)$在Σ上是连续的；

(3) 根据对面积的曲面积分的定义，曲面的质量就是曲面积分$\iint\limits_{\Sigma}\mu(x,y,z)\mathrm{d}S$的值，其中$\mu(x,y,z)$为线密度.

根据第一类曲面积分的定义，得到以下性质：

性质1　设c_1,c_2为常数，则

$$\iint\limits_{\Sigma}[c_1f(x,y,z)+c_2g(x,y,z)]\mathrm{d}S$$

$$=c_1\iint\limits_{\Sigma}f(x,y,z)\mathrm{d}S+c_2\iint\limits_{\Sigma}g(x,y,z)\mathrm{d}S$$

性质 2 若积分曲面 $\Sigma=\Sigma_1\cup\Sigma_2$，且 Σ_1 和 Σ_2 除边界外无公共点，则

$$\iint\limits_{\Sigma}f(x,y,z)\mathrm{d}S=\iint\limits_{\Sigma_1}f(x,y,z)\mathrm{d}S+\iint\limits_{\Sigma_2}f(x,y,z)\mathrm{d}S$$

性质 3 当 $f(x,y,z)=1$ 时，$S=\iint\limits_{\Sigma}\mathrm{d}S$ 表示曲面 Σ 的面积.

11.4.2 对面积的曲面积分的计算

定理 设光滑曲面 $\Sigma: z=z(x,y),(x,y)\in D_{xy}$，$D_{xy}$ 为 Σ 在 xOy 平面上的投影，$f(x,y,z)$ 在曲面 Σ 上为连续函数，则

$$\iint\limits_{\Sigma}f(x,y,z)\mathrm{d}S=\iint\limits_{D_{xy}}f[x,y,z(x,y)]\sqrt{1+z_x'^2(x,y)+z_y'^2(x,y)}\,\mathrm{d}x\,\mathrm{d}y$$

证明略.

在曲面 $\Sigma: z=z(x,y),(x,y)\in D_{xy}$ 上计算对面积的曲面积分步骤如下：

(1) 将被积函数 $f(x,y,z)$ 中的 z 用 $z=z(x,y)$ 代换，若被积函数中不含 z，则不用代换；

(2) 将曲面的面积元素 $\mathrm{d}S$ 换成 $\sqrt{1+z_x'^2(x,y)+z_y'^2(x,y)}\,\mathrm{d}x\,\mathrm{d}y$；

(3) 将曲面 Σ 投影到 xOy 平面得投影区域 D_{xy}；

(4) 在 D_{xy} 上计算二重积分 $\iint\limits_{D_{xy}}f[x,y,z(x,y)]\sqrt{1+z_x'^2(x,y)+z_y'^2(x,y)}\,\mathrm{d}x\,\mathrm{d}y$.

例 1 计算曲面积分 $\iint\limits_{\Sigma}\frac{1}{z}\mathrm{d}S$，其中 Σ 是球面 $x^2+y^2+z^2=a^2$ 被 $z=h(0<h<a)$ 截出的顶部.(图 11-11)

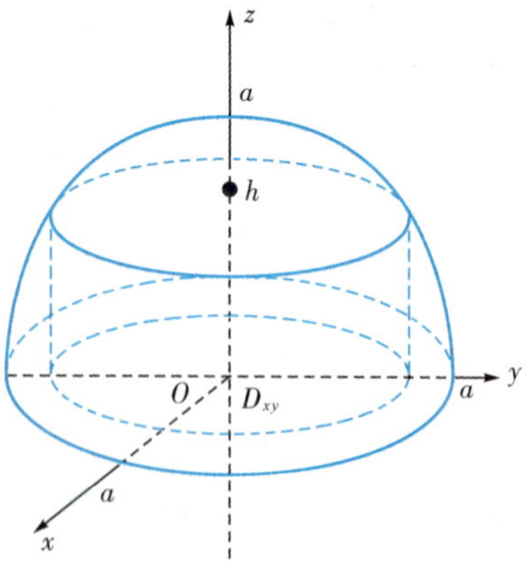

图 11-11

解 Σ 的方程为 $z=\sqrt{a^2-x^2-y^2}$.

Σ 投影到 xOy 平面得投影区域 $D_{xy}=\{(x,y)\,|\,x^2+y^2\leqslant a^2-h^2\}$. 又因为

$$\sqrt{1+z_x'^2+z_y'^2}=\frac{a}{\sqrt{a^2-x^2-y^2}}$$

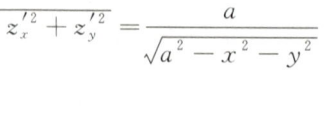

所以

$$\iint\limits_{\Sigma}\frac{1}{z}\mathrm{d}S=\iint\limits_{D_{xy}}\frac{a}{a^2-x^2-y^2}\mathrm{d}x\,\mathrm{d}y=\iint\limits_{D_{xy}}\frac{ar}{a^2-r^2}\mathrm{d}r\,\mathrm{d}\theta$$

$$=a\int_0^{2\pi}\mathrm{d}\theta\int_0^{\sqrt{a^2-h^2}}\frac{r}{a^2-r^2}\mathrm{d}r$$

$$=2\pi a\left[-\frac{1}{2}\ln(a^2-r^2)\right]_0^{\sqrt{a^2-h^2}}$$

$$=2\pi a\ln\frac{a}{h}$$

例 2　求面密度为 μ 的均匀抛物面壳 $\Sigma: z=\frac{1}{2}(x^2+y^2)(0\leqslant z\leqslant 2)$ 的质量.

解　根据题意得,抛物面壳的质量为:

$$M=\iint_{\Sigma}\mu\,\mathrm{d}S=\mu\iint_{D_{xy}}\sqrt{1+x^2+y^2}\,\mathrm{d}x\,\mathrm{d}y$$

其中 $D_{xy}=\{(x,y)\mid x^2+y^2\leqslant 4\}$ 为 Σ 在 xOy 平面上的投影区域. 因此

$$M=\mu\int_0^{2\pi}\mathrm{d}\theta\int_0^2\sqrt{1+\rho^2}\,\rho\,\mathrm{d}\rho=\pi\mu\int_0^2\sqrt{1+\rho^2}\,\mathrm{d}(1+\rho^2)$$

$$=\frac{2\pi\mu}{3}\left[(1+\rho^2)^{\frac{3}{2}}\right]_0^2=\frac{2\pi\mu}{3}(5\sqrt{5}-1)$$

习题 11-4

1. 计算 $\iint_{\Sigma}xyz\,\mathrm{d}S$,其中 Σ 是平面 $x+y+z=1$ 及三个坐标平面围成的四面体表面.

2. 计算 $\iint_{\Sigma}z\,\mathrm{d}S$,其中 Σ 是柱面 $x^2+y^2=1$ 夹在两个平面 $z=0$ 和 $z=1+x$ 间的部分.

3. 计算 $\iint_{\Sigma}(x^2+y^2)\mathrm{d}S$,其中 Σ 是

(1) 锥面 $z=\sqrt{x^2+y^2}$ 及平面 $z=1$ 所围成的区域的整个边界曲面.

(2) 锥面 $z^2=3(x^2+y^2)$ 被平面 $z=0$ 和 $z=3$ 所截得的部分.

11.5　对坐标的曲面积分

11.5.1　对坐标的曲面积分的概念与性质

有向曲面:通常我们遇到的曲面都是双侧的. 例如,由方程 $z=z(x,y)$ 表示的曲面分为上侧与下侧;设 $\boldsymbol{n}=\{\cos\alpha,\cos\beta,\cos\gamma\}$ 为曲面上的法向量,在曲面的上侧 $\cos\gamma>0$,在曲

面的下侧 $\cos\gamma<0$;闭曲面有内侧与外侧之分.

类似地,如果曲面的方程为 $y=y(x,z)$,则曲面分为左侧与右侧,在曲面的右侧 $\cos\beta>0$,在曲面的左侧 $\cos\beta<0$;如果曲面的方程为 $x=x(y,z)$,则曲面分为前侧与后侧,在曲面的前侧 $\cos\alpha>0$,在曲面的后侧 $\cos\alpha<0$.

设 Σ 是有向曲面.在 Σ 上取一小块曲面 ΔS,把 ΔS 投影到 xOy 面上得一投影区域,这投影区域的面积记为 $(\Delta\sigma)_{xy}$.假定 ΔS 上各点处的法向量与 z 轴的夹角 γ 的余弦 $\cos\gamma$ 有相同的符号($\cos\gamma$ 都是正的或都是负的).我们规定 ΔS 在 xOy 面上的投影 $(\Delta S)_{xy}$ 为

$$(\Delta S)_{xy}=\begin{cases}(\Delta\sigma)_{xy}, & \cos\gamma>0\\ -(\Delta\sigma)_{xy}, & \cos\gamma<0\\ 0, & \cos\gamma=0\end{cases}$$

其中,$\cos\gamma=0$ 就是 $(\Delta\sigma)_{xy}=0$ 的情形.类似地可以定义 ΔS 在 yOz 面及在 zOx 面上的投影 $(\Delta S)_{yz}$ 及 $(\Delta S)_{zx}$.

引例 流体流过曲面一侧的流量.

设稳定流动的不可压缩流体的速度场由

$$\boldsymbol{v}(x,y,z)=\{P(x,y,z),Q(x,y,z),R(x,y,z)\}$$

给出,Σ 是速度场中的一片有向曲面,函数 $P(x,y,z),Q(x,y,z),R(x,y,z)$ 都在 Σ 上连续,求在单位时间内流向 Σ 指定侧的流体的质量,即流量 Φ.

如果流体流过平面上面积为 S 的一个闭区域,且流体在这闭区域上各点处的流速为 $\boldsymbol{v}$(常向量),又设 $\boldsymbol{n}$ 为该平面的单位法向量,那么在单位时间内流过这闭区域的流体组成一个底面积为 S、斜高为 $|\boldsymbol{v}|$ 的斜柱体,如图 11-12 所示.

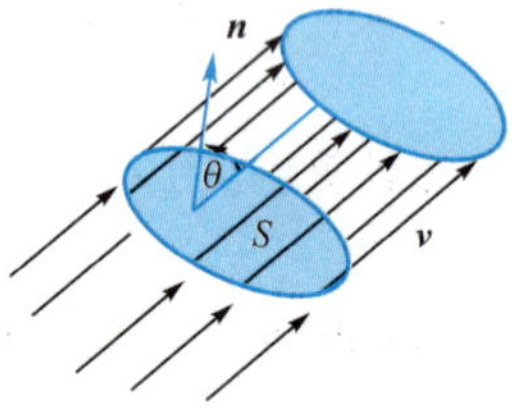

图 11-12

由于 Σ 一般是弯曲的有向曲面,$\boldsymbol{v}(x,y,z)$ 是变速场,因此可以采用"分割、近似、求和、取极限"的方法,来解决这个问题.

(1)分割:把曲面 Σ 分成 n 小块曲面:$\Delta S_1,\Delta S_2,\cdots,\Delta S_n$($\Delta S_i$ 同时也代表第 i 小块曲面的面积).

(2)近似:在 Σ 是光滑的和 $\boldsymbol{v}$ 是连续的前提下,只要 ΔS_i 的直径很小,我们就可以用 ΔS_i 上任一点 (ξ_i,η_i,ζ_i) 处的流速

$$\boldsymbol{v}_i=\boldsymbol{v}(\xi_i,\eta_i,\zeta_i)=P(\xi_i,\eta_i,\zeta_i)\boldsymbol{i}+Q(\xi_i,\eta_i,\zeta_i)\boldsymbol{j}+R(\xi_i,\eta_i,\zeta_i)\boldsymbol{k}$$

代替 ΔS_i 上其他各点处的流速,以点 (ξ_i,η_i,ζ_i) 处曲面 Σ 的单位法向量

$$\boldsymbol{n}_i=\cos\alpha_i\boldsymbol{i}+\cos\beta_i\boldsymbol{j}+\cos\gamma_i\boldsymbol{k}$$

代替 ΔS_i 上其他各点处的单位法向量,从而得到通过 ΔS_i 流向指定侧的流量的近似值

$$\Delta\Phi_i\approx\boldsymbol{v}(\xi_i,\eta_i,\zeta_i)\cdot\boldsymbol{n}_i\Delta S_i\quad(i=1,2,\cdots,n)$$

(3)求和:通过 Σ 流向指定侧的流量

$$\Phi \approx \sum_{i=1}^{n} \boldsymbol{v}_i \cdot \boldsymbol{n}_i \Delta S_i = \sum_{i=1}^{n} [P(\xi_i,\eta_i,\zeta_i)\cos\alpha_i + Q(\xi_i,\eta_i,\zeta_i)\cos\beta_i + R(\xi_i,\eta_i,\zeta_i)\cos\gamma_i]\Delta S_i$$

其中,

$$\cos\alpha_i \cdot \Delta S_i \approx (\Delta S_i)_{yz}, \cos\beta_i \cdot \Delta S_i \approx (\Delta S_i)_{zx}, \cos\gamma_i \cdot \Delta S_i \approx (\Delta S_i)_{xy}$$

因此,上式可写为:

$$\Phi \approx \sum_{i=1}^{n} [P(\xi_i,\eta_i,\zeta_i)(\Delta S_i)_{yz} + Q(\xi_i,\eta_i,\zeta_i)(\Delta S_i)_{zx} + R(\xi_i,\eta_i,\zeta_i)(\Delta S_i)_{xy}]$$

(4)取极限:令 $\lambda \to 0$ 取上述和的极限,就得到流量 Φ 的精确值.

$$\Phi = \lim_{\lambda \to 0} \sum_{i=1}^{n} [P(\xi_i,\eta_i,\zeta_i)(\Delta S_i)_{yz} + Q(\xi_i,\eta_i,\zeta_i)(\Delta S_i)_{zx} + R(\xi_i,\eta_i,\zeta_i)(\Delta S_i)_{xy}]$$

对于这种和式极限问题,我们不考虑其物理意义,只考虑数学形式,引入对坐标的曲面积分的概念.

定义　设 Σ 为光滑的有向曲面,函数 $R(x,y,z)$ 在 Σ 上有界.把 Σ 任意分成 n 小块曲面 ΔS_i(ΔS_i 同时也代表第 i 小块曲面的面积).在 xOy 面上的投影为$(\Delta S_i)_{xy}$,(ξ_i,η_i,ζ_i)是 ΔS_i 上任意取定的一点,如果当各小块曲面的直径的最大值 $\lambda \to 0$ 时,

$$\lim_{\lambda \to 0} \sum_{i=1}^{n} R(\xi_i,\eta_i,\zeta_i)(\Delta S_i)_{xy}$$

总存在,则称此极限为函数 $R(x,y,z)$ 在有向曲面 Σ 上对坐标 x,y 的曲面积分,记作

$$\iint_{\Sigma} R(x,y,z)\,\mathrm{d}x\,\mathrm{d}y$$

即

$$\iint_{\Sigma} R(x,y,z)\,\mathrm{d}x\,\mathrm{d}y = \lim_{\lambda \to 0} \sum_{i=1}^{n} R(\xi_i,\eta_i,\zeta_i)(\Delta S_i)_{xy}$$

其中,$R(x,y,z)$ 叫作被积函数,Σ 叫作积分曲面.

类似地,有 Σ 上对坐标 y,z 和坐标 z,x 的曲面积分

$$\iint_{\Sigma} P(x,y,z)\,\mathrm{d}y\,\mathrm{d}z = \lim_{\lambda \to 0} \sum_{i=1}^{n} P(\xi_i,\eta_i,\zeta_i)(\Delta S_i)_{yz}$$

$$\iint_{\Sigma} Q(x,y,z)\,\mathrm{d}z\,\mathrm{d}x = \lim_{\lambda \to 0} \sum_{i=1}^{n} Q(\xi_i,\eta_i,\zeta_i)(\Delta S_i)_{zx}$$

以上三个曲面积分也称为第二类曲面积分.

·注意·　(1)当函数 $P(x,y,z)$,$Q(x,y,z)$,$R(x,y,z)$ 都在有向光滑曲面 Σ 上连续时,对坐标的曲面积分是存在的,以后总假定 P,Q,R 在 Σ 上连续.

(2) 对坐标的曲面积分的简记形式：

$$\iint_{\Sigma} P(x,y,z)\mathrm{d}y\mathrm{d}z+\iint_{\Sigma} Q(x,y,z)\mathrm{d}z\mathrm{d}x+\iint_{\Sigma} R(x,y,z)\mathrm{d}x\mathrm{d}y$$

$$=\iint_{\Sigma} P(x,y,z)\mathrm{d}y\mathrm{d}z+Q(x,y,z)\mathrm{d}z\mathrm{d}x+R(x,y,z)\mathrm{d}x\mathrm{d}y$$

流向 Σ 指定侧的流量 Φ 可表示为：

$$\Phi=\iint_{\Sigma} P(x,y,z)\mathrm{d}y\mathrm{d}z+Q(x,y,z)\mathrm{d}z\mathrm{d}x+R(x,y,z)\mathrm{d}x\mathrm{d}y$$

根据第二类曲面积分的定义，得到以下性质：

性质 1 如果把 Σ 分成 Σ_1 和 Σ_2，则

$$\iint_{\Sigma} P\mathrm{d}y\mathrm{d}z+Q\mathrm{d}z\mathrm{d}x+R\mathrm{d}x\mathrm{d}y$$

$$=\iint_{\Sigma_1} P\mathrm{d}y\mathrm{d}z+Q\mathrm{d}z\mathrm{d}x+R\mathrm{d}x\mathrm{d}y+\iint_{\Sigma_2} P\mathrm{d}y\mathrm{d}z+Q\mathrm{d}z\mathrm{d}x+R\mathrm{d}x\mathrm{d}y$$

性质 2 设 Σ 是有向曲面，$-\Sigma$ 表示与 Σ 取相反侧的有向曲面，则

$$\iint_{-\Sigma} P\mathrm{d}y\mathrm{d}z+Q\mathrm{d}z\mathrm{d}x+R\mathrm{d}x\mathrm{d}y=-\iint_{\Sigma} P\mathrm{d}y\mathrm{d}z+Q\mathrm{d}z\mathrm{d}x+R\mathrm{d}x\mathrm{d}y$$

11.5.2 对坐标的曲面积分的计算

将曲面积分化为二重积分：设积分曲面 Σ 由方程 $z=z(x,y)$ 给出，Σ 在 xOy 面上的投影区域为 D_{xy}，函数 $z=z(x,y)$ 在 D_{xy} 上具有一阶连续偏导数，被积函数 $R(x,y,z)$ 在 Σ 上连续，则有

$$\iint_{\Sigma} R(x,y,z)\mathrm{d}x\mathrm{d}y=\pm\iint_{D_{xy}} R[x,y,z(x,y)]\mathrm{d}x\mathrm{d}y$$

其中，当 Σ 取上侧时，$\cos\gamma>0$，积分前取“+”；当 Σ 取下侧时，$\cos\gamma<0$，积分前取“−”.

证明略.

例 1 计算曲面积分 $\iint_{\Sigma} x^2\mathrm{d}y\mathrm{d}z+y^2\mathrm{d}z\mathrm{d}x+z^2\mathrm{d}x\mathrm{d}y$，其中 Σ 是长方体 Ω 的整个表面的外侧，$\Omega=\{(x,y,z)\mid 0\leqslant x\leqslant a,0\leqslant y\leqslant b,0\leqslant z\leqslant c\}$.

解 把 Ω 的上、下面分别记为 Σ_1,Σ_2；前、后面分别记为 Σ_3,Σ_4；左、右面分别记为 Σ_5,Σ_6.

$\Sigma_1: z=c(0\leqslant x\leqslant a,0\leqslant y\leqslant b)$ 的上侧

$\Sigma_2: z=0(0\leqslant x\leqslant a,0\leqslant y\leqslant b)$ 的下侧

$\Sigma_3: x=a(0\leqslant y\leqslant b,0\leqslant z\leqslant c)$ 的前侧

$\Sigma_4: x=0(0\leqslant y\leqslant b,0\leqslant z\leqslant c)$ 的后侧

$\Sigma_5: y=b(0\leqslant x\leqslant a,0\leqslant z\leqslant c)$ 的左侧

$$\Sigma_6: y=0(0\leqslant x\leqslant a, 0\leqslant z\leqslant c)\text{ 的右侧}$$

除 Σ_3 和 Σ_4 外，其余四片曲面在 yOz 面上的投影为零，因此

$$\iint_{\Sigma} x^2\mathrm{d}y\mathrm{d}z=\iint_{\Sigma_3} x^2\mathrm{d}y\mathrm{d}z+\iint_{\Sigma_4} x^2\mathrm{d}y\mathrm{d}z=\iint_{D_{yz}} a^2\mathrm{d}y\mathrm{d}z-\iint_{D_{yz}} 0\mathrm{d}y\mathrm{d}z=a^2bc$$

类似地，可得

$$\iint_{\Sigma} y^2\mathrm{d}z\mathrm{d}x=b^2ac,\quad \iint_{\Sigma} z^2\mathrm{d}x\mathrm{d}y=c^2ab$$

于是，所求曲面积分为 $(a+b+c)abc$.

例 2　计算曲面积分 $\iint_{\Sigma} xyz\mathrm{d}x\mathrm{d}y$，其中 Σ 是球面 $x^2+y^2+z^2=1$ 外侧在 $x\geqslant 0$，$y\geqslant 0$ 的部分.

解　把有向曲面 Σ 分成以下两部分：

$$\Sigma_1: z=\sqrt{1-x^2-y^2}\ (x\geqslant 0, y\geqslant 0)\text{ 的上侧}$$

$$\Sigma_2: z=-\sqrt{1-x^2-y^2}\ (x\geqslant 0, y\geqslant 0)\text{ 的下侧}$$

Σ_1 和 Σ_2 在 xOy 面上的投影区域都是 $D_{xy}: x^2+y^2\leqslant 1(x\geqslant 0, y\geqslant 0)$. 于是，

$$\begin{aligned}\iint_{\Sigma} xyz\mathrm{d}x\mathrm{d}y&=\iint_{\Sigma_1} xyz\mathrm{d}x\mathrm{d}y+\iint_{\Sigma_2} xyz\mathrm{d}x\mathrm{d}y\\&=\iint_{D_{xy}} xy\sqrt{1-x^2-y^2}\mathrm{d}x\mathrm{d}y-\iint_{D_{xy}} xy(-\sqrt{1-x^2-y^2})\mathrm{d}x\mathrm{d}y\\&=2\iint_{D_{xy}} xy\sqrt{1-x^2-y^2}\mathrm{d}x\mathrm{d}y\\&=2\int_0^{\frac{\pi}{2}}\mathrm{d}\theta\int_0^1 r^2\sin\theta\cos\theta\sqrt{1-r^2}\,r\mathrm{d}r=\frac{2}{15}\end{aligned}$$

11.5.3　两类曲面积分之间的关系

第一类曲面积分和第二类曲面积分之间的关系如下：

$$\begin{aligned}&\iint_{\Sigma}[P(x,y,z)\cos\alpha+Q(x,y,z)\cos\beta+R(x,y,z)\cos\gamma]\mathrm{d}S\\=&\iint_{\Sigma} P(x,y,z)\mathrm{d}y\mathrm{d}z+Q(x,y,z)\mathrm{d}z\mathrm{d}x+R(x,y,z)\mathrm{d}x\mathrm{d}y\end{aligned}$$

其中 $\boldsymbol{n}=\{\cos\alpha,\cos\beta,\cos\gamma\}$ 为曲面上的法向量.

习题 11-5

1. 计算 $\iint_{\Sigma} x^2y^2z\mathrm{d}x\mathrm{d}y$，其中 Σ 是球面 $x^2+y^2+z^2=R^2$ 的下半部分的下侧.

2. 计算$\iint\limits_{\Sigma} z\,dx\,dy + x\,dy\,dz + y\,dz\,dx$，其中 Σ 是柱面 $x^2+y^2=1$ 被平面 $z=0$ 和 $z=3$ 所截得的在第一卦限内的部分的前侧.

3. 计算$\iint\limits_{\Sigma} z\,dx\,dy$，其中 Σ 是

(1) 锥面 $z=\sqrt{x^2+y^2}\,(0\leqslant z\leqslant 1)$ 的下侧；

(2) 锥面 $z=\sqrt{x^2+y^2}\,(0\leqslant z\leqslant 1)$ 和平面 $z=1$ 所围曲面的内侧.

11.6 高斯公式和斯托克斯公式及其简单应用

格林公式表达了平面区域上二重积分与其边界曲线上的曲线积分之间的关系，而高斯公式表达了空间区域上三重积分与其边界曲面上曲面积分之间的关系. 斯托克斯公式建立了空间曲面上的曲面积分与其边界曲线的曲线积分之间的联系. 下面我们直接给出高斯公式和斯托克斯公式及其简单应用.

11.6.1 高斯公式和斯托克斯公式

定理 1 设空间闭区域 Ω 是由分片光滑的闭曲面 Σ 所围成的，函数 $P(x,y,z)$，$Q(x,y,z)$，$R(x,y,z)$在 Ω 上具有一阶连续偏导数，则有

$$\iiint\limits_{\Omega}\left(\frac{\partial P}{\partial x}+\frac{\partial Q}{\partial y}+\frac{\partial R}{\partial z}\right)dv=\oiint\limits_{\Sigma}P\,dy\,dz+Q\,dz\,dx+R\,dx\,dy$$

或

$$\iiint\limits_{\Omega}\left(\frac{\partial P}{\partial x}+\frac{\partial Q}{\partial y}+\frac{\partial R}{\partial z}\right)dv=\oiint\limits_{\Sigma}(P\cos\alpha+Q\cos\beta+R\cos\gamma)\,dS$$

证明略.

·注意· (1) 高斯公式成立的条件，函数 $P(x,y,z)$，$Q(x,y,z)$，$R(x,y,z)$ 在封闭区域 Ω 上具有一阶连续偏导数，正向取外侧；

(2) 高斯公式建立了空间区域上三重积分与其边界曲面积分之间的联系，可以通过三重积分计算曲面积分；

(3) 在高斯公式中，取 $P=x$，$Q=y$，$R=z$，可利用第二类曲面积分计算空间区域体积的公式

$$V=\iiint\limits_{\Omega}dv=\frac{1}{3}\oiint\limits_{\Sigma}x\,dy\,dz+y\,dz\,dx+z\,dx\,dy$$

定理 2 设 Γ 为分段光滑的空间有向闭曲线，Σ 是以 Γ 为边界的分片光滑的有向曲

面，Γ 的正向与 Σ 的侧符合右手法则，函数 $P(x,y,z),Q(x,y,z),R(x,y,z)$ 在曲面 Σ(连同边界)上具有一阶连续偏导数，则有

$$\iint_{\Sigma}\left(\frac{\partial R}{\partial y}-\frac{\partial Q}{\partial z}\right)\mathrm{d}y\,\mathrm{d}z+\left(\frac{\partial P}{\partial z}-\frac{\partial R}{\partial x}\right)\mathrm{d}z\,\mathrm{d}x+\left(\frac{\partial Q}{\partial x}-\frac{\partial P}{\partial y}\right)\mathrm{d}x\,\mathrm{d}y$$
$$=\oint_{\Gamma}P\,\mathrm{d}x+Q\,\mathrm{d}y+R\,\mathrm{d}z$$

·注意·　(1) 当 Σ 是平面区域 D，$\boldsymbol{F}=P\boldsymbol{i}+Q\boldsymbol{j}$ 是平面向量场时，斯托克斯公式就是格林公式，它是格林公式在空间的推广；

(2) 斯托克斯公式建立了空间曲面上的曲面积分与其边界曲线的曲线积分之间的联系；

(3) 为了便于记忆，斯托克斯公式可借助行列式写成

$$\iint_{\Sigma}\begin{vmatrix}\mathrm{d}y\,\mathrm{d}z & \mathrm{d}z\,\mathrm{d}x & \mathrm{d}x\,\mathrm{d}y\\ \dfrac{\partial}{\partial x} & \dfrac{\partial}{\partial y} & \dfrac{\partial}{\partial z}\\ P & Q & R\end{vmatrix}=\oint_{\Gamma}P\,\mathrm{d}x+Q\,\mathrm{d}y+R\,\mathrm{d}z$$

11.6.2　高斯公式和斯托克斯公式的简单应用

例 1　利用高斯公式计算曲面积分 $\oiint_{\Sigma}(x-y)\mathrm{d}x\,\mathrm{d}y+(y-z)x\,\mathrm{d}y\,\mathrm{d}z$，其中 Σ 为柱面 $x^2+y^2=1$ 及平面 $z=0,z=3$ 所围成的空间闭区域 Ω 的整个边界曲面的外侧.(图 11-13)

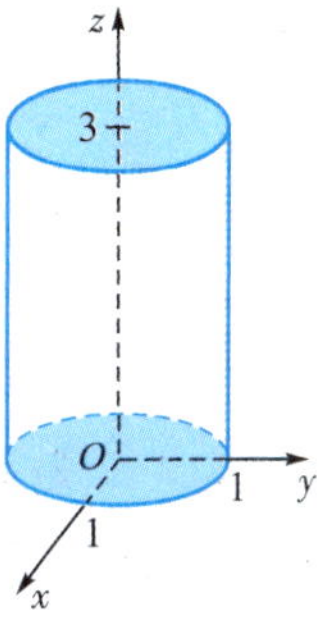

图 11-13

解　这里 $P=(y-z)x,Q=0,R=x-y$，则

$$\frac{\partial P}{\partial x}=y-z,\frac{\partial Q}{\partial y}=0,\frac{\partial R}{\partial z}=0$$

由高斯公式，有

$$\oiint_{\Sigma}(x-y)\mathrm{d}x\,\mathrm{d}y+(y-z)x\,\mathrm{d}y\,\mathrm{d}z$$
$$=\iiint_{\Omega}(y-z)\mathrm{d}x\,\mathrm{d}y\,\mathrm{d}z$$
$$=\iiint_{\Omega}(\rho\sin\theta-z)\rho\,\mathrm{d}\rho\,\mathrm{d}\theta\,\mathrm{d}z$$
$$=\int_0^{2\pi}\mathrm{d}\theta\int_0^1\rho\,\mathrm{d}\rho\int_0^3(\rho\sin\theta-z)\mathrm{d}z$$
$$=-\frac{9\pi}{2}$$

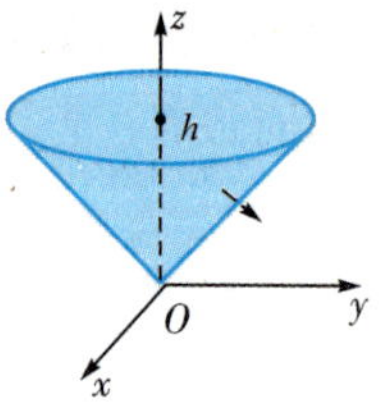

图 11-14

例 2 计算曲面积分$\iint\limits_{\Sigma}(x^2\cos\alpha+y^2\cos\beta+z^2\cos\gamma)\mathrm{d}S$，其中$\Sigma$为锥面$x^2+y^2=z^2$介于平面$z=0$，$z=h(h>0)$之间的部分的下侧，$\cos\alpha$，$\cos\beta$，$\cos\gamma$是$\Sigma$上点$(x,y,z)$处的法向量的方向余弦，如图 11-14 所示.

解 设Σ_1为$z=h(x^2+y^2\leqslant h^2)$的上侧，则$\Sigma$与$\Sigma_1$一起构成一个闭曲面，记它们围成的空间闭区域为$\Omega$，由高斯公式得

$$\begin{aligned}&\iint\limits_{\Sigma+\Sigma_1}(x^2\cos\alpha+y^2\cos\beta+z^2\cos\gamma)\mathrm{d}S\\=&2\iint\limits_{x^2+y^2\leqslant h^2}\mathrm{d}x\,\mathrm{d}y\int_{\sqrt{x^2+y^2}}^{h}(x+y+z)\mathrm{d}z\\=&2\iint\limits_{x^2+y^2\leqslant h^2}\mathrm{d}x\,\mathrm{d}y\int_{\sqrt{x^2+y^2}}^{h}z\,\mathrm{d}z\\=&\iint\limits_{x^2+y^2\leqslant h^2}(h^2-x^2-y^2)\mathrm{d}x\,\mathrm{d}y=\frac{1}{2}\pi h^4\end{aligned}$$

而

$$\begin{aligned}&\iint\limits_{\Sigma_1}(x^2\cos\alpha+y^2\cos\beta+z^2\cos\gamma)\mathrm{d}S\\=&\iint\limits_{\Sigma_1}z^2\mathrm{d}S=\iint\limits_{x^2+y^2\leqslant h^2}h^2\mathrm{d}x\,\mathrm{d}y=\pi h^4\end{aligned}$$

所以

$$\iint\limits_{\Sigma}(x^2\cos\alpha+y^2\cos\beta+z^2\cos\gamma)\mathrm{d}S=\frac{1}{2}\pi h^4-\pi h^4=-\frac{1}{2}\pi h^4$$

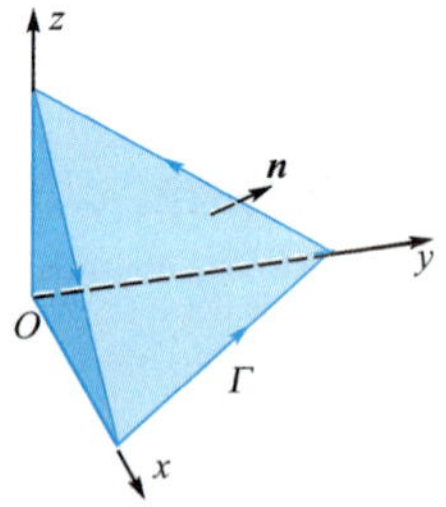

图 11-15

例 3 利用斯托克斯公式计算曲线积分$\oint\limits_{\Gamma}z\,\mathrm{d}x+x\,\mathrm{d}y+y\,\mathrm{d}z$，其中$\Gamma$为平面$x+y+z=1$被三个坐标面所截成的三角形的整个边界，它的正向与这个三角形上侧的法向量之间符合右手法则，如图 11-15 所示.

解 设Σ为闭曲线Γ所围成的三角形平面，Σ在yOz面、zOx面和xOy面上的投影区域分别为D_{yz}，D_{zx}，D_{xy}，按斯托克斯公式，有

$$\oint\limits_{\Gamma}z\,\mathrm{d}x+x\,\mathrm{d}y+y\,\mathrm{d}z=\iint\limits_{\Sigma}\begin{vmatrix}\mathrm{d}y\,\mathrm{d}z & \mathrm{d}z\,\mathrm{d}x & \mathrm{d}x\,\mathrm{d}y\\ \dfrac{\partial}{\partial x} & \dfrac{\partial}{\partial y} & \dfrac{\partial}{\partial z}\\ z & x & y\end{vmatrix}$$

$$=\iint_{\Sigma}\mathrm{d}y\mathrm{d}z+\mathrm{d}z\mathrm{d}x+\mathrm{d}x\mathrm{d}y$$

$$=\iint_{D_{yz}}\mathrm{d}y\mathrm{d}z+\iint_{D_{zx}}\mathrm{d}z\mathrm{d}x+\iint_{D_{xy}}\mathrm{d}x\mathrm{d}y=\frac{3}{2}$$

例4　设函数$u(x,y,z)$和$v(x,y,z)$在闭区域Ω上具有一阶及二阶连续偏导数，证明：

$$\iiint_{\Omega}u\Delta v\mathrm{d}x\mathrm{d}y\mathrm{d}z=\oiint_{\Sigma}u\frac{\partial v}{\partial n}\mathrm{d}S-\iiint_{\Omega}\left(\frac{\partial u}{\partial x}\frac{\partial v}{\partial x}+\frac{\partial u}{\partial y}\frac{\partial v}{\partial y}+\frac{\partial u}{\partial z}\frac{\partial v}{\partial z}\right)\mathrm{d}x\mathrm{d}y\mathrm{d}z$$

其中，Σ是闭区域Ω的整个边界曲面，$\frac{\partial v}{\partial n}$为函数$v(x,y,z)$沿$\Sigma$的外法线方向的方向导数，符号$\Delta=\frac{\partial^2}{\partial x^2}+\frac{\partial^2}{\partial y^2}+\frac{\partial^2}{\partial z^2}$称为拉普拉斯算子. 这个公式叫作格林第一公式.

证明　因为方向导数

$$\frac{\partial v}{\partial n}=\frac{\partial v}{\partial x}\cos\alpha+\frac{\partial v}{\partial y}\cos\beta+\frac{\partial v}{\partial z}\cos\gamma$$

其中$\cos\alpha,\cos\beta,\cos\gamma$是$\Sigma$在点$(x,y,z)$处的外法线向量的方向余弦. 于是曲面积分

$$\oiint_{\Sigma}u\frac{\partial v}{\partial n}\mathrm{d}S=\oiint_{\Sigma}u\left(\frac{\partial v}{\partial x}\cos\alpha+\frac{\partial v}{\partial y}\cos\beta+\frac{\partial v}{\partial z}\cos\gamma\right)\mathrm{d}S$$

$$=\oiint_{\Sigma}\left[\left(u\frac{\partial v}{\partial x}\right)\cos\alpha+\left(u\frac{\partial v}{\partial y}\right)\cos\beta+\left(u\frac{\partial v}{\partial z}\right)\cos\gamma\right]\mathrm{d}S$$

利用高斯公式，得

$$\oiint_{\Sigma}u\frac{\partial v}{\partial n}\mathrm{d}S=\iiint_{\Omega}\left[\frac{\partial}{\partial x}\left(u\frac{\partial v}{\partial x}\right)+\frac{\partial}{\partial y}\left(u\frac{\partial v}{\partial y}\right)+\frac{\partial}{\partial z}\left(u\frac{\partial v}{\partial z}\right)\right]\mathrm{d}x\mathrm{d}y\mathrm{d}z$$

$$=\iiint_{\Omega}u\Delta v\mathrm{d}x\mathrm{d}y\mathrm{d}z+\iiint_{\Omega}\left(\frac{\partial u}{\partial x}\frac{\partial v}{\partial x}+\frac{\partial u}{\partial y}\frac{\partial v}{\partial y}+\frac{\partial u}{\partial z}\frac{\partial v}{\partial z}\right)\mathrm{d}x\mathrm{d}y\mathrm{d}z$$

将上式右端第二个积分移至左端即得所要证明的等式.

习题 11-6

1. 利用高斯公式计算曲面积分$\oiint_{\Sigma}x^3\mathrm{d}y\mathrm{d}z+y^3\mathrm{d}z\mathrm{d}x+z^3\mathrm{d}x\mathrm{d}y$，其中$\Sigma$为球面$x^2+y^2+z^2=a^2$，取外侧.

2. 利用高斯公式计算曲面积分$\oiint_{\Sigma}x\mathrm{d}y\mathrm{d}z+y\mathrm{d}z\mathrm{d}x+z\mathrm{d}x\mathrm{d}y$，其中$\Sigma$是介于$z=0$和$z=3$之间的圆柱体$x^2+y^2\leqslant 9$的整个表面，取外侧.

3. 利用斯托克斯公式计算曲线积分$\oint_{\Gamma}2y\mathrm{d}x+3x\mathrm{d}y-z^2\mathrm{d}z$，其中$\Gamma$为圆周$x^2+y^2+$

$z^2=9, z=0$,从 z 轴正向看,Γ 是逆时针方向.

4. 利用斯托克斯公式计算曲线积分$\oint_\Gamma y^2\mathrm{d}x+z^2\mathrm{d}y+x^2\mathrm{d}z$,其中 Γ 是以点 $A(1,0,0)$,$B(0,3,0)$,$C(0,0,3)$ 为顶点的三角形的边界,Γ 正向为 $A\to B\to C\to A$.

总复习题 11

1. 填空题

(1) 第二类曲线积分$\int_\Gamma P\mathrm{d}x+Q\mathrm{d}y+R\mathrm{d}z$ 化成第一类曲线积分是________,其中 α,β,γ 是有向曲线弧 Γ 在点(x,y,z)处的________方向角;

(2) 第二类曲面积分$\iint_\Sigma P\mathrm{d}y\mathrm{d}z+Q\mathrm{d}z\mathrm{d}x+R\mathrm{d}x\mathrm{d}y$ 化成第一类曲面积分是________,其中 α,β,γ 是有向曲面 Σ 在点(x,y,z)处的________方向角.

2. 计算下列曲线积分.

(1)$\oint_L\sqrt{x^2+y^2}\,\mathrm{d}s$,其中 L 为圆周 $x^2+y^2=ax$;

(2)$\int_\Gamma z\mathrm{d}s$,其中 Γ 为曲线 $x=t\cos t, y=t\sin t, z=t(0\leqslant t\leqslant t_0)$;

(3)$\int_L(2a-y)\mathrm{d}x+x\mathrm{d}y$,其中 L 为摆线 $x=a(t-\sin t), y=a(1-\cos t)$ 上对应 t 从 0 到 2π 的一段弧;

(4)$\int_\Gamma(y^2-z^2)\mathrm{d}x+2yz\mathrm{d}y-x^2\mathrm{d}z$,其中 Γ 为曲线 $x=t, y=t^2, z=t^3$ 上由 $t_1=0$ 到 $t_2=1$ 的一段弧.

3. 计算下列曲面积分.

(1)$\iint_\Sigma\frac{1}{x^2+y^2+z^2}\mathrm{d}S$,其中 Σ 是介于平面 $z=0$ 和 $z=H$ 之间的圆柱面 $x^2+y^2=R^2$;

(2)$\iint_\Sigma(y^2-z)\mathrm{d}y\mathrm{d}z+(z^2-x)\mathrm{d}z\mathrm{d}x+(x^2-y)\mathrm{d}x\mathrm{d}y$,其中 Σ 是锥面 $z=\sqrt{x^2+y^2}$ $(0\leqslant z\leqslant h)$ 的外侧;

(3)$\iint_\Sigma x\mathrm{d}y\mathrm{d}z+y\mathrm{d}z\mathrm{d}x+z\mathrm{d}x\mathrm{d}y$,其中 Σ 是半球面 $z=\sqrt{R^2-x^2-y^2}$ 的上侧;

(4)$\iint_\Sigma yz\mathrm{d}z\mathrm{d}x$,其中 Σ 是球面 $x^2+y^2+z^2=1$ 的上半部分并取外侧为正向.

第12章

无穷级数

育人目标

1. 激发求知欲，培养探索精神，变被动学习为主动学习.

2. 体会数学中的人生哲理，感悟潜藏于无穷级数理论中的重要思想方法.

思政元素

无穷级数可以追溯到公元前，最早的无穷级数主要源于哲学和逻辑的悖论. 例如，芝诺的二分法把1分解成无穷级数

$$1=\frac{1}{2}+\frac{1}{2^2}+\frac{1}{2^3}+\cdots+\frac{1}{2^n}+\cdots$$

公元前300年，我国著名哲学家庄周所著的《庄子·天下篇》中记载："一尺之棰，日取其半，万世不竭."意思是一尺长的棍棒，每日截取它的一半，永远截不完. 而将每天截下的那一部分长度加起来用数学形式表示就是上面的无穷级数.

一直到十六世纪，无穷级数的理论研究也没有取得重大进展. 但是在这之前关于无穷级数思想的积累，为十七、十八世纪无穷级数的发展奠定了基础. 最终，柯西在前人的基础上，在1821年出版的《分析教程》一书中给出了无穷级数相关概念的现代定义.

无穷级数的理论从萌芽到一步一步完善、成熟到近代理论的进一步发展，处处体现出数学家们坚持不懈、勇于探索的精神. 无穷级数正是依靠一代代数学家们不断传承、敢于质疑、敢于创新的精神发展起来的，而且一切成就、成果都不是一蹴而就的，需要几代人的努力，甚至需要几千年的积累. 我们新时代的大学生更需要向老一辈的数学家们学习，学习他们坚韧不拔的数学精神，学习他们为科学奉献的精神.

思政园地

无穷级数几乎与微积分同时诞生，牛顿就把二项式级数作为研究微积分的工具. 为了解决微积分创建初期混乱的逻辑基础，拉格朗日也试图用无穷级数重建微积分，但他与18世纪同时代的数学家一样，对无穷级数的认识还很粗糙. 无穷级数之所以难以捉摸，是

因为它与无穷(或无限)纠葛缠绵在一起.随着运动和变量进入数学,无限也应运而生.在常量数学时期,数学家们尽量回避无限,但进入变量数学时期,就必须正视无限了.直至19世纪中叶才由柯西等人揭开无限的面纱,建立了无穷级数的严格化理论.

讨论

1. 芝诺发表了著名的阿基里斯和乌龟赛跑的悖论,你对此了解吗?
2. 你知道如何回答芝诺的挑战吗?

无穷级数简称级数,它与数列极限有着极为紧密的联系,也是表示函数、研究函数性质以及进行数值计算的一种有效的数学工具.本章先讨论常数项级数,介绍级数的一些基本知识,然后讨论函数项级数,着重讨论幂级数的收敛域以及如何将函数展开成幂级数的问题.

12.1 常数项级数的概念与性质

12.1.1 常数项级数的概念

定义 设有数列$\{u_n\}$,把它的项依次用加号连起来,所得的式子

$$u_1+u_2+\cdots+u_n+\cdots \tag{12-1}$$

称为常数项级数或无穷级数,简称级数.其中,第 n 项 u_n 称为该级数的一般项.式(12-1)通常也可记作:$\sum\limits_{n=1}^{\infty}u_n$.

级数(12-1)的前 n 项之和

$$s_n=u_1+u_2+\cdots+u_n=\sum_{i=1}^{n}u_i$$

称为级数(12-1)的前 n 项和.当 n 依次取 1,2,3,$\cdots$ 时,它们构成一个新的数列

$$s_1=u_1,s_2=u_1+u_2,\cdots,s_n=\sum_{i=1}^{n}u_i,\cdots$$

该数列$\{s_n\}$称为级数(12-1)的部分和数列;如果部分和数列$\{s_n\}$有极限 s,即$\lim\limits_{n\to\infty}s_n=s$,则称级数(12-1)收敛于 s,极限 s 称为级数(12-1)的和,记作:

$$\sum_{n=1}^{\infty}u_n=s$$

如果部分和数列$\{s_n\}$没有极限,则称级数(12-1)发散,也可称级数(12-1)没有和.

当级数(12-1)收敛时,其部分和s_n是和s的近似值,它们之间的差

$$r_n = s - s_n = u_{n+1} + u_{n+2} + \cdots = \sum_{k=n+1}^{\infty} u_k$$

称为级数(12-1)的余项.显然,用部分和s_n近似表示和s的误差为$|r_n|$.

下面我们直接根据定义判定以下级数的敛散性.

例 1 级数

$$\sum_{n=0}^{\infty} aq^n = a + aq + aq^2 + \cdots + aq^n + \cdots \tag{12-2}$$

叫作等比级数(又称为几何级数),其中$a \neq 0$,q叫作级数的公比.试讨论级数(12-2)的敛散性.

解 如果$q \neq 1$,则部分和

$$s_n = a + aq + \cdots + aq^{n-1} = \frac{a(1-q^n)}{1-q}$$

当$|q| < 1$时,$\lim\limits_{n\to\infty} q^n = 0$,从而$\lim\limits_{n\to\infty} s_n = \dfrac{a}{1-q}$,因此级数(12-2)收敛,其和为$\dfrac{a}{1-q}$;

当$|q| > 1$时,$\lim\limits_{n\to\infty} q^n = \infty$,从而$\lim\limits_{n\to\infty} s_n = \infty$,因此级数(12-2)发散;

当$q = -1$时,$\lim\limits_{n\to\infty}(-1)^n$不存在,而$s_n = \dfrac{a}{2}[1-(-1)^n]$的极限也不存在,因此级数(12-2)发散;

当$q = 1$时,$s_n = na \to \infty (n \to \infty)$,因此级数(12-2)发散.

综上,当$|q| < 1$时,等比级数$\sum\limits_{n=0}^{\infty} aq^n (a \neq 0)$收敛,且其和为$\dfrac{a}{1-q}$;当$|q| \geqslant 1$时,此等比级数发散.

例 2 判定级数

$$\sum_{n=1}^{\infty} \frac{1}{n(n+1)} = \frac{1}{1\cdot 2} + \frac{1}{2\cdot 3} + \cdots + \frac{1}{n(n+1)} + \cdots$$

的敛散性.

解 由于

$$u_n = \frac{1}{n(n+1)} = \frac{1}{n} - \frac{1}{n+1}$$

于是

$$s_n = \frac{1}{1\cdot 2} + \frac{1}{2\cdot 3} + \cdots + \frac{1}{n(n+1)}$$

$$=\left(1-\frac{1}{2}\right)+\left(\frac{1}{2}-\frac{1}{3}\right)+\cdots+\left(\frac{1}{n}-\frac{1}{n+1}\right)$$

$$=1-\frac{1}{n+1}$$

因此

$$\lim_{n\to\infty}s_n=\lim_{n\to\infty}\left(1-\frac{1}{n+1}\right)=1$$

从而级数收敛,且其和为 1.

讨论

(1) 写出级数 $\sum_{n=1}^{\infty}\frac{1}{n(n+2)}$ 的前 $n(n>2)$ 项和,并判断此级数的敛散性. 若收敛,求其和.

(2) 当 x 取何值时,级数 $\sum_{n=1}^{\infty}(-1)^n x^n$ 收敛,并求其和.

例 3 证明级数

$$1+2+3+\cdots+n+\cdots$$

是发散的.

证明 此级数的部分和为 $s_n=1+2+3+\cdots+n=\frac{n(1+n)}{2}$.

显然,$\lim_{n\to\infty}s_n=\infty$,因此所给级数是发散的.

12.1.2 级数的性质

根据无穷级数收敛、发散以及和的概念,可以证明级数的下述性质.

性质 1 若级数 $\sum_{n=1}^{\infty}u_n$ 收敛,其和为 s,k 为常数,则级数 $\sum_{n=1}^{\infty}ku_n$ 也收敛,且和为 ks. 即

$$\sum_{i=1}^{\infty}ku_n=k\sum_{i=1}^{\infty}u_n$$

性质 2 若级数 $\sum_{n=1}^{\infty}u_n$ 和 $\sum_{n=1}^{\infty}v_n$ 均收敛,和分别为 s,σ, 即 $\sum_{n=1}^{\infty}u_n=s$, $\sum_{n=1}^{\infty}v_n=\sigma$,则级数 $\sum_{n=1}^{\infty}(u_n\pm v_n)$ 收敛,且和为 $s\pm\sigma$, 即有

$$\sum_{n=1}^{\infty}(u_n\pm v_n)=\sum_{n=1}^{\infty}u_n\pm\sum_{n=1}^{\infty}v_n \tag{12-3}$$

式(12-3)所描述的运算规律叫作级数的逐项相加(减)法则.

性质2也可叙述为:两个收敛级数逐项相加(减)构成的新级数仍然收敛,且新级数的和为相应级数和的对应运算.

·注意·　式(12-3)成立是以级数 $\sum_{n=1}^{\infty} u_n$ 与 $\sum_{n=1}^{\infty} v_n$ 都收敛为前提条件的,否则,逐项相加(减)法则就不能用.例如,

$$\sum_{n=1}^{\infty} \frac{1}{n(n+1)} = \sum_{n=1}^{\infty} \left(\frac{1}{n} - \frac{1}{n+1}\right) = 1$$

但级数 $\sum_{n=1}^{\infty} \frac{1}{n}$ 及 $\sum_{n=1}^{\infty} \frac{1}{n+1}$ 都是发散的,因此

$$\sum_{n=1}^{\infty} \left(\frac{1}{n} - \frac{1}{n+1}\right) \neq \sum_{n=1}^{\infty} \frac{1}{n} - \sum_{n=1}^{\infty} \frac{1}{n+1}$$

性质3　在级数中去掉、增加或改变有限项,不会改变级数的敛散性.

证明　级数 $\sum_{n=1}^{\infty} u_n$ 与去掉首项后所得级数 $\sum_{n=2}^{\infty} u_n$ 同时收敛或同时发散,表明级数去掉1项不改变敛散性;同时也可以看作 $\sum_{n=2}^{\infty} u_n$ 增加1项变成 $\sum_{n=1}^{\infty} u_n$,表明级数增加1项不改变敛散性.以此类推,去掉或增加有限项也不改变敛散性.由于改变有限项可看作去掉有限项再增加有限项,因此改变有限项也不改变敛散性.

性质4　级数 $\sum_{n=1}^{\infty} u_n$ 收敛,那么对这级数的项任意加括号后所成的级数 $(u_1 + \cdots + u_{n_1}) + (u_{n_1+1} + \cdots + u_{n_2}) + \cdots + (u_{n_{k-1}+1} + \cdots + u_{n_k}) + \cdots$ 仍收敛,且其和不变.

证明略.(根据收敛数列与其子数列的关系可证)

性质5(级数收敛的必要条件)　设级数

$$u_1 + u_2 + \cdots + u_n + \cdots$$

收敛,则必有

$$\lim_{n \to \infty} u_n = 0$$

证明　级数 $\sum_{n=1}^{\infty} u_n$ 的一般项与部分和有如下关系:

$$u_n = s_n - s_{n-1}$$

假设级数 $\sum_{n=1}^{\infty} u_n$ 收敛于 s,则

$$\lim_{n \to \infty} u_n = \lim_{n \to \infty} (s_n - s_{n-1}) = \lim_{n \to \infty} s_n - \lim_{n \to \infty} s_{n-1} = s - s = 0$$

可以表述为:收敛级数的一般项必收敛(无限趋近)于零.其逆否命题也成立,如下:

推论 如果级数的一般项不趋于零,则级数发散.

例如,级数

$$\frac{1}{2}-\frac{2}{3}+\frac{3}{4}-\cdots+(-1)^{n-1}\frac{n}{n+1}+\cdots$$

由于它的一般项 $u_n=(-1)^{n-1}\frac{n}{n+1}$ 不趋于零,因此该级数发散.

·注意· 级数的一般项趋于零并不是级数收敛的充分条件.有些级数虽然一般项趋于零,但仍然是发散的.

例 4 级数

$$1+\frac{1}{2}+\frac{1}{3}+\cdots+\frac{1}{n}+\cdots=\sum_{n=1}^{\infty}\frac{1}{n}$$

称为调和级数.试证:调和级数是发散的.

证明 取 k 为正整数,当 $x\in[k,k+1]$ 时,由定积分的几何意义有

$$\int_k^{k+1}\frac{1}{x}\mathrm{d}x\leqslant\int_k^{k+1}\frac{1}{k}\mathrm{d}x=\frac{1}{k}$$

令 $k=1,2,\cdots,n$ 得

$$1\geqslant\int_1^2\frac{1}{x}\mathrm{d}x,\frac{1}{2}\geqslant\int_2^3\frac{1}{x}\mathrm{d}x,\cdots,\frac{1}{n}\geqslant\int_n^{n+1}\frac{1}{x}\mathrm{d}x$$

于是

$$\begin{aligned}s_n&=1+\frac{1}{2}+\cdots+\frac{1}{n}\geqslant\int_1^2\frac{1}{x}\mathrm{d}x+\int_2^3\frac{1}{x}\mathrm{d}x+\cdots+\int_n^{n+1}\frac{1}{x}\mathrm{d}x\\&=\int_1^{n+1}\frac{1}{x}\mathrm{d}x=\ln(n+1)\end{aligned}$$

因为 $\lim\limits_{n\to\infty}\ln(n+1)=+\infty$,所以 $\lim\limits_{n\to\infty}s_n=+\infty$,即 $\sum\limits_{n=1}^{\infty}\frac{1}{n}=+\infty$.因此调和级数是发散的.

*12.1.3 柯西审敛原理

由级数和数列的关系,我们可得判别级数敛散性的一个定理.

定理(柯西审敛原理) 级数 $\sum\limits_{n=1}^{\infty}a_n$ 收敛的充要条件:对于任意给定的正数 ε,总存在正整数 N,使得当 $n>N$ 时,对于任意的正整数 p,都有

$$|a_{n+1}+a_{n+2}+a_{n+3}+\cdots+a_{n+p}|<\varepsilon$$

恒成立.

证明 设级数 $\sum\limits_{n=1}^{\infty}a_n$ 的部分和为 S_n,则级数 $\sum\limits_{n=1}^{\infty}a_n$ 收敛的充要条件为数列

$\{S_n\}$ 收敛.

由数列收敛的柯西审敛原理可知：数列 $\{S_n\}$ 收敛等价于 $\forall \varepsilon > 0, \exists N$，当 $n > N$ 时，有

$$|S_{n+p} - S_n| = |a_{n+1} + a_{n+2} + a_{n+3} + \cdots + a_{n+p}| < \varepsilon$$

恒成立. 结论得证.

例 5　利用柯西审敛原理判别级数 $\sum_{n=1}^{\infty} \frac{1}{n^2}$ 的敛散性.

解　因为对任意正整数 p，

$$\begin{aligned}
&|u_{n+1} + u_{n+2} + \cdots + u_{n+p}| \\
&= \frac{1}{(n+1)^2} + \frac{1}{(n+2)^2} + \cdots + \frac{1}{(n+p)^2} \\
&< \frac{1}{n(n+1)} + \frac{1}{(n+1)(n+2)} + \cdots + \frac{1}{(n+p-1)(n+p)} \\
&= \left(\frac{1}{n} - \frac{1}{n+1}\right) + \left(\frac{1}{n+1} - \frac{1}{n+2}\right) + \cdots + \left(\frac{1}{n+p-1} - \frac{1}{n+p}\right) \\
&= \frac{1}{n} - \frac{1}{n+p} < \frac{1}{n}
\end{aligned}$$

所以对于任意给定的正数 ε，取正整数 $N \geqslant \frac{1}{\varepsilon}$，则当 $n > N$ 时，对任何正整数 p，都有

$$|u_{n+1} + u_{n+2} + \cdots + u_{n+p}| < \varepsilon$$

成立. 按柯西审敛原理，级数 $\sum_{n=1}^{\infty} \frac{1}{n^2}$ 收敛.

习题 12-1

1. 写出下列级数的前 5 项.

(1) $\sum_{n=1}^{\infty} \frac{n+1}{n+3}$；　　(2) $\sum_{n=1}^{\infty} \frac{n}{5^n}$；

(3) $\sum_{n=3}^{\infty} \left(\frac{1}{2^n} - \frac{1}{3^n}\right)$；　　(4) $\sum_{n=1}^{\infty} \frac{(2n)!!}{(2n-1)!!}$.

2. 判断下列级数的敛散性，若级数收敛，求其和.

(1) $\sum_{n=1}^{\infty} (\sqrt{n+1} - \sqrt{n})$；　　(2) $\sum_{n=1}^{\infty} \ln \frac{n+1}{n}$；

(3) $\sum_{n=1}^{\infty} \frac{1}{(n+1)(n+2)}$；　　(4) $\frac{1}{3} + \frac{1}{\sqrt{3}} + \frac{1}{\sqrt[3]{3}} + \cdots + \frac{1}{\sqrt[n]{3}} + \cdots$；

(5) $\frac{1}{3} + \frac{1}{6} + \frac{1}{9} + \cdots + \frac{1}{3n} + \cdots$；

(6) $\left(\frac{1}{2}+\frac{1}{3}\right)+\left(\frac{1}{2^2}+\frac{1}{3^2}\right)+\left(\frac{1}{2^3}+\frac{1}{3^3}\right)+\cdots+\left(\frac{1}{2^n}+\frac{1}{3^n}\right)+\cdots$.

*3. 利用柯西审敛原理判定下列级数的敛散性.

(1) $\sum_{n=1}^{\infty}\frac{1}{n^3}$;　　(2) $\sum_{n=1}^{\infty}\frac{\sin nx}{2^n}$;

(3) $\sum_{n=1}^{\infty}\frac{(-1)^n}{n}$;　　(4) $\sum_{n=1}^{\infty}\frac{1}{3^n}$.

12.2 正项级数及其审敛法

一般的常数项级数,它的各项可以是正数、负数和零. 现在我们先讨论各项都是正数或零的级数,这种级数称为正项级数. 正项级数作为一类重要级数有着重要的作用,以后我们将看到很多级数的敛散性问题都可归结为正向级数的敛散性问题. 本节主要介绍正项级数敛散性的审敛法则及其相关证明.

定义　设级数

$$u_1+u_2+\cdots+u_n+\cdots \tag{12-4}$$

如果 $u_n\geqslant 0(n=1,2,\cdots)$,那么级数(12-4)称为正项级数.

它的部分和为 s_n,由于 $s_n-s_{n-1}=u_n\geqslant 0$,所以数列$\{s_n\}$是单调增加的,即

$$s_1\leqslant s_2\leqslant\cdots\leqslant s_n\leqslant\cdots$$

如果数列$\{s_n\}$有界,即 s_n 总不大于某一正数 M,则根据单调有界数列必有极限的准则,知级数(12-4)必收敛. 若设其和为 s,则有 $s_n\leqslant s\leqslant M$. 反之,如果正项级数(12-4)收敛于和 s,那么根据收敛数列必有界的性质,可知数列$\{s_n\}$有界. 因此,我们得到如下定理:

定理 1　正项级数收敛的充要条件是它的部分和数列有界.

根据定理 1,判定正项级数(12-4)的敛散性时,可以将一个敛散性已知的正项级数与它做比较,从而可以确定它的部分和是否有界,这样也就能确定级数(12-4)的敛散性. 按照这个逻辑,就可以得出另一个判断正项级数敛散性的审敛法则 —— 比较审敛法.

定理 2(比较审敛法)　设 $\sum_{n=1}^{\infty}u_n$ 及 $\sum_{n=1}^{\infty}v_n$ 为两个正项级数.

(1) 如果级数 $\sum_{n=1}^{\infty}v_n$ 收敛且 $u_n\leqslant v_n(n=1,2,\cdots)$,则级数 $\sum_{n=1}^{\infty}u_n$ 也收敛;

(2) 如果级数 $\sum_{n=1}^{\infty}v_n$ 发散且 $u_n\geqslant v_n(n=1,2,\cdots)$,则级数 $\sum_{n=1}^{\infty}u_n$ 也发散.

证明　(1) 设级数 $\sum_{n=1}^{\infty}v_n$ 收敛于和σ(常数),且 $u_n\leqslant v_n(n=1,2,\cdots)$,则级数 $\sum_{n=1}^{\infty}u_n$ 的

部分和

$$s_n=u_1+u_2+\cdots+u_n\leqslant v_1+v_2+\cdots+v_n\leqslant\sigma$$

即 s_n 总不大于常数 σ，由定理 1 可知级数 $\sum\limits_{n=1}^{\infty}u_n$ 收敛.

(2) 设级数 $\sum\limits_{n=1}^{\infty}v_n$ 发散，且 $u_n\geqslant v_n(n=1,2,\cdots)$，此时，如果 $\sum\limits_{n=1}^{\infty}u_n$ 收敛，则由(1)的结论，$\sum\limits_{n=1}^{\infty}v_n$ 必收敛，这与条件 $\sum\limits_{n=1}^{\infty}v_n$ 发散相矛盾，因此，$\sum\limits_{n=1}^{\infty}u_n$ 也发散.

比较审敛法是对两个正项级数的一般项进行比较后得出级数是否收敛的结论的方法，由上一节级数的性质 3 可知，比较条件适当放宽为从某一项(例如第 N 项)开始，有 $u_n\leqslant v_n(n\geqslant N)$ 或 $u_n\geqslant v_n(n\geqslant N)$，结论依然成立.

例 1　判定级数 $\sum\limits_{n=1}^{\infty}\dfrac{1}{2^n+1}$ 的敛散性.

解　因为 $\dfrac{1}{2^n+1}\leqslant\dfrac{1}{2^n}$，而级数 $\sum\limits_{n=1}^{\infty}\dfrac{1}{2^n}$ 是收敛的等比级数，根据比较审敛法知级数 $\sum\limits_{n=1}^{\infty}\dfrac{1}{2^n+1}$ 收敛.

在用比较审敛法判别级数是否收敛时，需要与另一个已知收敛或发散的级数进行比较，这个作为比较用的级数叫作基准级数. 在使用比较审敛法时，我们常用等比级数 $\sum\limits_{n=1}^{\infty}aq^n$ 以及下面要讨论的 p 级数 $\sum\limits_{n=1}^{\infty}\dfrac{1}{n^p}$ 作为基准级数.

例 2　级数

$$\sum_{n=1}^{\infty}\frac{1}{n^p}=1+\frac{1}{2^p}+\frac{1}{3^p}+\cdots+\frac{1}{n^p}+\cdots \tag{12-5}$$

称为 p 级数(其中 p 为常数). 试讨论 p 级数的敛散性.

解　对常数 p 进行分类讨论，如下：

(1) 当 $p\leqslant 1$ 时，$\dfrac{1}{n^p}\geqslant\dfrac{1}{n}$，而调和级数 $\sum\limits_{n=1}^{\infty}\dfrac{1}{n}$ 是发散的，根据比较审敛法可知级数 $\sum\limits_{n=1}^{\infty}\dfrac{1}{n^p}$ 发散.

(2) 当 $p>1$ 时，对于 $k-1\leqslant x\leqslant k$，有 $\dfrac{1}{x^p}\geqslant\dfrac{1}{k^p}$，可得

$$\frac{1}{k^p}=\int_{k-1}^{k}\frac{1}{k^p}dx\leqslant\int_{k-1}^{k}\frac{1}{x^p}dx\quad(k=2,3,\cdots)$$

从而 p 级数的部分和

$$s_n=\sum_{k=1}^{n}\frac{1}{k^p}=1+\sum_{k=2}^{n}\frac{1}{k^p}\leqslant 1+\sum_{k=2}^{n}\int_{k-1}^{k}\frac{1}{x^p}\mathrm{d}x=1+\int_{1}^{n}\frac{1}{x^p}\mathrm{d}x$$

$$=1+\frac{1}{p-1}\left(1-\frac{1}{n^{p-1}}\right)<1+\frac{1}{p-1}$$

表明$\{s_n\}$有界,因此级数$\sum_{n=1}^{\infty}\frac{1}{n^p}$收敛.

综上,当$p\leqslant 1$时,p级数$\sum_{n=1}^{\infty}\frac{1}{n^p}$发散,当$p>1$时,$p$级数$\sum_{n=1}^{\infty}\frac{1}{n^p}$收敛.

例 3 判定级数$\sum_{n=1}^{\infty}\frac{1}{\sqrt{n(n+1)}}$的敛散性.

解 因为$\frac{1}{\sqrt{n(n+1)}}>\frac{1}{n+1}$,且级数$\sum_{n=1}^{\infty}\frac{1}{n+1}$是去掉首项的调和级数,根据收敛级数的性质 3 可知此级数是发散的,根据比较审敛法可知,级数$\sum_{n=1}^{\infty}\frac{1}{\sqrt{n(n+1)}}$也发散.

为了应用方便,下面给出比较审敛法的极限形式.

定理 3(比较审敛法的极限形式) 设$\sum_{n=1}^{\infty}u_n$及$\sum_{n=1}^{\infty}v_n$为两个正项级数,如果$\lim_{n\to\infty}\frac{u_n}{v_n}=l$,那么

(1) 当$0<l<+\infty$时,两个级数有相同的敛散性;

(2) 当$l=0$且级数$\sum_{n=1}^{\infty}v_n$收敛时,$\sum_{n=1}^{\infty}u_n$也收敛;

(3) 当$l=+\infty$且级数$\sum_{n=1}^{\infty}v_n$发散时,级数$\sum_{n=1}^{\infty}u_n$也发散.

证明 (1) 由极限的定义可知,当$0<l<+\infty$时,取$\varepsilon=\frac{l}{2}$,存在正整数N,当$n>N$时,有不等式

$$l-\frac{l}{2}<\frac{u_n}{v_n}<l+\frac{l}{2}$$

即有不等式

$$\frac{l}{2}v_n<u_n<\frac{3}{2}lv_n$$

根据比较审敛法及上一节级数的性质 1,即得所要证的结论.

(2) 当$l=0$时,取$\varepsilon=1$,根据极限的定义,存在某个正整数N,当$n>N$时,有

$$\frac{u_n}{v_n}<1$$

即 $u_n < v_n$，由比较审敛法知，当级数 $\sum_{n=1}^{\infty} v_n$ 收敛时，$\sum_{n=1}^{\infty} u_n$ 也收敛.

(3) 用反证法. 假设 $\sum_{n=1}^{\infty} u_n$ 收敛，由 $\lim_{n\to\infty}\frac{u_n}{v_n}=+\infty$ 得 $\lim_{n\to\infty}\frac{v_n}{u_n}=0$，利用(2)结论可知，$\sum_{n=1}^{\infty} v_n$ 收敛，这与所给条件 $\sum_{n=1}^{\infty} v_n$ 发散矛盾，所以 $\sum_{n=1}^{\infty} u_n$ 必发散.

极限形式的比较审敛法，在两个正项级数的一般项均趋于零的情况下，其实是比较它们的一般项作为无穷小量的阶. 定理 3 表明，当 $n\to\infty$ 时，如果 u_n 是与 v_n 同阶或是比 v_n 高阶的无穷小，而级数 $\sum_{n=1}^{\infty} v_n$ 收敛，那么级数 $\sum_{n=1}^{\infty} u_n$ 收敛；如果 u_n 是与 v_n 同阶或是比 v_n 低阶的无穷小，而级数 $\sum_{n=1}^{\infty} v_n$ 发散，那么级数 $\sum_{n=1}^{\infty} u_n$ 也发散.

例 4 判定级数 $\sum_{n=1}^{\infty}\left(1-\cos\frac{1}{n}\right)$ 的敛散性.

解 当 $n\to\infty$ 时，一般项 $1-\cos\frac{1}{n}$ 为无穷小，且与 $\frac{1}{2n^2}$ 是等价无穷小，即

$$\lim_{n\to\infty}\left(1-\cos\frac{1}{n}\right)\Big/\frac{1}{2n^2}=1$$

而级数 $\sum_{n=1}^{\infty}\frac{1}{n^2}$ 是 $p=2$ 的收敛的 p 级数，因此由极限形式的比较审敛法，原级数也收敛.

以等比级数作为比较的基准级数，可得如下使用起来比较方便的比值审敛法和根值审敛法.

定理 4(比值审敛法，达朗贝尔判别法) 设 $\sum_{n=1}^{\infty} u_n$ 为正项级数，且 $\lim_{n\to\infty}\frac{u_{n+1}}{u_n}=\rho$，则

(1) 当 $\rho<1$ 时，级数 $\sum_{n=1}^{\infty} u_n$ 收敛；

(2) 当 $1<\rho<+\infty$ 时，级数 $\sum_{n=1}^{\infty} u_n$ 发散；

(3) 当 $\rho=1$ 时，级数可能收敛也可能发散.

证明 (1) 当 $\rho<1$ 时，取一个适当小的正数 ε，使得 $\rho+\varepsilon=r<1$. 根据极限定义，存在正整数 m，当 $n\geqslant m$ 时有不等式

$$\frac{u_{n+1}}{u_n}<\rho+\varepsilon=r$$

因此

$$u_{n+1}<ru_n,\ u_{n+2}<ru_{n+1}<r^2u_n,\ u_{n+3}<ru_{n+2}<r^3u_n,\cdots$$

这样，级数

$$u_{n+1}+u_{n+2}+u_{n+3}+\cdots$$

的各项就小于收敛的等比级数(公比 $r<1$)

$$ru_n+r^2u_n+r^3u_n+\cdots$$

的对应项,由比较审敛法可知级数 $\sum\limits_{n=1}^{\infty}u_n$ 收敛.

(2) 当 $\rho>1$ 时,取一个适当小的正数 ε,使得 $\rho-\varepsilon>1$. 根据极限定义,存在正整数 k, 当 $n\geqslant k$ 时有不等式

$$\frac{u_{n+1}}{u_n}>\rho-\varepsilon>1$$

即

$$u_{n+1}>u_n$$

这就是说,当 $n\geqslant k$ 时,级数的一般项 u_n 是逐渐增大的,从而 $\lim\limits_{n\to\infty}u_n\neq 0$. 根据级数收敛的必要条件,可知级数 $\sum\limits_{n=1}^{\infty}u_n$ 发散.

类似地,可以证明:当 $\lim\limits_{n\to\infty}\dfrac{u_{n+1}}{u_n}=+\infty$ 时,级数是发散的.

(3) 当 $\rho=1$ 时,级数可能收敛也可能发散,其敛散性另行判定. 以 p 级数为例,无论取什么数,都有 $\lim\limits_{n\to\infty}\dfrac{u_{n+1}}{u_n}=\lim\limits_{n\to\infty}\dfrac{n^p}{(n+1)^p}=1$,但当 $p>1$ 时,$\sum\limits_{n=1}^{\infty}\dfrac{1}{n^p}$ 收敛;$p\leqslant 1$ 时,$\sum\limits_{n=1}^{\infty}\dfrac{1}{n^p}$ 发散. 因此,当 $\rho=1$ 时,级数可能收敛也可能发散.

例 5 判定级数 $\sum\limits_{n=1}^{\infty}\dfrac{n!}{10^n}$ 的敛散性.

解 由 $\dfrac{u_{n+1}}{u_n}=\dfrac{(n+1)!}{10^{n+1}}\cdot\dfrac{10^n}{n!}=\dfrac{n+1}{10}\to+\infty(n\to\infty)$,根据比值审敛法,可知所给级数发散.

例 6 判定级数 $\sum\limits_{n=1}^{\infty}n^2\sin\dfrac{\pi}{2^n}$ 的敛散性.

解 由

$$\frac{u_{n+1}}{u_n}=(n+1)^2\sin\frac{\pi}{2^{n+1}}\Big/\left(n^2\sin\frac{\pi}{2^n}\right)$$

$$=\left(\frac{n+1}{n}\right)^2\cdot\frac{\sin\dfrac{\pi}{2^{n+2}}}{\dfrac{\pi}{2^{n+2}}}\cdot\frac{\dfrac{\pi}{2^n}}{\sin\dfrac{\pi}{2^n}}\cdot\frac{2^n}{2^{n+1}}\to\frac{1}{2}\quad(n\to\infty)$$

根据比值审敛法,可得出所给级数收敛.

例 7　利用级数收敛的必要条件证明：$\lim\limits_{n\to\infty}\frac{n!}{n^n}=0$.

证明　记 $u_n=\frac{n!}{n^n}$，作级数 $\sum\limits_{n=1}^{\infty}u_n$. 由于

$$\frac{u_{n+1}}{u_n}=\frac{(n+1)!}{(n+1)^{n+1}}\cdot\frac{n^n}{n!}=\frac{n^n}{(n+1)^n}=\frac{1}{\left(1+\frac{1}{n}\right)^n}$$

故

$$\lim_{n\to\infty}\frac{u_{n+1}}{u_n}=\frac{1}{\lim\limits_{n\to\infty}\left(1+\frac{1}{n}\right)^n}=\frac{1}{\mathrm{e}}<1$$

根据比值审敛法知级数 $\sum\limits_{n=1}^{\infty}u_n$ 收敛. 于是级数的一般项必趋于零，即

$$\lim_{n\to\infty}u_n=\lim_{n\to\infty}\frac{n!}{n^n}=0$$

定理 5（根值审敛法，柯西判别法）　设 $\sum\limits_{n=1}^{\infty}u_n$ 为正项级数，如果 $\lim\limits_{n\to\infty}\sqrt[n]{u_n}=\rho$，那么

(1) 当 $\rho<1$ 时，级数 $\sum\limits_{n=1}^{\infty}u_n$ 收敛；

(2) 当 $1<\rho<+\infty$ 时，级数 $\sum\limits_{n=1}^{\infty}u_n$ 发散；

(3) 当 $\rho=1$ 时，级数可能收敛也可能发散.

根值审敛法的证明思路与比值审敛法的证明思路一致，请读者自己完成.

例 8　判别级数 $\sum\limits_{n=1}^{\infty}\left(\frac{n}{2n+1}\right)^n$ 的敛散性.

解　由于

$$\lim_{n\to\infty}\sqrt[n]{u_n}=\lim_{n\to\infty}\sqrt[n]{\left(\frac{n}{2n+1}\right)^n}=\lim_{n\to\infty}\frac{n}{2n+1}=\frac{1}{2}(<1)$$

根据根值审敛法知所给级数收敛.

习题 12-2

1. 用比较审敛法判别下列级数的敛散性.

(1) $\sum\limits_{n=1}^{\infty}\frac{1}{2n-1}$；　　(2) $\sum\limits_{n=1}^{\infty}\frac{1}{2^n-1}$；

(3) $\sum\limits_{n=1}^{\infty}\frac{1}{1+a^n}(a>0)$；　　(4) $\sum\limits_{n=1}^{\infty}\frac{1+n}{1+n^2}$.

2. 用比值审敛法判别下列级数的敛散性.

(1) $\sum_{n=1}^{\infty} \frac{n^2}{3^n}$;　　(2) $\sum_{n=1}^{\infty} \frac{n!}{3^n}$;

(3) $\sum_{n=1}^{\infty} \frac{2^n n!}{n^n}$;　　(4) $\sum_{n=2}^{\infty} \frac{a^n}{\ln n}(a > 0)$.

3. 用根值审敛法判别下列级数的敛散性.

(1) $\sum_{n=1}^{\infty} \frac{n+2}{n3^n}$;　　(2) $\sum_{n=2}^{\infty} \frac{1}{(\ln n)^n}$;

(3) $\sum_{n=1}^{\infty} \left(\frac{n}{2n-1}\right)^{2n}$;　　(4) $\sum_{n=1}^{\infty} \left(2n\tan\frac{1}{n}\right)^{\frac{n}{2}}$.

4. 用适当方法判别下列级数的敛散性.

(1) $\sum_{n=1}^{\infty} \sqrt{n}\left(1-\cos\frac{\pi}{n}\right)$;

(2) $\sum_{n=1}^{\infty} \frac{n^p}{n!}$;

(3) $\sum_{n=1}^{\infty} 2^n \sin\frac{\pi}{3^n}$;

(4) $\frac{1}{a+b}+\frac{1}{2a+b}+\cdots+\frac{1}{na+b}+\cdots(a>0,b>0)$.

12.3 交错级数及其审敛法

12.3.1 交错级数的定义

定义 1 形如

$$u_1 - u_2 + u_3 - u_4 + \cdots \tag{12-6}$$

或

$$-u_1 + u_2 - u_3 + u_4 - \cdots \tag{12-7}$$

的级数称为交错级数. 其中,$u_1, u_2, \cdots$ 都是正数,也可以记作

$$\sum_{n=1}^{\infty} (-1)^{n-1} u_n \text{ 或 } \sum_{n=1}^{\infty} (-1)^n u_n$$

特别说明:由于交错级数(12-7)的各项乘 -1 后就变成级数(12-6)的形式,且不改变敛散性,因此,我们只需讨论级数(12-6)的敛散性即可.

12.3.2 交错级数的审敛法则

定理 1(交错级数审敛法,莱布尼茨定理) 如果交错级数(12-6)满足条件:

(1)$u_n \geqslant u_{n+1}(n=1,2,3,\cdots)$;

(2)$\lim\limits_{n\to\infty} u_n=0$,

则级数(12-6)收敛,其和 s 非负且 $s\leqslant u_1$,其余项 r_n 的绝对值 $|r_n|\leqslant u_{n+1}$.

证明 先证明前 $2m$ 项的和的极限 $\lim\limits_{m\to\infty} s_{2m}$ 存在. 为此把 s_{2m} 写成如下两种形式:

$$s_{2m}=(u_1-u_2)+(u_3-u_4)+\cdots+(u_{2m-1}-u_{2m})$$

及

$$s_{2m}=u_1-(u_2-u_3)-(u_4-u_5)-\cdots-(u_{2m-2}-u_{2m-1})-u_{2m}$$

根据条件(1)知所有括弧中的差都是非负的. 由第一种形式可见 $s_{2m}\geqslant 0$ 且随 m 的增大而增大;由第二种形式可见 $s_{2m}<u_1$. 于是,根据单调有界数列必有极限的准则知道,数列 s_{2m} 存在极限 s,并且 s 不大于 u_1,即

$$\lim_{m\to\infty} s_{2m}=s\leqslant u_1$$

又由于 $s_{2m}\geqslant 0$,因此 $s\geqslant 0$.

再证明前 $2m+1$ 项的和的极限 $\lim\limits_{m\to\infty} s_{2m+1}=s$. 事实上,我们有

$$s_{2m+1}=s_{2m}+u_{2m+1}$$

由条件(2)知 $\lim\limits_{m\to\infty} u_{2m+1}=0$,因此

$$\lim_{m\to\infty} s_{2m+1}=\lim_{m\to\infty}(s_{2m}+u_{2m+1})=s$$

由 $\lim\limits_{m\to\infty} s_{2m}=\lim\limits_{m\to\infty} s_{2m+1}=s$,即得 $\lim\limits_{n\to\infty} s_n=s$,亦即级数(12-6)收敛于和 s,且 $0\leqslant s\leqslant u_1$. 最后,不难看出余项 r_n 可以写成

$$r_n=\pm(u_{n+1}-u_{n+2}+\cdots)$$

上式右端括弧内是一个与级数(12-6)同一类型的交错级数,且满足收敛的两个条件,因此其和 σ 非负且不超过级数的第一项,于是

$$|r_n|=\sigma\leqslant u_{n+1}$$

证毕.

例 1 判定交错级数 $\sum\limits_{n=1}^{\infty}(-1)^{n-1}\dfrac{1}{n}$ 的敛散性.

解 $u_n=\dfrac{1}{n}$ 满足 $u_n>u_{n+1}(n\in \mathbf{Z}^+)$ 及 $\lim\limits_{n\to\infty} u_n=\lim\limits_{n\to\infty}\dfrac{1}{n}=0$,根据交错级数审敛法知所给级数收敛.

例 2 判定级数 $\sum_{n=2}^{\infty}(-1)^n\frac{\ln n}{n}$ 的敛散性.

解 这是一个交错级数. 令 $f(x)=\frac{\ln x}{x}(x\geqslant 2)$, $a_n=f(n)=\frac{\ln n}{n}$. 由于

$$f'(x)=\frac{\frac{1}{x}\cdot x-\ln x}{x^2}=\frac{1-\ln x}{x^2}$$

故当 $x>\mathrm{e}$ 时, $f'(x)<0$, 因此 $f(x)$ 单调减少. 从而当 $n\geqslant 3$ 时, $a_n=f(n)$ 单调减少, 又

$$\lim_{n\to\infty}a_n=\lim_{n\to\infty}f(n)=0$$

于是, 根据莱布尼茨判别法知所给级数是收敛的.

12.3.3 绝对收敛与条件收敛

前面讨论的正项级数、交错级数都是形式比较特殊的级数. 下面讨论一般形式的级数:

$$u_1+u_2+\cdots+u_n+\cdots \tag{12-8}$$

其中 $u_n(n=1,2,\cdots)$ 可以任意地取正数、负数或零. 取级数(12-8)各项的绝对值可组成正项级数

$$|u_1|+|u_2|+\cdots+|u_n|+\cdots \tag{12-9}$$

定义 2 给定级数 $\sum_{n=1}^{\infty}u_n$, 当级数 $\sum_{n=1}^{\infty}|u_n|$ 收敛时, 称级数 $\sum_{n=1}^{\infty}u_n$ 绝对收敛. 如果级数 $\sum_{n=1}^{\infty}u_n$ 收敛, 而它的各项取绝对值所成的级数 $\sum_{n=1}^{\infty}|u_n|$ 发散, 那么称级数 $\sum_{n=1}^{\infty}u_n$ 是条件收敛的.

下面的定理说明了级数的绝对收敛与条件收敛之间的关系.

定理 2 绝对收敛的级数必然收敛, 但收敛的级数未必绝对收敛.

证明 设级数 $\sum_{n=1}^{\infty}|u_n|$ 收敛. 令

$$v_n=\frac{1}{2}(u_n+|u_n|)\quad(n=1,2,\cdots)$$

显然 $v_n\geqslant 0$, 并且 $v_n\leqslant|u_n|$, 也就是说 v_n 都不大于级数 $\sum_{n=1}^{\infty}|u_n|$ 的对应项, 于是由比较审敛法知, 正项级数 $\sum_{n=1}^{\infty}v_n$ 收敛, 从而 $\sum_{n=1}^{\infty}2v_n$ 也收敛. 而由

$$u_n = 2v_n - |u_n|$$

知级数 $\sum_{n=1}^{\infty} u_n$ 是由两个收敛级数逐项相减而成的：

$$\sum_{n=1}^{\infty} u_n = \sum_{n=1}^{\infty} (2v_n - |u_n|)$$

因此，根据级数的基本性质，可知级数 $\sum_{n=1}^{\infty} u_n$ 收敛.

例 3　证明：级数 $\sum_{n=1}^{\infty} \frac{\sin n\alpha}{n^4}$ 绝对收敛.

证明　因为 $\left|\frac{\sin n\alpha}{n^4}\right| \leqslant \frac{1}{n^4}$，而级数 $\sum_{n=1}^{\infty} \frac{1}{n^4}$ 是收敛的，所以级数 $\sum_{n=1}^{\infty} \left|\frac{\sin n\alpha}{n^4}\right|$ 也是收敛的，即所给级数绝对收敛.

定理 2 表明，绝对收敛的级数都是收敛的，但并不是每个收敛级数都是绝对收敛的. 这就是说，绝对收敛是级数收敛的充分条件但非必要条件. 例如，级数

$$1 - \frac{1}{2} + \frac{1}{3} - \cdots + (-1)^{n-1} \frac{1}{n} + \cdots$$

是收敛的，但是各项取绝对值所成的级数

$$1 + \frac{1}{2} + \frac{1}{3} + \cdots + \frac{1}{n} + \cdots$$

却是发散的.

例 4　判定级数 $\sum_{n=1}^{\infty} (-1)^n \frac{1}{2^n} \left(1 + \frac{1}{n}\right)^{n^2}$ 的敛散性.

解　这是一个交错级数. 记 $u_n = \frac{1}{2^n} \left(1 + \frac{1}{n}\right)^{n^2}$，有

$$\sqrt[n]{u_n} = \frac{1}{2} \left(1 + \frac{1}{n}\right)^n \to \frac{1}{2} \mathrm{e} \quad (n \to \infty)$$

而 $\frac{1}{2}\mathrm{e} > 1$，根据级数收敛的必要条件，可知所给级数发散.

一般来说，如果级数 $\sum_{n=1}^{\infty} |u_n|$ 发散，并不能判定级数 $\sum_{n=1}^{\infty} u_n$ 发散. 但是，如果用正项级数的比值审敛法或根值审敛法判定级数 $\sum_{n=1}^{\infty} |u_n|$ 发散，则可判定原级数 $\sum_{n=1}^{\infty} u_n$ 也发散. 这就是下面的定理.

定理 3　若级数 $\sum_{n=1}^{\infty} u_n$ 满足

$$\lim_{n\to\infty}\left|\frac{u_{n+1}}{u_n}\right|=\rho$$

则

(1) 当 $\rho<1$ 时,级数 $\sum\limits_{n=1}^{\infty}u_n$ 绝对收敛;

(2) 当 $\rho>1$(或 $\lim\limits_{n\to\infty}\left|\frac{u_{n+1}}{u_n}\right|=+\infty$) 时,级数 $\sum\limits_{n=1}^{\infty}u_n$ 发散;

(3) 当 $\rho=1$ 时,级数 $\sum\limits_{n=1}^{\infty}u_n$ 可能绝对收敛,可能条件收敛,也可能发散.

证明 (1) 当 $\rho<1$ 时,正项级数 $\sum\limits_{n=1}^{\infty}|u_n|$ 收敛,即级数 $\sum\limits_{n=1}^{\infty}u_n$ 绝对收敛.

(2) 当 $\rho>1\left(\text{或}\lim\limits_{n\to\infty}\left|\frac{u_{n+1}}{u_n}\right|=+\infty\right)$ 时,由比值审敛法的证明知 $|u_n|$ 不趋于零,从而 u_n 也不趋于零. 根据级数收敛的必要条件可知级数 $\sum\limits_{n=1}^{\infty}u_n$ 发散.

(3) 当 $\rho=1$ 时,级数 $\sum\limits_{n=1}^{\infty}u_n$ 可能绝对收敛,可能条件收敛,也可能发散. 例如下面三个级数:

$$\sum_{n=1}^{\infty}\frac{(-1)^{n-1}}{n^2},\ \sum_{n=1}^{\infty}\frac{(-1)^{n-1}}{n}\ \text{和}\ \sum_{n=1}^{\infty}(-1)^{n-1}$$

都满足 $\lim\limits_{n\to\infty}\left|\frac{u_{n+1}}{u_n}\right|=1$,但第一个级数绝对收敛,第二个级数条件收敛,第三个级数发散.

习题 12-3

下列级数是否收敛? 如果是收敛的,判定是绝对收敛还是条件收敛.

(1) $\sum\limits_{n=1}^{\infty}(-1)^{n-1}\frac{1}{\sqrt{n}}$;

(2) $\sum\limits_{n=2}^{\infty}\frac{(-1)^n}{\ln n}$;

(3) $\sum\limits_{n=1}^{\infty}(-1)^{n+1}\frac{1}{n^2+1}$;

(4) $\sum\limits_{n=1}^{\infty}(-1)^{n-1}\frac{2}{n+1}$;

(5) $\sum\limits_{n=1}^{\infty}(-1)^{n-1}\frac{n}{3^{n-1}}$;

(6) $\sum\limits_{n=1}^{\infty}(-1)^{n-1}\frac{1}{3\cdot 2^n}$;

(7) $\sum\limits_{n=1}^{\infty}(-1)^{n-1}\frac{1}{\ln(n+1)}$;

(8) $\sum\limits_{n=1}^{\infty}(-1)^{n+1}\frac{2^{n^2}}{n!}$.

12.4 幂级数

12.4.1 函数项级数的一般概念

前面我们讨论了常数项级数的部分基本理论，现在我们将讨论应用更为广泛的函数项级数.

定义 设给定一个定义在区间 I 上的函数列

$$u_1(x), u_2(x), u_3(x), \cdots, u_n(x), \cdots$$

则式子

$$u_1(x)+u_2(x)+u_3(x)+\cdots+u_n(x)+\cdots \tag{12-10}$$

叫作定义在区间 I 上的（函数项）无穷级数，简称（函数项）级数. 式(12-10)也记为 $\sum_{n=1}^{\infty} u_n(x)$.

例如

$$\sum_{n=1}^{\infty} x^{n-1} = 1+x+x^2+\cdots+x^n+\cdots \tag{12-11}$$

及

$$a_0+\sum_{n=1}^{\infty} a_n \cos nx = a_0+a_1\cos x+a_2\cos 2x+\cdots+a_n\cos nx+\cdots \tag{12-12}$$

都是定义在区间 $(-\infty,+\infty)$ 上的函数项级数.

级数(12-11)是以变量 x 为公比的几何级数. 易知，当 $|x|<1$ 时，这个级数收敛，其和是 $\frac{1}{1-x}$；当 $|x|\geqslant 1$ 时，这个级数发散.

对于区间 I 上的每一点 x_0，级数(12-10)成为一个常数项级数

$$u_1(x_0)+u_2(x_0)+u_3(x_0)+\cdots+u_n(x_0)+\cdots \tag{12-13}$$

级数(12-13)可能收敛也可能发散. 如果级数(12-13)收敛，就称点 x_0 是函数项级数(12-10)的收敛点. 如果级数(12-13)发散，就称点 x_0 是函数项级数(12-10)的发散点. 级数(12-10)的全体收敛点所组成的集合称为它的收敛域，全体发散点所组成的集合称为它的发散域. 例如，级数(12-11)的收敛域是开区间 $(-1,1)$，发散域是 $(-\infty,-1]\cup[1,+\infty)$.

设级数(12-10)的收敛域为 C，则对应于任一 $x\in C$，级数(12-10)成为一个收敛的常数项级数，因而有确定的和 s. 这样，在收敛域 C 上，级数(12-10)的和是 x 的函数 $s(x)$.

通常称 $s(x)$ 为函数项级数(12-10)的和函数,它的定义域就是级数的收敛域 C,并记作

$$s(x)=\sum_{n=1}^{\infty}u_n(x),x\in C$$

例如,级数(12-11)的和函数为

$$s(x)=\frac{1}{1-x},x\in(-1,1)$$

把函数项级数(12-10)的前 n 项的部分和记作 $s_n(x)$,则在收敛域 C 上有

$$\lim_{n\to\infty}s_n(x)=s(x)$$

在收敛域 C 上,我们把 $r_n(x)=s(x)-s_n(x)$ 叫作函数项级数的余项,显然

$$\lim_{n\to\infty}r_n(x)=0$$

下面我们只讨论各项都是幂函数的函数项级数,即所谓幂级数.

·思考· $x=2$ 是否为函数项级数 $\sum_{n=1}^{\infty}\frac{1}{1-x}x^n$ 的收敛点?为什么?

12.4.2 幂级数及其收敛区间

函数项级数中简单而常见的一类级数就是幂级数,它的形式是

$$\sum_{n=0}^{\infty}a_nx^n=a_0+a_1x+a_2x^2+\cdots+a_nx^n+\cdots \tag{12-14}$$

其中常数 $a_0,a_1,a_2,\cdots,a_n,\cdots$ 叫作幂级数的系数.

下面讨论幂级数的敛散性问题.首先注意到,幂级数(12-14)在 $x=0$ 处必定是收敛的,其和为首项 a_0,现在问:如果幂级数(12-14)不仅在 $x=0$ 这一点处收敛,那么,它的收敛域与发散域是怎样的?即 x 取数轴上哪些点时幂级数收敛,取哪些点时幂级数发散?

前面已经讨论过幂级数(12-11)的敛散性.这个幂级数的收敛域是开区间 $(-1,1)$,发散域是 $(-\infty,-1]\cup[1,+\infty)$,在开区间 $(-1,1)$ 内,其和函数为 $\frac{1}{1-x}$,即

$$\frac{1}{1-x}=1+x+x^2+\cdots+x^n+\cdots,\quad(-1<x<1)$$

注意到,这个幂级数的收敛域是一个区间.下面的定理表明,如果幂级数 $\sum_{n=0}^{\infty}a_nx^n$ 不仅在 $x=0$ 这一点处收敛,那么它的收敛域必定是一个区间.

定理 1 幂级数 $\sum_{n=0}^{\infty}a_nx^n$ 的敛散性必为下述三种情形之一:

(1) 仅在 $x=0$ 处收敛;

(2) 在 $(-\infty,+\infty)$ 内绝对收敛;

(3) 存在确定的正数 R，当 $|x|<R$ 时，绝对收敛，当 $|x|>R$ 时，发散.

这个定理我们不予证明.

定理1所列情形(3)中的正数 R 称为幂级数 $\sum_{n=0}^{\infty}a_nx^n$ 的收敛半径，$(-R,R)$ 称为收敛区间. 在情形(1)，规定收敛半径 $R=0$，这时没有收敛区间，收敛域为一个点 $x=0$；在情形(2)，规定收敛半径为 $R=+\infty$，收敛区间就是收敛域 $(-\infty,+\infty)$.

如果求得幂级数的收敛半径 $R>0$，即得收敛区间 $(-R,R)$，剩下只需讨论它在 $x=-R$ 及 $x=R$ 两点处的敛散性. 确定了这两点处的敛散性，即可知幂级数 $\sum_{n=0}^{\infty}a_nx^n$ 的收敛域. 共有四种情形：$(-R,R)$，$[-R,R)$，$(-R,R]$ 或 $[-R,R]$. 所以幂级数 $\sum_{n=0}^{\infty}a_nx^n$ 的收敛域在数轴上必为一个以原点为中心的区间.

如何确定幂级数的收敛半径？ 可以借助下面的定理：

定理2　设幂级数 $\sum_{n=0}^{\infty}a_nx^n$ 的系数满足

$$\lim_{n\to\infty}\left|\frac{a_{n+1}}{a_n}\right|=\rho \quad (\rho\text{ 为常数或 }+\infty)$$

那么，对于它的收敛半径 R 可分为如下三种情形：

(1) 当 $0<\rho<+\infty$ 时，则 $R=\dfrac{1}{\rho}$；

(2) 当 $\rho=0$ 时，则 $R=+\infty$；

(3) 当 $\rho=+\infty$ 时，则 $R=0$.

证明　幂级数 $\sum_{n=0}^{\infty}a_nx^n$ 的后项与前项之比的绝对值为

(1) 若 $\lim\limits_{n\to\infty}\left|\dfrac{a_{n+1}}{a_n}\right|=\rho\neq 0$，则由上节定理3可知，当 $\rho|x|<1$，即 $|x|<\dfrac{1}{\rho}$ 时，级数 $\sum_{n=0}^{\infty}a_nx^n$ 绝对收敛；当 $\rho|x|>1$，即 $|x|>\dfrac{1}{\rho}$ 时，级数 $\sum_{n=0}^{\infty}a_nx^n$ 发散，所以 $R=\dfrac{1}{\rho}$；

(2) 若 $\lim\limits_{n\to\infty}\left|\dfrac{a_{n+1}}{a_n}\right|=0$，则对任何 x，有 $\lim\limits_{n\to\infty}\left|\dfrac{a_{n+1}}{a_n}\right||x|=0<1$，即知对任何 x，级数 $\sum_{n=0}^{\infty}a_nx^n$ 均绝对收敛，所以 $R=+\infty$；

(3) 若 $\lim\limits_{n\to\infty}\left|\dfrac{a_{n+1}}{a_n}\right|=+\infty$，则对任何 $x\neq 0$，有 $\lim\limits_{n\to\infty}\left|\dfrac{a_{n+1}}{a_n}\right||x|=+\infty$，即知对任何 $x\neq 0$，级数 $\sum_{n=0}^{\infty}a_nx^n$ 均发散；而当 $x=0$ 时，级数 $\sum_{n=0}^{\infty}a_nx^n$ 显然收敛. 即级数 $\sum_{n=0}^{\infty}a_nx^n$ 仅

在点 $x=0$ 处收敛，所以 $R=0$.

例 1 求幂级数

$$x-\frac{x^2}{2}+\frac{x^3}{3}-\cdots+(-1)^{n-1}\frac{x^n}{n}+\cdots$$

的收敛半径和收敛区间.

解 因为

$$\rho=\lim_{n\to\infty}\left|\frac{a_{n+1}}{a_n}\right|=\lim_{n\to\infty}\frac{\frac{1}{n+1}}{\frac{1}{n}}=1$$

所以收敛半径

$$R=\frac{1}{\rho}=1$$

于是收敛区间为$(-1,1)$.

例 2 求幂级数

$$1+x+\frac{1}{2!}x^2+\cdots+\frac{1}{n!}x^n+\cdots$$

的收敛区间.

解 因为

$$\rho=\lim_{n\to\infty}\left|\frac{a_{n+1}}{a_n}\right|=\lim_{n\to\infty}\frac{\frac{1}{(n+1)!}}{\frac{1}{n!}}=\lim_{n\to\infty}\frac{1}{n+1}=0$$

所以收敛半径 $R=+\infty$，从而收敛区间是$(-\infty,+\infty)$.

例 3 求幂级数 $\sum\limits_{n=0}^{\infty}n!\ (x-1)^n$ 的收敛半径.（规定：$0!\ =1$）

解 令 $t=x-1$，则所给幂级数成为 $\sum\limits_{n=0}^{\infty}n!\ t^n$. 因为

$$\rho=\lim_{n\to\infty}\left|\frac{a_{n+1}}{a_n}\right|=\lim_{n\to\infty}\frac{(n+1)!}{n!}=\lim_{n\to\infty}(n+1)=+\infty$$

所以收敛半径 $R=0$，从而级数仅在 $t=0$ 即 $x=1$ 处收敛.

例 4 求幂级数 $\sum\limits_{n=1}^{\infty}\frac{(2n)!}{(n!\ )^2}\left(x+\frac{1}{2}\right)^{2n}$ 的收敛半径和收敛区间.

解 级数中没有奇次幂的项即奇次幂项的系数为零，因此，定理 2 不能直接应用. 我们直接根据比值审敛法来求收敛半径.

$$\lim_{n\to\infty}\left|\frac{u_{n+1}}{u_n}\right|=\lim_{n\to\infty}\frac{[2(n+1)]!}{[(n+1)!]^2}\left(x+\frac{1}{2}\right)^{2(n+1)}\Big/\left[\frac{(2n)!}{(n!)^2}\left(x+\frac{1}{2}\right)^{2n}\right]$$

$$=4\left|x+\frac{1}{2}\right|^2,$$

当 $4\left|x+\frac{1}{2}\right|^2<1$ 即 $\left|x+\frac{1}{2}\right|<\frac{1}{2}$ 时,级数收敛;

当 $4\left|x+\frac{1}{2}\right|^2>1$ 即 $\left|x+\frac{1}{2}\right|>\frac{1}{2}$ 时,级数发散,

所以收敛半径 $R=\frac{1}{2}$,收敛区间 $(-1,0)$.

12.4.3　幂级数的运算

设幂级数

$$\sum_{n=0}^{\infty}a_nx^n=a_0+a_1x+a_2x^2+\cdots+a_nx^n+\cdots$$

及

$$\sum_{n=0}^{\infty}b_nx^n=b_0+b_1x+b_2x^2+\cdots+b_nx^n+\cdots$$

的收敛区间分别为 $(-R_1,R_1)$ 及 $(-R_2,R_2)$,两个幂级数的和函数分别为 $s_1(x)$ 及 $s_2(x)$.

根据无穷级数的基本性质 2,在 $(-R_1,R_1)\cap(-R_2,R_2)$ 内,这两个级数可以逐项相加或相减,即有

$$s_1(x)\pm s_2(x)=(a_0\pm b_0)+(a_1\pm b_1)x+(a_2\pm b_2)x^2+\cdots+(a_n\pm b_n)x^n+\cdots$$

还可证明,在 $(-R_1,R_1)\cap(-R_2,R_2)$ 内,可以仿照多项式的乘法规则,做出两个幂级数的乘积,即

$$\begin{aligned}s_1(x)\cdot s_2(x)=a_0b_0+(a_0b_1+a_1b_0)x+\\(a_0b_2+a_1b_1+a_2b_0)x^2+\cdots+\\(a_0b_n+a_1b_{n-1}+\cdots+a_nb_0)x^n+\cdots\end{aligned}$$

关于幂级数的分析运算,有下面这些重要结论.(证明略)

(1) 幂级数 $\sum\limits_{n=0}^{\infty}a_nx^n$ 的和函数 $s(x)$ 在收敛区间 $(-R,R)$ 内是连续的;

(2) 幂级数 $\sum\limits_{n=0}^{\infty}a_nx^n$ 的和函数 $s(x)$ 在收敛区间 $(-R,R)$ 内是可导的,并且有逐项求导公式

$$s'(x)=\left(\sum_{n=0}^{\infty}a_nx^n\right)'=\sum_{n=0}^{\infty}(a_nx^n)'=\sum_{n=1}^{\infty}na_nx^{n-1}$$

逐项求导后所得的幂级数和原级数有相同的收敛半径 R;

反复应用这个结论可得:幂级数 $\sum_{n=0}^{\infty} a_n x^n$ 的和函数 $s(x)$ 在收敛区间 $(-R,R)$ 内具有任意阶导数.

(3) 幂级数 $\sum_{n=0}^{\infty} a_n x^n$ 的和函数 $s(x)$ 在收敛区间 $(-R,R)$ 内是可积的,并且有逐项积分公式

$$\int_0^x s(x)\mathrm{d}x = \int_0^x \left(\sum_{n=0}^{\infty} a_n x^n\right)\mathrm{d}x = \sum_{n=0}^{\infty}\int_0^x a_n x^n \mathrm{d}x$$

$$= \sum_{n=0}^{\infty} \frac{a_n}{n+1} x^{n+1}$$

例如,已知

$$\frac{1}{1-x} = 1 + x + x^2 + \cdots + x^n + \cdots = \sum_{n=0}^{\infty} x^n \quad (-1 < x < 1)$$

利用结论(2),逐项求导可得

$$\frac{1}{(1-x)^2} = 1 + 2x + \cdots + nx^{n-1} + \cdots = \sum_{n=1}^{\infty} nx^{n-1} \quad (-1 < x < 1)$$

例 5 求幂级数 $\sum_{n=1}^{\infty} \frac{x^n}{n}$ 的收敛区间,并在收敛区间内求其和函数.

解 因为

$$\rho = \lim_{n\to\infty}\left|\frac{a_{n+1}}{a_n}\right| = \lim_{n\to\infty}\frac{\frac{1}{n+1}}{\frac{1}{n}} = 1$$

故此幂级数的收敛半径为 $R = \frac{1}{\rho} = 1$,收敛区间为 $(-1,1)$.

设 $\sum_{n=1}^{\infty} \frac{x^n}{n}$ 的和函数为 $s(x)$,即 $s(x) = \sum_{n=1}^{\infty} \frac{x^n}{n}$,在收敛区间 $(-1,1)$ 内利用和函数的可导性,逐项求导得

$$s'(x) = \sum_{n=1}^{\infty}\left(\frac{x^n}{n}\right)' = \sum_{n=1}^{\infty} x^{n-1} = \frac{1}{1-x}$$

故而积分可得

$$s(x) = -\ln(1-x) + C \quad (C \text{ 为任意常数})$$

显然当 $x=0$ 时,$s(0)=0$,代入上式可解得 $C=0$. 从而有

$$\sum_{n=1}^{\infty} \frac{x^n}{n} = -\ln(1-x) \quad (-1 < x < 1)$$

例 6 求幂级数 $\sum_{n=0}^{\infty}(n+1)x^{2n}$ 的和函数.

解 幂级数中缺少奇数次项,所以我们用正项级数的比值审敛法求收敛半径:

$$\lim_{n\to\infty}\frac{|(n+2)x^{2(n+1)}|}{|(n+1)x^{2n}|}=\lim_{n\to\infty}\frac{n+2}{n+1}|x|^2 \quad (x\neq 0)$$

当 $|x|^2<1$ 即 $|x|<1$ 时,幂级数(绝对)收敛;当 $|x|\geqslant 1$ 时,因幂级数的一般项 $(n+1)x^{2n}$ 不趋于零,故幂级数发散.因此幂级数的收敛域是 $(-1,1)$.

为求得和函数,先令 $x^2=t$,并设

$$s(t)=\sum_{n=0}^{\infty}(n+1)t^n,\quad t\in[0,1)$$

将上式从 0 到 $t(0\leqslant t<1)$ 逐项积分,得

$$\int_0^t s(t)\mathrm{d}t=\sum_{n=0}^{\infty}\int_0^t(n+1)t^n\mathrm{d}t=\sum_{n=0}^{\infty}t^{n+1}=\frac{t}{1-t}$$

再将上式对 t 求导,得

$$s(t)=\frac{1}{(1-t)^2}$$

即

$$\sum_{n=0}^{\infty}(n+1)t^n=\frac{1}{(1-t)^2},\quad t\in[0,1)$$

最后以 x^2 代 t,得

$$\sum_{n=0}^{\infty}(n+1)x^{2n}=\frac{1}{(1-x^2)^2},\quad x\in(-1,1)$$

习题 12-4

1. 求下列幂级数的收敛区间.

(1) $\sum_{n=1}^{\infty}nx^n$;

(2) $\sum_{n=0}^{\infty}\frac{(-1)^n}{(n+1)^2}x^n$;

(3) $\sum_{n=0}^{\infty}\frac{1}{n!}\left(\frac{x}{2}\right)^n$;

(4) $\sum_{n=1}^{\infty}\frac{1}{3^n n}x^n$;

(5) $\sum_{n=1}^{\infty}\frac{1}{\sqrt{n}}(x-5)^n$;

(6) $\sum_{n=0}^{\infty}\frac{(-1)^n}{2n+1}(x-1)^{2n-1}$.

2. 求下列级数在各自收敛域内的和函数.

(1) $\sum_{n=0}^{\infty}nx^n$;

(2) $\sum_{n=0}^{\infty}(2n+1)x^n$;

(3) $\sum_{n=1}^{\infty}(n+2)x^{n+3}$.

12.5 函数展开成幂级数

前面讨论了幂级数的收敛区间及其和函数的性质,但在许多应用中,我们常遇到相反的问题:给定函数 $f(x)$,能否找到一个幂级数,它在某区间内收敛,且其和恰好就是给定的函数 $f(x)$. 如果能找到这样的幂级数,就说,函数 $f(x)$在该区间内可展开成幂级数,或称此幂级数为 $f(x)$在该区间内的幂级数展开式. 本节将解决这一问题.

12.5.1 泰勒级数的概念

我们先假定函数 $f(x)$ 在点 x_0 的某邻域 $U(x_0)$ 内能展开成幂级数,并假设展开式为

$$f(x)=\sum_{n=0}^{\infty}a_n(x-x_0)^n,\quad x\in U(x_0)$$

那么根据和函数的性质,可知 $f(x)$ 在 $U(x_0)$ 内有任意阶导数,并由逐项求导公式,有

$$f^{(k)}(x)=k!\,a_k+(k+1)!\,a_{k+1}(x-x_0)+\cdots$$

于是

$$f^{(k)}(x_0)=k!\,a_k,$$

从而

$$a_k=\frac{1}{k!}f^{(k)}(x_0)\quad(k=0,1,2,\cdots)\tag{12-15}$$

这里 $f^{(0)}(x)$ 表示 $f(x)$. 由此可知,如果 $f(x)$ 能展开成幂级数,则 $f(x)$ 在 x_0 的某个邻域内必定具有任意阶导数,且展开式中的系数由式(12-15) 唯一确定,从而展开式中的幂级数必为

$$\sum_{n=0}^{\infty}\frac{1}{n!}f^{(n)}(x_0)(x-x_0)^n\tag{12-16}$$

我们把幂级数(12-16) 称为函数 $f(x)$ 在点 x_0 处的泰勒级数.

由以上讨论可知,函数 $f(x)$ 在 $U(x_0)$ 内能不能展开成幂级数,就看级数(12-16) 在 $U(x_0)$ 内是否收敛,并收敛于 $f(x)$, 这里我们指出,在 x_0 的任何邻域内,$f(x)$ 的泰勒级数(12-16) 不收敛于 $f(x)$ 的例子是存在的,即存在这样的函数,它虽在某点的邻域内具

有任意阶导数，却不能在该点处展开成幂级数. 但如果 $f(x)$ 是初等函数. 那么级数(12-16) 便是 $f(x)$ 展开所得的幂级数. 这一结论可叙述为下面的定理.

定理(初等函数展开定理)　设 $f(x)$ 为初等函数，且在点 x_0 的邻域 $|x-x_0|<\rho$ 内有任意阶导数，则有

$$f(x)=\sum_{n=0}^{\infty}\frac{1}{n!}f^{(n)}(x_0)(x-x_0)^n,\quad |x-x_0|<R_1 \tag{12-17}$$

其中 $R_1=\min|\rho,R|$，而 R 为式(12-17) 右端泰勒级数的收敛半径. 在端点 $x=x_0\pm R_1$ 处，如果 $f(x)$ 有定义且右端级数也收敛，则式(12-17) 在端点处也成立.

证明略. 幂级数展开式(12-17) 又称为函数 $f(x)$ 的泰勒展开式.

特别地，当 $x_0=0$ 时，式(12-17) 成为

$$f(x)=\sum_{n=0}^{\infty}\frac{1}{n!}f^{(n)}(0)x^n,\quad x\in(-R_1,R_1) \tag{12-18}$$

称为 $f(x)$ 的**麦克劳林展开式**.

12.5.2　函数展开成幂级数的方法

1. 直接展开法

前面我们已经知道：函数 $f(x)$ 能展开成幂级数，则 $f(x)$ 的各阶导数都存在，而且 $f(x)$ 的幂级数展开式就是 $f(x)$ 的泰勒级数. 因此，如果函数 $f(x)$ 的各阶导数都存在，我们可按如下步骤把函数 $f(x)$ 展开成 x 的幂级数：

(1) 求出 $f(x)$ 在 $x=0$ 处的各阶导数 $f(0),f'(0),f''(0),\cdots,f^{(n)}(0),\cdots$，写出 $f(x)$ 的麦克劳林级数：

$$\sum_{n=0}^{\infty}\frac{f^{(n)}(0)}{n!}x^n=f(0)+f'(0)x+\frac{f''(0)}{2!}x^2+\cdots+\frac{f^{(n)}(0)}{n!}x^n+\cdots$$

并求出其收敛半径 R；

(2) 在收敛区间 $(-R,R)$ 内，考察拉格朗日型余项的极限

$$\lim_{n\to\infty}R_n(x)=\lim_{n\to\infty}\frac{f^{(n+1)}(\xi)}{(n+1)!}x^{n+1}\quad(|\xi|<|x|)$$

是否为零，如果极限为零，那么函数在收敛区间 $(-R,R)$ 内的幂级数展开式为

$$f(x)=\sum_{n=0}^{\infty}\frac{f^{(n)}(0)}{n!}x^n,\quad x\in(-R,R)$$

(3) 当 $0<R<+\infty$ 时，考察所求得的幂级数在收敛区间 $(-R,R)$ 的端点 $x=\pm R$ 处的敛散性. 如果幂级数在区间的端点 $x=-R$(或 $x=R$) 处收敛，而且 $f(x)$ 在 $x=-R$ 处右连续(或在 $x=R$ 处左连续)，那么根据幂级数的和函数的连续性，展开式 $f(x)=$

$\sum_{n=0}^{\infty}\frac{f^{(n)}(0)}{n!}x^n$ 对 $x=-R$（或 $x=R$）也成立.

按上述步骤求得函数幂级数展开式的方法叫作直接展开法.

例 1 将函数 $f(x)=\mathrm{e}^x$ 展开成 x 的幂级数.

解 $f(x)=\mathrm{e}^x$ 为初等函数，在$(-\infty,+\infty)$内有任意阶导数

$$f^{(n)}(x)=\mathrm{e}^x \quad (n=1,2,\cdots)$$

因此

$$f^{(n)}(0)=1 \quad (n=0,1,2,\cdots)$$

于是得级数 $\sum_{n=0}^{\infty}\frac{1}{n!}x^n$.

容易求得级数的收敛半径 $R=+\infty$.

对于 $x\in(-\infty,+\infty)$，由于

$$|R_n(x)|=\left|\frac{\mathrm{e}^{\xi}}{(n+1)!}x^{n+1}\right|<\frac{\mathrm{e}^{|x|}|x|^{n+1}}{(n+1)!} \quad (|\xi|<|x|)$$

对固定的 x，$\frac{\mathrm{e}^{|x|}|x|^{n+1}}{(n+1)!}$ 是收敛级数 $\sum_{n=0}^{\infty}\frac{\mathrm{e}^{|x|}|x|^{n+1}}{(n+1)!}$ 的一般项（可用比值审敛法判定该级数是收敛的），故当 $n\to\infty$ 时，$\frac{\mathrm{e}^{|x|}|x|^{n+1}}{(n+1)!}\to 0$，因此 $\lim\limits_{n\to\infty}R_n(x)=0$.

于是，$f(x)=\mathrm{e}^x$ 的展开式为

$$\mathrm{e}^x=1+x+\frac{x^2}{2!}+\cdots+\frac{x^n}{n!}+\cdots,\quad x\in(-\infty,+\infty) \tag{12-19}$$

例 2 将函数 $f(x)=\sin x$ 展开成 x 的幂级数.

解 初等函数 $f(x)=\sin x$ 在$(-\infty,+\infty)$内具有任意阶导数

$$f^{(n)}(x)=\sin\left(x+\frac{n\pi}{2}\right)$$

当 n 取 $0,1,2,3,\cdots$ 时，$f^{(n)}(0)$ 顺次循环地取 $0,1,0,-1,\cdots$，于是得级数

$$x-\frac{1}{3!}x^3+\frac{1}{5!}x^5-\cdots+(-1)^k\frac{1}{(2k+1)!}x^{2k+1}+\cdots$$

此级数的收敛半径 $R=+\infty$.

对于 $x\in(-\infty,+\infty)$，因为

$$|R_n(x)|=\frac{\left|\sin\left[\xi+\frac{(n+1)\pi}{2}\right]\right|}{(n+1)!}|x|^{n+1}\leqslant\frac{|x|^{n+1}}{(n+1)!}\to 0 \quad (n\to\infty)$$

所以得展开式

$$\sin x = x - \frac{x^3}{3!} + \frac{x^5}{5!} - \cdots + (-1)^{n-1}\frac{x^{2n-1}}{(2n-1)!} + \cdots, \quad x \in (-\infty, +\infty)$$

(12-20)

例 3 将函数 $f(x)=(1+x)^m$ 展开成 x 的幂级数.

解 当 m 为正整数时,$f(x)=(1+x)^m$ 是 m 次多项式,其幂级数展开式只含$m+1$ 项.

当 m 不是正整数时,$f(x)=(1+x)^m$ 在$(-1,1)$内有任意阶导数,且

$$f'(x)=m(1+x)^{m-1}$$

$$f''(x)=m(m-1)(1+x)^{m-2}$$

$$\cdots$$

$$f^{(n)}(x)=m(m-1)(m-2)\cdots(m-n+1)(1+x)^{m-n}$$

所以

$$f(0)=1, f'(0)=m, f''(0)=m(m-1), \cdots$$

$$f^{(n)}(0)=m(m-1)\cdots(m-n+1), \cdots$$

于是得级数

$$1+mx+\frac{m(m-1)}{2!}x^2+\cdots+\frac{m(m-1)\cdots(m-n+1)}{n!}x^n+\cdots$$

这级数相邻两项系数之比的绝对值

$$\left|\frac{a_{n+1}}{a_n}\right|=\left|\frac{m-n}{n+1}\right|\to 1 \quad (n\to\infty)$$

因此,这级数在开区间$(-1,1)$内收敛,可知在区间$(-1,1)$内有展开式

$$(1+x)^m=1+mx+\frac{m(m-1)}{2!}x^2+\cdots+\frac{m(m-1)\cdots(m-n+1)}{n!}x^n+\cdots \quad (-1<x<1) \qquad (12\text{-}21)$$

在区间的端点 ± 1 处,展开式是否成立要看 m 的数值而定.

公式(12-21)叫作二项展开式.特殊地,当 m 为正整数时,级数成为 x 的 m 次多项式,这就是代数学中的二项式定理.

对应于 $m=\frac{1}{2}, m=-\frac{1}{2}$ 的二项展开式分别为

$$\sqrt{1+x}=1+\frac{1}{2}x-\frac{1}{2\cdot 4}x^2+\frac{1\cdot 3}{2\cdot 4\cdot 6}x^3-\frac{1\cdot 3\cdot 5}{2\cdot 4\cdot 6\cdot 8}x^4+\cdots, \quad (-1<x\leqslant 1)$$

$$\frac{1}{\sqrt{1+x}}=1-\frac{1}{2}x+\frac{1\cdot 3}{2\cdot 4}x^2-\frac{1\cdot 3\cdot 5}{2\cdot 4\cdot 6}x^3+\frac{1\cdot 3\cdot 5\cdot 7}{2\cdot 4\cdot 6\cdot 8}x^4-\cdots$$

2. 间接展开法

直接展开法中，分析余项 $r_n(x)$ 是否趋于零往往是比较困难的. 为了避免讨论余项的极限 $\lim\limits_{n\to\infty} r_n(x)$，在求函数的幂级数展开式时常采用间接展开法，这种方法就是根据函数幂级数展开式的唯一性，利用一些已知的幂级数展开式，通过幂级数的运算性质（如四则运算、逐项求导、逐项积分）以及变量代换，把所给函数展开成幂级数. 前面我们已经求得的展开式有

$$e^x=\sum_{n=0}^{\infty}\frac{1}{n!}x^n,\quad x\in(-\infty,+\infty) \tag{12-19}$$

$$\sin x=\sum_{n=0}^{\infty}\frac{(-1)^n}{(2n+1)!}x^{2n+1},\quad x\in(-\infty,+\infty) \tag{12-20}$$

$$\frac{1}{1+x}=\sum_{n=0}^{\infty}(-1)^n x^n,\quad x\in(-1,1) \tag{12-22}$$

利用这三个展开式，可以求得许多函数的展开式. 例如，对式(12-22)两边从 0 到 x 积分，可得

$$\ln(1+x)=\sum_{n=0}^{\infty}\frac{(-1)^n}{n+1}x^{n+1}=\sum_{n=1}^{\infty}\frac{(-1)^{n-1}}{n}x^n,\quad x\in(-1,1] \tag{12-23}$$

对式(12-20)两边求导，可得

$$\cos x=\sum_{n=0}^{\infty}\frac{(-1)^n}{(2n)!}x^{2n},\quad x\in(-\infty,+\infty) \tag{12-24}$$

把式(12-19)中的 x 换成 $x\ln a$，可得

$$a^x=e^{x\ln a}=\sum_{n=0}^{\infty}\frac{(\ln a)^n}{n!}x^n,\quad x\in(-\infty,+\infty)$$

把式(12-22)中的 x 换成 x^2，可得

$$\frac{1}{1+x^2}=\sum_{n=0}^{\infty}(-1)^n x^{2n},\quad x\in(-1,1)$$

再对上式两边从 0 到 x 积分，可得

$$\arctan x=\sum_{n=0}^{\infty}\frac{(-1)^n}{2n+1}x^{2n+1},\quad x\in(-1,1)$$

式(12-19)、(12-20)、(12-22)、(12-23)、(12-24)五个展开式是最常用的，记住前三个，后两个也就掌握了.

下面再举几个用间接展开法把函数展开成幂级数的例子.

例 4 把 $f(x)=\dfrac{1}{x^2-5x+6}$ 展开成 x 的幂级数.

解

$$f(x)=\frac{1}{(x-2)(x-3)}=\frac{1}{x-3}-\frac{1}{x-2}$$

$$=\frac{1}{2}\cdot\frac{1}{1-\frac{x}{2}}-\frac{1}{3}\cdot\frac{1}{1-\frac{x}{3}}$$

而

$$\frac{1}{1-\frac{x}{2}}=\sum_{n=0}^{\infty}\left(\frac{x}{2}\right)^{n},\quad |x|<2$$

$$\frac{1}{1-\frac{x}{3}}=\sum_{n=0}^{\infty}\left(\frac{x}{3}\right)^{n},\quad |x|<3$$

因此

$$f(x)=\frac{1}{2}\sum_{n=0}^{\infty}\frac{1}{2^{n}}x^{n}-\frac{1}{3}\sum_{n=0}^{\infty}\frac{1}{3^{n}}x^{n}=\sum_{n=1}^{\infty}\left(\frac{1}{2^{n}}-\frac{1}{3^{n}}\right)x^{n-1},\quad |x|<2$$

例 5　将函数 $\sin x$ 展开成 $\left(x-\frac{\pi}{4}\right)$ 的幂级数.

解　因为

$$\begin{aligned}\sin x&=\sin\left[\frac{\pi}{4}+\left(x-\frac{\pi}{4}\right)\right]\\&=\sin\frac{\pi}{4}\cos\left(x-\frac{\pi}{4}\right)+\cos\frac{\pi}{4}\sin\left(x-\frac{\pi}{4}\right)\\&=\frac{1}{\sqrt{2}}\left[\cos\left(x-\frac{\pi}{4}\right)+\sin\left(x-\frac{\pi}{4}\right)\right]\end{aligned}$$

而

$$\cos\left(x-\frac{\pi}{4}\right)=1-\frac{\left(x-\frac{\pi}{4}\right)^{2}}{2!}+\frac{\left(x-\frac{\pi}{4}\right)^{4}}{4!}-\cdots\quad(-\infty<x<+\infty)$$

$$\sin\left(x-\frac{\pi}{4}\right)=\left(x-\frac{\pi}{4}\right)-\frac{\left(x-\frac{\pi}{4}\right)^{3}}{3!}+\frac{\left(x-\frac{\pi}{4}\right)^{5}}{5!}-\cdots\quad(-\infty<x<+\infty)$$

故

$$\sin x=\frac{1}{\sqrt{2}}\left[1+\left(x-\frac{\pi}{4}\right)-\frac{\left(x-\frac{\pi}{4}\right)^{2}}{2!}-\frac{\left(x-\frac{\pi}{4}\right)^{3}}{3!}+\cdots\right]\quad(-\infty<x<+\infty)$$

习题 12-5

1. 将下列函数展开成 x 的幂级数，并求其收敛区间.

(1) $\ln(a+x)(a>0)$；　　(2) $\frac{1}{2}(e^{x}-e^{-x})$；

(3) $\sin^{2}x$；　　(4) $\arctan x+\frac{1}{2}\ln\frac{1+x}{1-x}$.

2. 将下列函数在指定点 x_0 处展开成 $(x-x_0)$ 的幂级数，并指出展开式成立的区间.

(1) $\dfrac{1}{x^2+3x+2}, x_0=-4$;　　(2) $\lg x, x_0=1$.

3. 将函数 $f(x)=\cos x$ 展开成 $\left(x+\dfrac{\pi}{3}\right)$ 的幂级数.

12.6 函数的幂级数展开式的应用

12.6.1 近似计算

有了函数的幂级数展开式，就可以用它来进行近似计算，即在展开式成立的区间上，可以按照精确度要求，选取幂级数的前若干项的部分和，把函数值近似地计算出来. 利用幂级数不仅可计算一些函数的近似值，而且可计算一些定积分的近似值.

例 1 计算 $\sqrt[5]{240}$ 的近似值，精确到小数点后四位.

解 因为

$$\sqrt[5]{240}=\sqrt[5]{243-3}=3\left(1-\frac{1}{3^4}\right)^{\frac{1}{5}}$$

所以在二项展开式中取 $m=\dfrac{1}{5}, x=-\dfrac{1}{3^4}$，即得

$$\sqrt[5]{240}=3\left(1-\frac{1}{5}\cdot\frac{1}{3^4}-\frac{1\cdot 4}{5^2\cdot 2!}\cdot\frac{1}{3^8}-\frac{1\cdot 4\cdot 9}{5^3\cdot 3!}\cdot\frac{1}{3^{12}}-\cdots\right)$$

可以看到这个级数各项的绝对值减小得很快，或者说，这个级数收敛很快，因此，只需取级数前面少数几项的和作为 $\sqrt[5]{240}$ 的近似值，就可以达到较高的精确度. 取前两项的和作为 $\sqrt[5]{240}$ 的近似值，其误差(也叫作截断误差)为

$$\begin{aligned}|r_2|&=3\left(\frac{1\cdot 4}{5^2\cdot 2!}\cdot\frac{1}{3^8}+\frac{1\cdot 4\cdot 9}{5^3\cdot 3!}\cdot\frac{1}{3^{12}}+\frac{1\cdot 4\cdot 9\cdot 14}{5^4\cdot 4!}\cdot\frac{1}{3^{16}}+\cdots\right)\\&<3\cdot\frac{1\cdot 4}{5^2\cdot 2!}\cdot\frac{1}{3^8}\left[1+\frac{1}{81}+\left(\frac{1}{81}\right)^2+\cdots\right]\\&=\frac{6}{25}\cdot\frac{1}{3^8}\cdot\frac{1}{1-\frac{1}{81}}=\frac{1}{25\cdot 27\cdot 40}<\frac{1}{20\,000}\end{aligned}$$

于是取近似式为

$$\sqrt[5]{240} \approx 3\left(1-\frac{1}{5}\cdot\frac{1}{3^4}\right)$$

为了使四舍五入引起的误差(叫作舍入误差)与截断误差之和不超过 10^{-4}，计算时应取五位小数,再四舍五入,这样最后得

$$\sqrt[5]{240} \approx 3(1-0.002\ 47) \approx 2.992\ 59 \approx 2.992\ 6$$

例 2 计算 ln2 的近似值,要求误差不超过 10^{-4}.

解 根据 $\ln(1+x)$ 的幂级数展开式,令 $x=1$,可得

$$\ln 2=1-\frac{1}{2}+\frac{1}{3}-\cdots+(-1)^{n-1}\frac{1}{n}+\cdots$$

如果取这级数前 n 项的和作为 ln2 的近似值,其误差为

$$|r_n| \leqslant \frac{1}{n+1}$$

为了保证误差不超过 10^{-4}，就需要取级数的前 10 000 项进行计算.这样做计算量太大了,我们设法用收敛较快的级数来代替它.

把展开式

$$\ln(1+x)=x-\frac{x^2}{2}+\frac{x^3}{3}-\frac{x^4}{4}+\cdots \quad (-1<x\leqslant 1)$$

中的 x 换成 $-x$，得

$$\ln(1-x)=-x-\frac{x^2}{2}-\frac{x^3}{3}-\frac{x^4}{4}-\cdots \quad (-1\leqslant x<1)$$

两式相减,得到不含偶次幂的展开式

$$\begin{aligned}\ln\frac{1+x}{1-x}&=\ln(1+x)-\ln(1-x)\\&=2\left(x+\frac{1}{3}x^3+\frac{1}{5}x^5+\cdots\right) \quad (-1<x<1)\end{aligned}$$

令 $\frac{1+x}{1-x}=2$，解出 $x=\frac{1}{3}$. 以 $x=\frac{1}{3}$ 代入上式,得

$$\ln 2=2\left(\frac{1}{3}+\frac{1}{3}\cdot\frac{1}{3^3}+\frac{1}{5}\cdot\frac{1}{3^5}+\frac{1}{7}\cdot\frac{1}{3^7}+\cdots\right)$$

如果取前四项作为 ln2 的近似值,则误差为

$$|r_4|=2\left(\frac{1}{9}\cdot\frac{1}{3^9}+\frac{1}{11}\cdot\frac{1}{3^{11}}+\frac{1}{13}\cdot\frac{1}{3^{13}}+\cdots\right)$$

$$< \frac{2}{3^{11}}\left[1+\frac{1}{9}+\left(\frac{1}{9}\right)^2+\cdots\right]$$

$$= \frac{2}{3^{11}}\cdot\frac{1}{1-\frac{1}{9}}=\frac{1}{4\cdot 3^9}<\frac{1}{70\ 000}$$

于是取

$$\ln 2 \approx 2\left(\frac{1}{3}+\frac{1}{3}\cdot\frac{1}{3^3}+\frac{1}{5}\cdot\frac{1}{3^5}+\frac{1}{7}\cdot\frac{1}{3^7}\right)$$

同样地，考虑到舍入误差，计算时应取五位小数

$$\frac{1}{3}\approx 0.333\ 33,\quad \frac{1}{3}\cdot\frac{1}{3^3}\approx 0.012\ 35$$

$$\frac{1}{5}\cdot\frac{1}{3^5}\approx 0.000\ 82,\quad \frac{1}{7}\cdot\frac{1}{3^7}\approx 0.000\ 07$$

因此得

$$\ln 2\approx 0.693\ 14\approx 0.693\ 1$$

例 3 利用 $\sin x\approx x-\frac{x^3}{3!}$ 计算 $\sin 9^\circ$ 的近似值，并估计误差.

解 首先把角度化成弧度，

$$9^\circ=\frac{\pi}{180^\circ}\times 9^\circ\text{rad}=\frac{\pi}{20}\text{rad},$$

从而

$$\sin\frac{\pi}{20}\approx\frac{\pi}{20}-\frac{1}{3!}\left(\frac{\pi}{20}\right)^3$$

其次估计这个近似值的精确度. 在 $\sin x$ 的幂级数展开式中令 $x=\frac{\pi}{20}$，得

$$\sin\frac{\pi}{20}=\frac{\pi}{20}-\frac{1}{3!}\left(\frac{\pi}{20}\right)^3+\frac{1}{5!}\left(\frac{\pi}{20}\right)^5-\frac{1}{7!}\left(\frac{\pi}{20}\right)^7+\cdots$$

等式右端是一个收敛的交错级数，且各项的绝对值单调减少. 所以取它的前两项之和作为 $\sin\frac{\pi}{20}$ 的近似值时，其误差

$$|r_2|\leqslant\frac{1}{5!}\left(\frac{\pi}{20}\right)^5<\frac{1}{120}\cdot 0.2^5<\frac{1}{300\ 000}$$

因此取

$$\frac{\pi}{20}\approx 0.157\ 080,\quad\left(\frac{\pi}{20}\right)^3\approx 0.003\ 876$$

于是得

$$\sin 9° \approx 0.156\,434 \approx 0.156\,43$$

这时误差不超过 10^{-5}.

例 4 计算定积分 $\frac{2}{\sqrt{\pi}}\int_0^{\frac{1}{2}} e^{-x^2}dx$ 的近似值,精确到 $0.000\,1$. $\left(取\frac{1}{\sqrt{\pi}}\approx 0.564\,19\right)$

解 将 e^x 的幂级数展开式中的 x 换成 $-x^2$,就得到被积函数的幂级数展开式

$$e^{-x^2}=1+\frac{(-x^2)}{1!}+\frac{(-x^2)^2}{2!}+\frac{(-x^2)^3}{3!}+\cdots \quad (-\infty<x<+\infty)$$

于是

$$\begin{aligned}\frac{2}{\sqrt{\pi}}\int_0^{\frac{1}{2}} e^{-x^2}dx &= \frac{2}{\sqrt{\pi}}\int_0^{\frac{1}{2}}\left(1-x^2+\frac{x^4}{2!}-\frac{x^6}{3!}+\cdots\right)dx \\ &= \frac{2}{\sqrt{\pi}}\left[x-\frac{x^3}{3}+\frac{x^5}{5\cdot 2!}-\frac{x^7}{7\cdot 3!}+\cdots\right]_0^{\frac{1}{2}} \\ &= \frac{1}{\sqrt{\pi}}\left(1-\frac{1}{2^2\cdot 3}+\frac{1}{2^4\cdot 5\cdot 2!}-\frac{1}{2^6\cdot 7\cdot 3!}+\cdots\right)\end{aligned}$$

取前四项的和作为近似值,其误差为

$$|r_4| \leqslant \frac{1}{\sqrt{\pi}}\cdot\frac{1}{2^8\cdot 9\cdot 4!}<\frac{1}{90\,000}$$

所以

$$\begin{aligned}\frac{2}{\sqrt{\pi}}\int_0^{\frac{1}{2}} e^{-x^2}dx &\approx \frac{1}{\sqrt{\pi}}\left(1-\frac{1}{2^2\cdot 3}+\frac{1}{2^4\cdot 5\cdot 2!}-\frac{1}{2^6\cdot 7\cdot 3!}\right) \\ &\approx 0.564\,19(1-0.083\,33+0.006\,25-0.000\,37) \\ &\approx 0.520\,49 \approx 0.520\,5\end{aligned}$$

12.6.2 微分方程的幂级数解法

这里,我们简单介绍一阶微分方程和二阶齐次线性微分方程的幂级数解法.

例 5 利用幂级数求解微分方程 $\frac{dy}{dx}=-y-x$ 满足 $y\Big|_{x=0}=2$ 的特解.

解 设微分方程的特解为

$$y=a_0+a_1x+a_2x^2+\cdots+a_nx^n+\cdots$$

由 $y\Big|_{x=0}=2$ 可知,$a_0=2$. 根据 $\frac{dy}{dx}=-y-x$ 可以得到

$$a_1+2a_2x+\cdots+na_nx^{n-1}+\cdots=-2-(a_1+1)x-a_2x^2-\cdots-a_nx^n-\cdots$$

根据上式两端可得

$$a_1=-2,2a_2=-(a_1+1),3a_3=-a_2,\cdots,na_n=-a_{n-1},\cdots$$

解得

$$a_1=-2,a_2=\frac{1}{2},a_3=-\frac{1}{3!},\cdots,a_n=\frac{(-1)^n}{n!}(n>2)$$

于是

$$\begin{aligned}y&=2-2x+\frac{1}{2!}x^2-\frac{1}{3!}x^3+\cdots+(-1)^n\frac{1}{n!}x^n+\cdots\\&=1-x+\left[1-x+\frac{1}{2!}x^2-\frac{1}{3!}x^3+\cdots+(-1)^n\frac{1}{n!}x^n+\cdots\right]\\&=1-x+\mathrm{e}^x\end{aligned}$$

这就是所求的特解.

例 5 给出了一阶线性微分方程的幂级数解法的个例. 那么关于二阶齐次线性微分方程 $y''+P(x)y'+Q(x)y=0$,能否用幂级数来求解呢? 我们先介绍下面的定理.

定理 如果方程 $y''+P(x)y'+Q(x)y=0$ 中的系数 $P(x),Q(x)$ 可在 $-R<x<R$ 内展开为 x 的幂级数,那么在 $-R<x<R$ 内方程 $y''+P(x)y'+Q(x)y=0$ 必有形如 $y=\sum_{n=0}^{\infty}a_nx^n$ 的解.

例 6 求微分方程 $y''+xy=0$ 满足初值条件:$y\big|_{x=0}=0,y'\big|_{x=0}=1$ 的特解.

解 这里 $P(x)=0,Q(x)=-x$ 且在整个数轴上满足定理的条件. 因此所求的解可在整个数轴上展开成 x 的幂级数

$$y=a_0+a_1x+a_2x^2+\cdots+a_nx^n+\cdots=\sum_{n=0}^{\infty}a_nx^n$$

由 $y\big|_{x=0}=0$,得 $a_0=0$. 对级数逐项求导,有

$$y'=a_1+2a_2x+\cdots+na_nx^{n-1}+\cdots=\sum_{n=1}^{\infty}na_nx^{n-1}$$

由 $y'\big|_{x=0}=1$,得 $a_1=1$. 于是所求特解 y 的展开式为

$$y=x+a_2x^2+\cdots+a_nx^n+\cdots=x+\sum_{n=2}^{\infty}a_nx^n$$

进而可得

$$y' = 1 + 2a_2x + \cdots + na_nx^{n-1} + \cdots = 1 + \sum_{n=2}^{\infty} na_nx^{n-1}$$

从而可知

$$y'' = 2a_2 + 3a_3x + \cdots + n(n-1)a_nx^{n-2} + \cdots = \sum_{n=2}^{\infty} n(n-1)a_nx^{n-2}$$

联立公式可得

$$a_2 = 0, a_3 = 0, a_4 = \frac{1}{4 \cdot 3}, a_5 = 0, a_6 = 0, \cdots$$

可归纳为

$$a_{n+2} = \frac{a_{n-1}}{(n+2)(n+1)} \quad (n = 3, 4, \cdots)$$

通过递推可得所求特解为

$$y = x + \frac{x^4}{4 \cdot 3} + \frac{x^7}{7 \cdot 6 \cdot 4 \cdot 3} + \cdots + \frac{x^{3m+1}}{(3m+1) \cdot 3m \cdot \cdots \cdot 4 \cdot 3} + \cdots$$

12.6.3 欧拉公式

我们知道，幂级数在其收敛域上确定了和函数 $s(x)$. 利用这个性质，我们可利用幂级数来定义新的函数，这是幂级数的重要应用之一. 下面利用复变量 z 的幂级数来定义复变量指数函数 e^z，并导出有着广泛应用的欧拉公式.

设 $z_n = u_n + iv_n (n = 1, 2, \cdots)$ 是复数列，那么

$$\sum_{n=1}^{\infty} z_n = z_1 + z_2 + \cdots + z_n + \cdots \tag{12-25}$$

称作复数项级数，简称复级数. 如果实部构成的级数

$$\sum_{n=1}^{\infty} u_n = u_1 + u_2 + \cdots + u_n + \cdots \tag{12-26}$$

收敛于 u，并且虚部构成的级数

$$\sum_{n=1}^{\infty} v_n = v_1 + v_2 + \cdots + v_n + \cdots \tag{12-27}$$

收敛于 v，就说复级数(12-25)收敛，并且收敛于和 $w = u + iv$.

如果级数(12-25)各项的模所构成的正项级数

$$\sum_{n=1}^{\infty} |z_n| = |z_1| + |z_2| + \cdots + |z_n| + \cdots$$

收敛,则称复级数(12-25)绝对收敛.

当级数(12-25)绝对收敛时,由于

$$|u_n|\leqslant|z_n|,\ |v_n|\leqslant|z_n|$$

故级数(12-26)和(12-27)都绝对收敛,从而它们收敛,因此级数(12-25)收敛.于是,绝对收敛的复级数必定收敛.

现考虑复变量的幂级数

$$\sum_{n=1}^{\infty}\frac{z^n}{n!}=1+z+\frac{z^2}{2!}+\cdots+\frac{z^n}{n!}+\cdots \tag{12-28}$$

对任意的正数 R,当 $|z|\leqslant R$ 时,因为

$$\left|\frac{z^n}{n!}\right|\leqslant\frac{R^n}{n!}$$

而 $\sum_{n=1}^{\infty}\frac{R^n}{n!}$ 是收敛的(收敛于 e^R),由正项级数的比较审敛法知级数(12-28)绝对收敛,由于正数 R 是任意的,这说明级数(12-28)在整个复平面上绝对收敛.

由于当 $z=x\in\mathbf{R}$ 时,级数(12-28)表示指数函数 e^x,即

$$1+x+\frac{x^2}{2!}+\cdots+\frac{x^n}{n!}+\cdots=e^x$$

作为实变量指数函数的推广,我们在整个复平面上,用级数(12-28)的和函数定义复变量指数函数,记作 e^z,即

$$e^z=1+z+\frac{z^2}{2!}+\cdots+\frac{z^n}{n!}+\cdots\quad(|z|<+\infty) \tag{12-29}$$

在式(12-29)中,如果让 z 取纯虚数 iy,则由收敛级数可加括号和可逐项相加的性质(这两个性质对复数项级数也成立),可得

$$\begin{aligned}e^{iy}&=1+iy+\frac{1}{2!}(iy)^2+\frac{1}{3!}(iy)^3+\frac{1}{4!}(iy)^4+\frac{1}{5!}(iy)^5+\cdots\\&=\left[1+\frac{1}{2!}(iy)^2+\frac{1}{4!}(iy)^4+\cdots\right]+\left[iy+\frac{1}{3!}(iy)^3+\frac{1}{5!}(iy)^5+\cdots\right]\\&=\left(1-\frac{1}{2!}y^2+\frac{1}{4!}y^4-\cdots\right)+i\left(y-\frac{1}{3!}y^3+\frac{1}{5!}y^5-\cdots\right)\\&=\cos y+i\sin y\end{aligned}$$

把上式中的 y 换成 x,即得

$$e^{ix}=\cos x+i\sin x \tag{12-30}$$

把式(12-30)中的 x 换成 $-x$，就有

$$e^{-ix}=\cos x-i\sin x \tag{12-31}$$

式(12-30)及式(12-31)还可得

$$\begin{cases}\cos x=\dfrac{e^{ix}+e^{-ix}}{2}\\ \sin x=\dfrac{e^{ix}-e^{-ix}}{2i}\end{cases} \tag{12-32}$$

式(12-30)或式(12-32)称为欧拉公式.它们揭示了三角函数与复变量指数函数之间的联系，在涉及复数或复变量函数有关问题时起到了重要作用.

习题 12-6

1. 利用级数的幂级数展开式求下列各数的近似值.

(1) $\ln 3$（精确到 10^{-4}）；　　(2) $\sqrt{e}$（精确到 0.001）；

(3) $\dfrac{1}{\sqrt[5]{36}}$（精确到 10^{-5}）；　　(4) $\sin 3^{\circ}$（精确到 10^{-5}）.

2. 利用被积函数的幂级数展开式求下列定积分的近似值.

(1) $\displaystyle\int_0^{0.5}\frac{1}{1+x^4}dx$（精确到 10^{-4}）；　　(2) $\displaystyle\int_0^{0.5}\frac{\arctan x}{x}dx$（精确到 10^{-3}）.

3. 利用幂级数求微分方程.

(1) $y'-xy-x=1$；　　(2) $(1-x)y'=x^2-y$.

总复习题 12

1. 填空题

(1) 对级数 $\sum\limits_{n=1}^{\infty}u_n$，$\lim\limits_{n\to\infty}u_n=0$ 是它收敛的________条件，不是它收敛的________条件；

(2) 部分和数列 $\{s_n\}$ 有界是正项级数 $\sum\limits_{n=1}^{\infty}u_n$ 收敛的________条件；

(3) 若级数 $\sum\limits_{n=1}^{\infty}u_n$ 绝对收敛，则级数 $\sum\limits_{n=1}^{\infty}u_n$ 必定________；若级数 $\sum\limits_{n=1}^{\infty}u_n$ 条件收敛，则级数 $\sum\limits_{n=1}^{\infty}|u_n|$ 必定________；

(4) $\lim\limits_{n\to\infty}\left|\dfrac{u_{n+1}}{u_n}\right|=\rho>1$ 是级数 $\sum\limits_{n=1}^{\infty}u_n$ 发散的________条件；

(5) 若 $\lim\limits_{n\to\infty}\dfrac{|u_n|}{1/n^2}=l>0$，则级数 $\sum\limits_{n=1}^{\infty}u_n$ ________；若 $\lim\limits_{n\to\infty}\dfrac{u_n}{1/n}=l>0$，则级数 $\sum\limits_{n=1}^{\infty}u_n$ ________.

(6) 数列 $\{u_n\}_{n=1}^{\infty}$ 单调且 $\lim\limits_{n\to\infty}u_n=0$ 是交错级数 $\sum\limits_{n=1}^{\infty}(-1)^{n-1}u_n$ 收敛的________条件.

2. 判定下列级数的敛散性.

(1) $\sum\limits_{n=1}^{\infty}\dfrac{1}{n\sqrt[n]{n}}$；　　(2) $\sum\limits_{n=2}^{\infty}\dfrac{1}{\ln^2 n}$；

(3) $\sum\limits_{n=1}^{\infty}\dfrac{n\cos^2\dfrac{n\pi}{3}}{2^n}$；　　(4) $\sum\limits_{n=1}^{\infty}\dfrac{1}{\ln^{10}(n+1)}$.

3. 判定下列级数是绝对收敛、条件收敛，还是发散.

(1) $\sum\limits_{n=1}^{\infty}(-1)^n\dfrac{1}{n^p}$；　　(2) $\sum\limits_{n=1}^{\infty}(-1)^{n-1}\ln\dfrac{n+1}{n}$；

(3) $\sum\limits_{n=1}^{\infty}(-1)^{n-1}\left(\dfrac{1}{n}-\dfrac{1}{n+1}\right)$；　　(4) $\sum\limits_{n=1}^{\infty}(-1)^{n-1}\dfrac{\arctan n}{\pi^n}$.

4. 求下列幂级数的收敛区间，并在收敛区间内求其和函数.

(1) $\sum\limits_{n=1}^{\infty}\dfrac{3^n+5^n}{n}x^n$；　　(2) $\sum\limits_{n=1}^{\infty}n(x-1)^n$；

(3) $\sum\limits_{n=0}^{\infty}\dfrac{n}{3^n}x^{3n}$；　　(4) $\sum\limits_{n=0}^{\infty}\dfrac{(x+2)^n}{(n+2)!}$.

5. 将下列函数展开成 x 的幂级数，并指出其收敛区间.

(1) $\ln(x+\sqrt{x^2+1})$；　　(2) $\dfrac{1}{(x-3)^2}$.

第13章

行列式

育人目标

1. 全面、系统地掌握行列式、线性方程组的基础知识和基本思想方法，包括：类比思想和建模思想等.

2. 通过对基础知识和基本思想方法的学习构建完整的理论体系，培养逻辑思维方式及运用所学知识和方法进行分析和计算的能力.

思政元素

行列式发展历史：日本的关孝和及德国数学家莱布尼茨分别在1683年和1693年独立提出行列式的定义；1750年，瑞士数学家克莱姆提出求解线性方程组的著名法则——克莱姆法则；1812年，法国著名数学家柯西发现了行列式在解析几何中的应用.

《九章算术》中有关于线性方程组简洁形式的记载，比西方国家早了一千多年.

思政园地

《九章算术》是我国古代一部重要的算学书籍，成书于公元一世纪左右，原作者已不可考，西汉时，张苍和耿寿昌曾对其做过整理.

到了三国时期，数学家刘徽又为其作了注，也是如今通行的版本.《九章算术》中记载了许多实际应用中涉及的数学问题，比如方田篇、粟米篇等，一望而知是和古代生产息息相关的问题.其中第八章，便是方程问题.

方程这一章，开篇第一题，就是一个三元一次方程的应用题，题目中以“禾”为例，禾就是稻谷，题目是计算三种规格的稻谷各有多少的问题？

今有上禾三秉，中禾二秉，下禾一秉，实三十九斗；上禾二秉，中禾三秉，下禾一秉，实三十四斗；上禾一秉，中禾二秉，下禾三秉，实二十六斗，问上、中、下禾实一秉各几何？

讨论

1.你能列出这个问题的方程并求解吗?

2.《九章算术》里是怎么解这个方程的呢?

行列式是线性代数中的重要概念,它是研究线性方程组(多元一次方程组)的重要工具,而线性方程组又是线性代数的一个基础的、重要的部分.本章通过实际问题引入行列式概念,进而解决求线性方程组的解的问题.

13.1 行列式

13.1.1 行列式的概念

1.二阶行列式

行列式是由解线性方程组的公式引出的.

用加减消元法解二元线性方程组

$$\begin{cases} a_{11}x_1+a_{12}x_2=b_1 \\ a_{21}x_1+a_{22}x_2=b_2 \end{cases} \tag{13-1}$$

为消去未知数 x_2,以 a_{22} 与 a_{12} 分别乘上列两方程的两端,然后两方程相减,得

$$(a_{11}a_{22}-a_{12}a_{21})x_1=b_1a_{22}-a_{12}b_2$$

类似地,消去 x_1,得

$$(a_{11}a_{22}-a_{12}a_{21})x_2=a_{11}b_2-b_1a_{21}$$

当 $a_{11}a_{22}-a_{12}a_{21}\neq 0$ 时,求得方程组(13-1)的解为

$$x_1=\frac{b_1a_{22}-a_{12}b_2}{a_{11}a_{22}-a_{12}a_{21}},x_2=\frac{a_{11}b_2-b_1a_{21}}{a_{11}a_{22}-a_{12}a_{21}} \tag{13-2}$$

式(13-2)中的分子、分母都是四个数分两对相乘再相减而得,其中分母 $a_{11}a_{22}-a_{12}a_{21}$ 是由方程组(13-1)的四个系数确定的,把这四个数按它们在方程组(13-1)中的位置,排成二行二列(横排成行、竖排成列)的数表

$$\begin{matrix} a_{11} & a_{12} \\ a_{21} & a_{22} \end{matrix} \tag{13-3}$$

定义 1

$$\begin{vmatrix} a_{11} & a_{12} \\ a_{21} & a_{22} \end{vmatrix} = a_{11}a_{22} - a_{12}a_{21} \tag{13-4}$$

称式(13-4)的左边为**二阶行列式**，右边为二阶行列式的**展开式**. 数 a_{ij} $(i=1,2;j=1,2)$称为行列式(13-4)的**元素或元**，元素 a_{ij} 的第一个下标 i 称为**行标**，标明该元素位于第 i 行；第二个下标 j 称为**列标**，标明该元素位于第 j 列. 位于第 i 行第 j 列的元素称为行列式(13-4)的(i,j)元.

二阶行列式的计算——对角线法则：

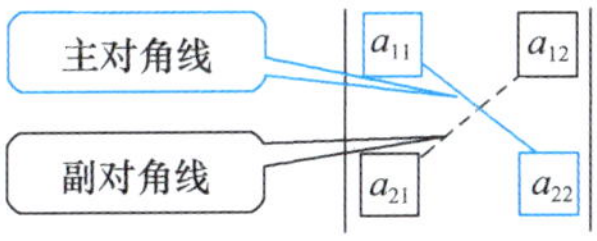

图 13-1

如图 13-1 所示，把 a_{11} 到 a_{22} 的实连线称为主对角线，a_{12} 到 a_{21} 的虚连线称为副对角线，于是二阶行列式的值便是主对角线上两元素之积减去副对角线上两元素之积所得的差.

·注意· 行列式的计算结果是一个数，这个数称为**二阶行列式的值**. 求二阶行列式的值可用对角线法则.

利用二阶行列式的定义，式(13-2)中两个解的分子也可以写成二阶行列式，即

$$b_1a_{22} - a_{12}b_2 = \begin{vmatrix} b_1 & a_{12} \\ b_2 & a_{22} \end{vmatrix}, a_{11}b_2 - b_1a_{21} = \begin{vmatrix} a_{11} & b_1 \\ a_{21} & b_2 \end{vmatrix}$$

记作

$$D = \begin{vmatrix} a_{11} & a_{12} \\ a_{21} & a_{22} \end{vmatrix}, D_1 = \begin{vmatrix} b_1 & a_{12} \\ b_2 & a_{22} \end{vmatrix}, D_2 = \begin{vmatrix} a_{11} & b_1 \\ a_{21} & b_2 \end{vmatrix}$$

那么二元线性方程组(13-1)的解可写成

$$x_1 = \frac{D_1}{D} = \frac{\begin{vmatrix} b_1 & a_{12} \\ b_2 & a_{22} \end{vmatrix}}{\begin{vmatrix} a_{11} & a_{12} \\ a_{21} & a_{22} \end{vmatrix}}, x_2 = \frac{D_2}{D} = \frac{\begin{vmatrix} a_{11} & b_1 \\ a_{21} & b_2 \end{vmatrix}}{\begin{vmatrix} a_{11} & a_{12} \\ a_{21} & a_{22} \end{vmatrix}}$$

·注意· 这里的分母 D 是原方程组(13-1)的系数所确定的二阶行列式，称为系数行列式；D_1 是用常数项 b_1,b_2 替换 D 中第一列元素 a_{11},a_{21} 所得的二阶行列式，D_2 是用常数项 b_1,b_2 替换 D 中第二列元素 a_{12},a_{22} 所得的二阶行列式.

例 1 计算下列二阶行列式的值.

(1) $\begin{vmatrix} 1 & -2 \\ 6 & 3 \end{vmatrix}$；　　(2) $\begin{vmatrix} \sin\partial & \cos\partial \\ -\cos\partial & \sin\partial \end{vmatrix}$.

解 (1) $\begin{vmatrix} 1 & -2 \\ 6 & 3 \end{vmatrix} = 1\times 3-(-2)\times 6 = 3-(-12) = 15$;

(2) $\begin{vmatrix} \sin\partial & \cos\partial \\ -\cos\partial & \sin\partial \end{vmatrix} = \sin\partial\times\sin\partial-\cos\partial\times(-\cos\partial) = \sin^2\partial+\cos^2\partial = 1$.

例 2 求解二元线性方程组 $\begin{cases} 3x_1-2x_2=12 \\ 2x_1+x_2=1 \end{cases}$.

解 由于 $D=\begin{vmatrix} 3 & -2 \\ 2 & 1 \end{vmatrix} = 3-(-4) = 7\neq 0$.

$$D_1=\begin{vmatrix} 12 & -2 \\ 1 & 1 \end{vmatrix} = 12-(-2) = 14$$

$$D_2=\begin{vmatrix} 3 & 12 \\ 2 & 1 \end{vmatrix} = 3-24 = -21$$

所以方程组的解为

$$x_1=\frac{D_1}{D}=\frac{14}{7}=2,\ x_2=\frac{D_2}{D}=\frac{-21}{7}=-3$$

2. 三阶行列式

定义 2 对于三元线性方程组

$$\begin{cases} a_{11}x_1+a_{12}x_2+a_{13}x_3=b_1 \\ a_{21}x_1+a_{22}x_2+a_{23}x_3=b_2 \\ a_{31}x_1+a_{32}x_2+a_{33}x_3=b_3 \end{cases} \tag{13-5}$$

为了容易记住方程组(13-5)的求解公式,引入三阶行列式的概念.

$$\begin{aligned} \begin{vmatrix} a_{11} & a_{12} & a_{13} \\ a_{21} & a_{22} & a_{23} \\ a_{31} & a_{32} & a_{33} \end{vmatrix} &= (-1)^{1+1}a_{11}\begin{vmatrix} a_{22} & a_{23} \\ a_{32} & a_{33} \end{vmatrix} + (-1)^{1+2}a_{12}\begin{vmatrix} a_{21} & a_{23} \\ a_{31} & a_{33} \end{vmatrix} + \\ &\quad (-1)^{1+3}a_{13}\begin{vmatrix} a_{21} & a_{22} \\ a_{31} & a_{32} \end{vmatrix} \\ &= a_{11}(a_{22}a_{33}-a_{23}a_{32})-a_{12}(a_{21}a_{33}-a_{31}a_{23})+a_{13}(a_{21}a_{32}-a_{31}a_{22}) \\ &= a_{11}a_{22}a_{33}+a_{12}a_{23}a_{31}+a_{13}a_{21}a_{32}-a_{13}a_{22}a_{31}- \\ &\quad a_{11}a_{23}a_{32}-a_{12}a_{21}a_{33} \end{aligned}$$

三阶行列式的计算可用下面的对角线法则,即:

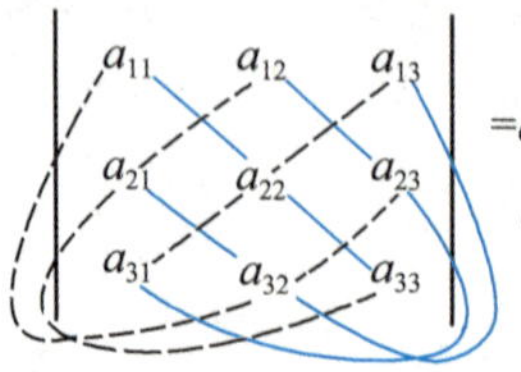

$$=a_{11}a_{22}a_{33}+a_{12}a_{23}a_{31}+a_{13}a_{21}a_{32}-a_{13}a_{22}a_{31}-a_{12}a_{21}a_{33}-a_{11}a_{23}a_{32} \tag{13-6}$$

图 13-2

式(13-6)的左边叫作**三阶行列式**，右边叫作这个**三阶行列式的展开式**.

上述定义表明三阶行列式含6项，每项均为不同行不同列的三个元素的乘积再冠以正负号，其规律遵循图13-2所示的对角线法则.

·注意·　(1)$a_{ij}(i=1,2,3;j=1,2,3)$是三阶行列式第i行第j列的元素；

(2)蓝线上三元素的乘积冠以正号，虚线上三元素的乘积冠以负号；

(3)三阶行列式包括3！项，每一项都是位于不同行、不同列的三个元素的乘积.

与二阶行列式相似，引入记号D,D_1,D_2,D_3，其中

$$D=\begin{vmatrix} a_{11} & a_{12} & a_{13} \\ a_{21} & a_{22} & a_{23} \\ a_{31} & a_{32} & a_{33} \end{vmatrix},D_1=\begin{vmatrix} b_1 & a_{12} & a_{13} \\ b_2 & a_{22} & a_{23} \\ b_3 & a_{32} & a_{33} \end{vmatrix}$$

$$D_2=\begin{vmatrix} a_{11} & b_1 & a_{13} \\ a_{21} & b_2 & a_{23} \\ a_{31} & b_3 & a_{33} \end{vmatrix},D_3=\begin{vmatrix} a_{11} & a_{12} & b_1 \\ a_{21} & a_{22} & b_2 \\ a_{31} & a_{32} & b_3 \end{vmatrix}$$

则三元线性方程组(13-5)的解可表示为

$$x_1=\frac{D_1}{D},x_2=\frac{D_2}{D},x_3=\frac{D_3}{D} \tag{13-7}$$

例3　计算三阶行列式$D=\begin{vmatrix} 1 & 2 & -4 \\ -2 & 2 & 1 \\ -3 & 4 & -2 \end{vmatrix}$的值.

解　按对角线法则，有

$$\begin{aligned} D &=1\times2\times(-2)+2\times1\times(-3)+(-4)\times(-2)\times4- \\ &\quad 1\times1\times4-2\times(-2)\times(-2)-(-4)\times2\times(-3) \\ &=-4-6+32-4-8-24=-14 \end{aligned}$$

例4　解三元一次方程组$\begin{cases} x_1+x_2+x_3=1 \\ -x_1+2x_2-3x_3=-2 \\ x_1+4x_2+9x_3=4 \end{cases}$.

解

$$D=\begin{vmatrix} 1 & 1 & 1 \\ -1 & 2 & -3 \\ 1 & 4 & 9 \end{vmatrix}=30\neq0$$

故方程组有唯一解.

$$D_1=\begin{vmatrix} 1 & 1 & 1 \\ -2 & 2 & -3 \\ 4 & 4 & 9 \end{vmatrix}=20,D_2=\begin{vmatrix} 1 & 1 & 1 \\ -1 & -2 & -3 \\ 1 & 4 & 9 \end{vmatrix}=-2$$

$$D_3=\begin{vmatrix}1&1&1\\-1&2&-2\\1&4&4\end{vmatrix}=12$$

利用公式(13-7),方程组的解为

$$x_1=\frac{20}{30}=\frac{2}{3},x_2=-\frac{2}{30}=-\frac{1}{15},x_3=\frac{12}{30}=\frac{2}{5}$$

例 5 求解方程 $\begin{vmatrix}1&1&1\\2&3&x\\4&9&x^2\end{vmatrix}=0$.

解 方程左端的三阶行列式

$$D=3x^2+4x+18-9x-2x^2-12=x^2-5x+6$$

由 $x^2-5x+6=0$,解得 $x=2$ 或 $x=3$.

例 6 问 k 取何值时,齐次线性方程组 $\begin{cases}(5-k)x_1+2x_2+2x_3=0\\2x_1+(6-k)x_2=0\\2x_1+(4-k)x_3=0\end{cases}$ 有非零解?

解 如果方程组有非零解,则必有系数行列式 $D=0$,

$$D=\begin{vmatrix}5-k&2&2\\2&6-k&0\\2&0&4-k\end{vmatrix}=(5-k)(2-k)(8-k)$$

当 $k=2,5,8$ 时,方程组有非零解.

关于二元、三元线性方程组解公式的形式还可推广到 n 元线性方程组,这就需要类似地引入 n 阶行列式.

3. n 阶行列式

定义 3 由 n^2 个数排成的 n 行 n 列,即如下形式的:

$$D_n=\begin{vmatrix}a_{11}&a_{12}&\cdots&a_{1n}\\a_{21}&a_{22}&\cdots&a_{2n}\\\vdots&\vdots&&\vdots\\a_{n1}&a_{n2}&\cdots&a_{nn}\end{vmatrix}\tag{13-8}$$

称为 **n 阶行列式**,其中数 $a_{ij}\,(i,j=1,2,\cdots,n)$ 表示位于第 i 行第 j 列的元素,且当 $n>2$ 时,

$$D_n=a_{11}A_{11}+a_{12}A_{12}+\cdots+a_{1n}A_{1n}=\sum_{j=1}^{n}a_{1j}A_{1j}\tag{13-9}$$

这里,$A_{ij}=(-1)^{i+j}M_{ij}$ 称为元素 a_{ij} 的**代数余子式**,M_{ij} 称为元素 a_{ij} 的**余子式**. 即

$$M_{ij}=\begin{vmatrix} a_{11} & \cdots & a_{1,j-1} & a_{1,j+1} & \cdots & a_{1n} \\ \vdots & & \vdots & \vdots & & \vdots \\ a_{i-1,1} & \cdots & a_{i-1,j-1} & a_{i-1,j+1} & \cdots & a_{i-1,n} \\ a_{i+1,1} & \cdots & a_{i+1,j-1} & a_{i+1,j+1} & \cdots & a_{i+1,n} \\ \vdots & & \vdots & \vdots & & \vdots \\ a_{n1} & \cdots & a_{n,j-1} & a_{n,j+1} & \cdots & a_{nn} \end{vmatrix} \tag{13-10}$$

是由 D_n 划去 a_{ij} 所在行和列后剩下的元素按原来的位置排成的一个 $n-1$ 阶行列式.

当 $n=2$ 时,$D_2=\begin{vmatrix} a_{11} & a_{12} \\ a_{21} & a_{22} \end{vmatrix}=a_{11}a_{22}-a_{12}a_{21}$.

例 7　在 $D_4=\begin{vmatrix} 1 & 4 & 2 & 3 \\ 2 & 7 & 5 & 1 \\ 0 & 8 & 1 & 2 \\ 2 & 4 & 1 & 1 \end{vmatrix}$ 中,$a_{32}=8$,则元素 8 的余子式和代数余子式分别为

$$M_{32}=\begin{vmatrix} 1 & 2 & 3 \\ 2 & 5 & 1 \\ 2 & 1 & 1 \end{vmatrix}$$

$$A_{32}=(-1)^{3+2}M_{32}=-\begin{vmatrix} 1 & 2 & 3 \\ 2 & 5 & 1 \\ 2 & 1 & 1 \end{vmatrix}$$

根据定义 3 知行列式 D_n 代表一个数值,且等于第一行所有元素与其对应的代数余子式乘积之和.通常把式(13-9)称为**按第一行展开**.

例 8　计算四阶行列式 $D_4=\begin{vmatrix} -3 & 0 & 0 & 4 \\ 1 & 2 & 1 & 0 \\ 0 & -1 & 0 & 1 \\ 2 & 1 & 1 & 2 \end{vmatrix}$.

解　按第一行展开

$$D_4=(-3)\times(-1)^{1+1}\begin{vmatrix} 2 & 1 & 0 \\ -1 & 0 & 1 \\ 1 & 1 & 2 \end{vmatrix}+4\times(-1)^{1+4}\begin{vmatrix} 1 & 2 & 1 \\ 0 & -1 & 0 \\ 2 & 1 & 1 \end{vmatrix}$$

$$=(-3)\left[2\times(-1)^{1+1}\begin{vmatrix} 0 & 1 \\ 1 & 2 \end{vmatrix}+1\times(-1)^{1+2}\begin{vmatrix} -1 & 1 \\ 1 & 2 \end{vmatrix}\right]+$$

$$(-4)\times\left[1\times(-1)^{1+1}\begin{vmatrix}-1 & 0\\ 1 & 1\end{vmatrix}+2\times(-1)^{1+2}\begin{vmatrix}0 & 0\\ 2 & 1\end{vmatrix}+1\times(-1)^{1+3}\begin{vmatrix}0 & -1\\ 2 & 1\end{vmatrix}\right]$$

$$=(-3)\times[2\times(0-1)-(-2-1)]+$$

$$(-4)\times[(-1-0)-2\times(0-0)+(0+2)]$$

$$=(-3)(-2+3)-4(-1+2)=-7$$

由上例可看出,第一行的元素中零越多计算就越简便.

·注意· (1)n 阶行列式是 $n!$ 项的代数和;

(2)n 阶行列式的每项都是位于不同行、不同列 n 个元素的乘积;

(3)一阶行列式 $|a|=a$ 不要与绝对值记号相互混淆;

(4)n 阶行列式可简记为 $|a_{ij}|$ 或 $\det(a_{ij})$.

在 n 阶行列式中,有一类特殊的行列式,它们形如

(1)对角行列式

$$\begin{vmatrix}\lambda_1 & & & \\ & \lambda_2 & & \\ & & \ddots & \\ & & & \lambda_n\end{vmatrix} \text{ 或 } \begin{vmatrix} & & & \lambda_1\\ & & \lambda_2 & \\ & ⋰ & & \\ \lambda_n & & & \end{vmatrix}$$

(2)三角形行列式

$$\begin{vmatrix}a_{11} & 0 & \cdots & 0\\ a_{21} & a_{22} & \cdots & 0\\ \vdots & \vdots & & \vdots\\ a_{n1} & a_{n2} & \cdots & a_{nn}\end{vmatrix} \text{ 或 } \begin{vmatrix}a_{11} & a_{12} & \cdots & a_{1n}\\ 0 & a_{22} & \cdots & a_{2n}\\ \vdots & \vdots & & \vdots\\ 0 & 0 & \cdots & a_{nn}\end{vmatrix}$$

13.1.2 行列式的性质

在行列式的计算中,可选择含零较多的行展开.下面介绍行列式的性质.

首先给出行列式转置的定义.

定义 4 设 $D=\begin{vmatrix}a_{11} & a_{12} & \cdots & a_{1n}\\ a_{21} & a_{22} & \cdots & a_{2n}\\ \vdots & \vdots & & \vdots\\ a_{n1} & a_{n2} & \cdots & a_{nn}\end{vmatrix}$.

把 D 的行列互换，并记为 D^{T}. 即 $D^{\mathrm{T}}=\begin{vmatrix} a_{11} & a_{21} & \cdots & a_{n1} \\ a_{12} & a_{22} & \cdots & a_{n2} \\ \vdots & \vdots & & \vdots \\ a_{1n} & a_{2n} & \cdots & a_{nn} \end{vmatrix}$.

我们把行列式 D^{T} 叫作行列式 D 的**转置行列式**.

性质 1　行列式与它的转置行列式相等. 即 $D=D^{\mathrm{T}}$.

由性质 1 可知行列式中行与列具有同等的地位，因此行列式的性质凡是对行成立的对列也同样成立.

设

$$D=\begin{vmatrix} a_{11} & 0 & 0 & \cdots & 0 \\ a_{21} & a_{22} & 0 & \cdots & 0 \\ \vdots & \vdots & \vdots & & \vdots \\ a_{n1} & a_{n2} & a_{n3} & \cdots & a_{nn} \end{vmatrix} \tag{13-11}$$

像这种主对角线上方的元素为零的行列式，称为**下三角形行列式**. 由定义 4

$$D^{\mathrm{T}}=\begin{vmatrix} a_{11} & a_{21} & a_{31} & \cdots & a_{n1} \\ 0 & a_{22} & a_{32} & \cdots & a_{n2} \\ 0 & 0 & a_{33} & \cdots & a_{n3} \\ \vdots & \vdots & \vdots & & \vdots \\ 0 & 0 & 0 & \cdots & a_{nn} \end{vmatrix} \tag{13-12}$$

称为**上三角形行列式**.

由行列式的定义及性质 1 可得

$$D=D^{\mathrm{T}}=a_{11}a_{22}a_{33}\cdots a_{nn}$$

性质 2　行列式的任意两行(列)互换，行列式仅改变符号.

例如，$\begin{vmatrix} a_{11} & a_{12} & a_{13} \\ a_{21} & a_{22} & a_{23} \\ a_{31} & a_{32} & a_{33} \end{vmatrix}=-\begin{vmatrix} a_{21} & a_{22} & a_{23} \\ a_{11} & a_{12} & a_{13} \\ a_{31} & a_{32} & a_{33} \end{vmatrix}$.

性质 3　行列式有两行(列)对应元素相等时，该行列式等于零.

例如，$\begin{vmatrix} a_{11} & a_{12} & a_{13} \\ a_{11} & a_{12} & a_{13} \\ a_{31} & a_{32} & a_{33} \end{vmatrix}=0$.

性质 4　行列式中某一行(列)中的公因子可以提到行列式号外面. 即

$$\begin{vmatrix} a_{11} & a_{12} & \cdots & a_{1n} \\ \vdots & \vdots & & \vdots \\ ka_{i1} & ka_{i2} & \cdots & ka_{in} \\ \vdots & \vdots & & \vdots \\ a_{n1} & a_{n2} & \cdots & a_{nn} \end{vmatrix} = k \begin{vmatrix} a_{11} & a_{12} & \cdots & a_{1n} \\ \vdots & \vdots & & \vdots \\ a_{i1} & a_{i2} & \cdots & a_{in} \\ \vdots & \vdots & & \vdots \\ a_{n1} & a_{n2} & \cdots & a_{nn} \end{vmatrix}$$

此性质也相当于:用 k 乘以行列式等于用 k 乘行列式的某一行(列)中的所有元素.

推论 1 若行列式某一行(列)各元素都是零,则此行列式等于零.

例如,$\begin{vmatrix} a_{11} & a_{12} & a_{13} \\ 0 & 0 & 0 \\ a_{31} & a_{32} & a_{33} \end{vmatrix} = 0.$

推论 2 行列式中如果有两行(列)元素成比例,则此行列式为 0.

例如,$\begin{vmatrix} a_{11} & a_{12} & a_{13} \\ ka_{11} & ka_{12} & ka_{13} \\ a_{31} & a_{32} & a_{33} \end{vmatrix} = 0.$

性质 5 行列式具有分行(列)相加性,即

$$D = \begin{vmatrix} a_{11} & a_{12} & \cdots & a_{1n} \\ \vdots & \vdots & & \vdots \\ b_{i1}+c_{i1} & b_{i2}+c_{i2} & \cdots & b_{in}+c_{in} \\ \vdots & \vdots & & \vdots \\ a_{n1} & a_{n2} & \cdots & a_{nn} \end{vmatrix}$$

则有

$$D = \begin{vmatrix} a_{11} & a_{12} & \cdots & a_{1n} \\ \vdots & \vdots & & \vdots \\ b_{i1} & b_{i2} & \cdots & b_{in} \\ \vdots & \vdots & & \vdots \\ a_{n1} & a_{n2} & \cdots & a_{nn} \end{vmatrix} + \begin{vmatrix} a_{11} & a_{12} & \cdots & a_{1n} \\ \vdots & \vdots & & \vdots \\ c_{i1} & c_{i2} & \cdots & c_{in} \\ \vdots & \vdots & & \vdots \\ a_{n1} & a_{n2} & \cdots & a_{nn} \end{vmatrix} = D_1 + D_2$$

性质 6 行列式某一行(列)各元素乘以同一个数加到另一行(列)对应元素上,行列式不变. 即

$$\begin{vmatrix} \vdots & \vdots & & \vdots \\ a_{i1} & a_{i2} & \cdots & a_{in} \\ \vdots & \vdots & & \vdots \\ a_{j1} & a_{j2} & \cdots & a_{jn} \\ \vdots & \vdots & & \vdots \end{vmatrix} = \begin{vmatrix} \vdots & \vdots & & \vdots \\ a_{i1}+ka_{j1} & a_{i2}+ka_{j2} & \cdots & a_{in}+ka_{jn} \\ \vdots & \vdots & & \vdots \\ a_{j1} & a_{j2} & \cdots & a_{jn} \\ \vdots & \vdots & & \vdots \end{vmatrix}$$

性质 6 在行列式的计算中起着重要的作用，运用性质 6 时选择适当的数 k，可以使行列式的某些元素变为零，反复交替使用行列式性质，将行列式化为三角形行列式，也是计算行列式的常用方法.

例 9 计算 $D=\begin{vmatrix} 3 & 1 & -1 & 2 \\ -5 & 1 & 3 & -4 \\ 2 & 0 & 1 & -1 \\ 1 & -5 & 3 & -3 \end{vmatrix}$.

解 $D=-\begin{vmatrix} 1 & 3 & -1 & 2 \\ 1 & -5 & 3 & -4 \\ 0 & 2 & 1 & -1 \\ -5 & 1 & 3 & -3 \end{vmatrix}=-\begin{vmatrix} 1 & 3 & -1 & 2 \\ 0 & -8 & 4 & -6 \\ 0 & 2 & 1 & -1 \\ 0 & 16 & -2 & 7 \end{vmatrix}$

$$=\begin{vmatrix} 1 & 3 & -1 & 2 \\ 0 & 2 & 1 & -1 \\ 0 & -8 & 4 & -6 \\ 0 & 16 & -2 & 7 \end{vmatrix}=\begin{vmatrix} 1 & 3 & -1 & 2 \\ 0 & 2 & 1 & -1 \\ 0 & 0 & 8 & -10 \\ 0 & 0 & -10 & 15 \end{vmatrix}$$

$$=10\begin{vmatrix} 1 & 3 & -1 & 2 \\ 0 & 2 & 1 & -1 \\ 0 & 0 & 4 & -5 \\ 0 & 0 & -2 & 3 \end{vmatrix}=10\begin{vmatrix} 1 & 3 & -1 & 2 \\ 0 & 2 & 1 & -1 \\ 0 & 0 & 4 & -5 \\ 0 & 0 & 0 & \frac{1}{2} \end{vmatrix}$$

$$=10\times 4=40$$

性质 7 n 阶行列式等于任意一行(列)所有元素与其对应的代数余子式的乘积之和. 即

$$D_n=a_{i1}A_{i1}+a_{i2}A_{i2}+\cdots+a_{in}A_{in}=\sum_{j=1}^{n}a_{ij}A_{ij},(i=1,2,\cdots,n) \qquad (13\text{-}13)$$

或

$$D_n=a_{1k}A_{1k}+a_{2k}A_{2k}+\cdots+a_{nk}A_{nk}=\sum_{j=1}^{n}a_{jk}A_{jk},(k=1,2,\cdots,n) \qquad (13\text{-}14)$$

式(13-13)是按第 i 行展开的一个展开式，式(13-14)是按第 k 列展开的一个展开式. 简言之，行列式可按任意一行(列)展开.

例 10 计算五阶行列式 $D_5=\begin{vmatrix} 0 & 1 & 3 & 0 & 0 \\ 1 & 0 & 1 & 5 & 2 \\ 4 & 3 & 2 & 0 & 0 \\ 5 & 0 & 1 & 0 & 2 \\ 0 & -1 & 4 & 0 & 0 \end{vmatrix}$.

解 注意到第四列有四个元素为零.因此,按第四列展开

$$D_5=5\times(-1)^{2+4}\begin{vmatrix}0&1&3&0\\4&3&2&0\\5&0&1&2\\0&-1&4&0\end{vmatrix}$$

又按第四列展开 $=5\times2\times(-1)^{3+4}\times\begin{vmatrix}0&1&3\\4&3&2\\0&-1&4\end{vmatrix}$

再按第一列展开 $=-5\times2\times4\times(-1)^{2+1}\times\begin{vmatrix}1&3\\-1&4\end{vmatrix}$

$=40\times(4+3)=280$

例 11 设 $D=\begin{vmatrix}3&-5&2&1\\1&1&0&-5\\-1&3&1&3\\2&-4&-1&-3\end{vmatrix}$,$D$ 的 (i,j) 元的余子式和代数余子式依次记作 M_{ij} 和 A_{ij},求:

$$A_{11}+A_{12}+A_{13}+A_{14}$$

解 按式(13-13)可知 $A_{11}+A_{12}+A_{13}+A_{14}$ 等于用 1,1,1,1 代替 D 的第 1 行所得的行列式,即

$$A_{11}+A_{12}+A_{13}+A_{14}$$

$$=\begin{vmatrix}1&1&1&1\\1&1&0&-5\\-1&3&1&3\\2&-4&-1&-3\end{vmatrix}\xlongequal[r_3-r_1]{r_4+r_3}\begin{vmatrix}1&1&1&1\\1&1&0&-5\\-2&2&0&2\\1&-1&0&0\end{vmatrix}$$

$$=\begin{vmatrix}1&1&-5\\-2&2&2\\1&-1&0\end{vmatrix}\xlongequal{c_2+c_1}\begin{vmatrix}1&2&-5\\-2&0&2\\1&0&0\end{vmatrix}=\begin{vmatrix}2&-5\\0&2\end{vmatrix}=4$$

13.1.3 方阵的行列式及伴随矩阵

1. 方阵的行列式

定义 5 由 n 阶方阵 $\mathbf{A}$ 的元素所构成的行列式,叫作**方阵 $\mathbf{A}$ 的行列式**,记作 $|\mathbf{A}|$.

方阵与行列式是两个不同的概念,n 阶方阵是由 n^2 个数按 n 行 n 列排成的数表,而行列式是这个数表中 n^2 个数按一定的运算法则确定的一个数值,例如

$$\boldsymbol{A}=\begin{pmatrix}2 & 3\\5 & 6\end{pmatrix}$$

而

$$|\boldsymbol{A}|=\begin{vmatrix}2 & 3\\5 & 6\end{vmatrix}=-3$$

由方阵 $\boldsymbol{A}$ 确定的行列式 $|\boldsymbol{A}|$ 的运算满足下述运算规律(设 $\boldsymbol{A},\boldsymbol{B}$ 为 n 阶方阵,λ 为数):

(1) $|\boldsymbol{A}^{\mathrm{T}}|=|\boldsymbol{A}|$;

(2) $|\lambda\boldsymbol{A}|=\lambda^n|\boldsymbol{A}|$;

(3) $|\boldsymbol{AB}|=|\boldsymbol{A}||\boldsymbol{B}|$.

由规律(3)容易推出 $|\boldsymbol{AB}|=|\boldsymbol{BA}|$.

2. 伴随矩阵

定义 6　行列式 $|\boldsymbol{A}|$ 的各元素的代数余子式 A_{ij} 所构成的如下矩阵

$$\boldsymbol{A}^*=\begin{pmatrix}A_{11} & A_{21} & \cdots & A_{n1}\\A_{12} & A_{22} & \cdots & a_{n2}\\\vdots & \vdots & & \vdots\\A_{1n} & A_{2n} & \cdots & A_{nn}\end{pmatrix}$$

称为**矩阵 $\boldsymbol{A}$ 的伴随矩阵.**

性质　$\boldsymbol{AA}^*=\boldsymbol{A}^*\boldsymbol{A}=|\boldsymbol{A}|\boldsymbol{E}$.

习题 13-1

1. 求解下列行列式.

(1) $\begin{vmatrix}3 & 2 & 1\\2 & 3 & 2\\1 & 2 & 3\end{vmatrix}$;　(2) $\begin{vmatrix}a & b & c\\b & c & a\\c & a & b\end{vmatrix}$;

(3) $\begin{vmatrix}1 & 1 & 1\\a & b & c\\a^2 & b^2 & c^2\end{vmatrix}$;　(4) $\begin{vmatrix}1 & 2 & 3 & 4\\2 & 3 & 4 & 5\\6 & 4 & 5 & 6\\4 & 5 & 6 & 7\end{vmatrix}$;

(5) $\begin{vmatrix}a & 1 & 0 & 0\\-1 & b & 1 & 0\\0 & -1 & c & 1\\0 & 0 & -1 & d\end{vmatrix}$;　(6) $\begin{vmatrix}1+x & 1 & 1 & 1\\1 & 1-x & 1 & 1\\1 & 1 & 1+y & 1\\1 & 1 & 1 & 1-y\end{vmatrix}$.

2. 已知 $D=\begin{vmatrix}1&2&3&4&5\\2&2&2&1&1\\3&1&2&4&5\\1&1&1&2&2\\4&3&1&5&0\end{vmatrix}$，$A_{ij}$ 为 a_{ij} 的代数余子式，求：$A_{31}+A_{32}+A_{33}$.

3. 解方程 $\begin{vmatrix}x+1&2&-1\\2&x+1&1\\-1&1&x+1\end{vmatrix}=0$.

13.2 克莱姆法则

前面我们给出了二元线性方程组的求解方法，这一方法可以推广到求解 n 元线性方程组，这就是克莱姆(Cramer)法则.

先给出非齐次与齐次线性方程组的概念.

设线性方程组

$$\begin{cases}a_{11}x_1+a_{12}x_2+\cdots+a_{1n}x_n=b_1\\a_{21}x_1+a_{22}x_2+\cdots+a_{2n}x_n=b_2\\\cdots\\a_{m1}x_1+a_{m2}x_2+\cdots+a_{mn}x_n=b_m\end{cases}\tag{13-15}$$

其中，a_{ij} 是第 i 个方程的第 j 个未知数的系数，b_i 是第 i 个方程的常数项，$i=1,2,\cdots,m$；$j=1,2,\cdots,n$，当常数项 $b_1,b_2,\cdots,b_m$ 不全为零时，线性方程组(13-15)叫作 n 元**非齐次线性方程组**，当 $b_1,b_2,\cdots,b_m$ 全为零时，式(13-15)成为

$$\begin{cases}a_{11}x_1+a_{12}x_2+\cdots+a_{1n}x_n=0\\a_{21}x_1+a_{22}x_2+\cdots+a_{2n}x_n=0\\\cdots\\a_{m1}x_1+a_{m2}x_2+\cdots+a_{mn}x_n=0\end{cases}\tag{13-16}$$

叫作 n 元**齐次线性方程组**.

n 元线性方程组往往简称为线性方程组或方程组.

定理(克莱姆法则) 设含有 n 个未知量 n 个方程的线性方程组

$$\begin{cases}a_{11}x_1+a_{12}x_2+\cdots+a_{1n}x_n=b_1\\a_{21}x_1+a_{22}x_2+\cdots+a_{2n}x_n=b_2\\\cdots\\a_{n1}x_1+a_{n2}x_2+\cdots+a_{nn}x_n=b_n\end{cases}\tag{13-17}$$

的系数行列式不等于零，即

$$D=\begin{vmatrix} a_{11} & a_{12} & \cdots & a_{1n} \\ a_{21} & a_{22} & \cdots & a_{2n} \\ \vdots & \vdots & & \vdots \\ a_{n1} & a_{n2} & \cdots & a_{nn} \end{vmatrix} \neq 0$$

那么线性方程组(13-17)有唯一的一组解，解可以表示为

$$x_1=\frac{D_1}{D}, x_2=\frac{D_2}{D}, x_3=\frac{D_3}{D}, \cdots, x_n=\frac{D_n}{D}$$

其中 $D_j(j=1,2,\cdots,n)$ 是把系数行列式 D 中第 j 列的元素用方程组右端的常数项代替后得到的 n 阶行列式，即

$$D_j=\begin{vmatrix} a_{11} & \cdots & a_{1,j-1} & b_1 & a_{1,j+1} & \cdots & a_{1n} \\ a_{21} & \cdots & a_{2,j-1} & b_2 & a_{2,j+1} & \cdots & a_{2n} \\ \vdots & & \vdots & \vdots & \vdots & & \vdots \\ a_{n1} & \cdots & a_{n,j-1} & b_n & a_{n,j+1} & \cdots & a_{nn} \end{vmatrix} \quad (j=1,2,\cdots,n)$$

其逆否命题：如果线性方程组(13-17)无解或有多个不同的解，则它的系数行列式必为零，即 $D=0$.

设齐次线性方程组为

$$\begin{cases} a_{11}x_1+a_{12}x_2+\cdots+a_{1n}x_n=0 \\ a_{21}x_1+a_{22}x_2+\cdots+a_{2n}x_n=0 \\ \cdots \\ a_{n1}x_1+a_{n2}x_2+\cdots+a_{nn}x_n=0 \end{cases} \qquad (13\text{-}18)$$

则齐次线性方程组的相关定理为

推论　如果齐次线性方程组(13-18)的系数行列式 $D\neq 0$，则齐次线性方程组(4)只有零解，没有非零解.

其逆否命题：如果齐次线性方程组(13-18)有非零解，则它的系数行列式必为零.

我们注意到，克莱姆法则解线性方程组的局限性在于，当方程个数与未知量个数不相等时，或系数行列式 $D=0$ 时，则得不到解决，而且当阶数比较高时，用克莱姆法则解线性方程组过于繁琐，这些问题将在后面的学习中得到解决.

例 1　用克莱姆法则求解下列线性方程组.

(1) $\begin{cases} x_1-x_2-x_3=2 \\ 2x_1-x_2-3x_3=1 \\ 3x_1+2x_2-5x_3=0 \end{cases}$；　　(2) $\begin{cases} x_1+x_2+x_3+x_4=1 \\ x_1+2x_2+x_3+x_4=2 \\ x_1+2x_2+3x_3+2x_4=5 \\ x_1+3x_2+4x_3+5x_4=9 \end{cases}$.

解 (1)因方程组的系数矩阵的行列式 $D=\begin{vmatrix}1 & -1 & -1\\2 & -1 & -3\\3 & 2 & -5\end{vmatrix}=3\neq0$,由克莱姆法则,它有唯一解,并且

$$D_1=\begin{vmatrix}2 & -1 & -1\\1 & -1 & -3\\0 & 2 & -5\end{vmatrix}=15,D_2=\begin{vmatrix}1 & 2 & -1\\2 & 1 & -3\\3 & 0 & -5\end{vmatrix}=0,D_3=\begin{vmatrix}1 & -1 & 2\\2 & -1 & 1\\3 & 2 & 0\end{vmatrix}=9$$

因此,$x_1=\dfrac{D_1}{D}=5,x_2=\dfrac{D_2}{D}=0,x_3=\dfrac{D_3}{D}=3.$

(2)系数行列式 $D=\begin{vmatrix}1 & 1 & 1 & 1\\1 & 2 & 1 & 1\\1 & 2 & 3 & 2\\1 & 3 & 4 & 5\end{vmatrix}=5\neq0$,由定理知,该方程组有唯一解,并且

$$D_1=\begin{vmatrix}1 & 1 & 1 & 1\\2 & 2 & 1 & 1\\5 & 2 & 3 & 2\\9 & 3 & 4 & 5\end{vmatrix}=-9,D_2=\begin{vmatrix}1 & 1 & 1 & 1\\1 & 2 & 1 & 1\\1 & 5 & 3 & 2\\1 & 9 & 4 & 5\end{vmatrix}=5$$

$$D_3=\begin{vmatrix}1 & 1 & 1 & 1\\1 & 2 & 2 & 1\\1 & 2 & 5 & 2\\1 & 3 & 9 & 5\end{vmatrix}=6,D_4=\begin{vmatrix}1 & 1 & 1 & 1\\1 & 2 & 1 & 2\\1 & 2 & 3 & 5\\1 & 3 & 4 & 9\end{vmatrix}=3$$

于是,方程组的解为 $x_i=\dfrac{D_i}{D},i=1,2,3,4$,即

$$x_1=-\frac{9}{5},x_2=1,x_3=\frac{6}{5},x_4=\frac{3}{5}$$

例 2 问 k 取何值时,齐次线性方程组 $\begin{cases}kx_1+x_2+x_3=0\\x_1+kx_2+x_3=0\\x_1+x_2+kx_3=0\end{cases}$ 有非零解?

解

$$D=\begin{vmatrix}k & 1 & 1\\1 & k & 1\\1 & 1 & k\end{vmatrix}=-\begin{vmatrix}1 & k & 1\\0 & 1-k^2 & 1-k\\0 & 1-k & k-1\end{vmatrix}$$

$$=-(k-1)^2\begin{vmatrix}1 & k & 1\\0 & 1 & -1\\0 & 1+k & 1\end{vmatrix}$$

$$=-(k-1)^2(k+2)$$

齐次线性方程组有非零解，则 $D=0$. 即

$$-(k-1)^2(k+2)=0$$

得 $k=1$ 或 $k=-2$.

不难验证，当 $k=1$ 或 $k=-2$ 时，该齐次线性方程组确有非零解.

习题 13-2

1. 用克莱姆法则解下列线性方程组.

(1) $\begin{cases} x_1+x_2+x_3=2 \\ x_1+2x_2+4x_3=3 \\ x_1+3x_2+9x_3=5 \end{cases}$;

(2) $\begin{cases} x_1+2x_2+3x_3=1 \\ 2x_1+2x_2+5x_3=2 \\ 3x_1+5x_2+x_3=3 \end{cases}$;

(3) $\begin{cases} x_1+x_2+x_3=5 \\ 2x_1+x_2-x_3+x_4=1 \\ x_1+2x_2-x_3+x_4=2 \\ x_2+2x_3+3x_4=3 \end{cases}$.

2. 问 λ,μ 取何值时，齐次线性方程组 $\begin{cases} \lambda x_1+x_2+x_3=0 \\ x_1+\mu x_2+x_3=0 \\ x_1+2\mu x_2+x_3=0 \end{cases}$ 有非零解？

总复习题 13

1. 计算下列行列式.

(1) $\begin{vmatrix} x & y & x+y \\ y & x+y & x \\ x+y & x & y \end{vmatrix}$;　　(2) $\begin{vmatrix} 3 & 1 & 1 & 1 \\ 1 & 3 & 1 & 1 \\ 1 & 1 & 3 & 1 \\ 1 & 1 & 1 & 3 \end{vmatrix}$.

2.计算

$$D=\begin{vmatrix} a & b & c & d \\ a & a+b & a+b+c & a+b+c+d \\ a & 2a+b & 3a+2b+c & 4a+3b+2c+d \\ a & 3a+b & 6a+3b+c & 10a+6b+3c+d \end{vmatrix}$$

3.求解下列非齐次线性方程组.

(1) $\begin{cases} 4x_1+2x_2-x_3=2 \\ 3x_1-x_2+2x_3=10 \\ 11x_1+3x_2=8 \end{cases}$；　(2) $\begin{cases} x_1-x_2-x_3=2 \\ 2x_1-x_2-3x_3=1 \\ 3x_1+2x_2-5x_3=0 \end{cases}$.

4.证明范德蒙(Vandermonde)行列式

$$D_n=\begin{vmatrix} 1 & 1 & \cdots & 1 \\ x_1 & x_2 & \cdots & x_n \\ x_1^2 & x_2^2 & \cdots & x_n^2 \\ \vdots & \vdots & & \vdots \\ x_1^{n-1} & x_2^{n-1} & \cdots & x_n^{n-1} \end{vmatrix}=\prod_{n\geqslant i>j\geqslant 1}(x_i-x_j)$$

其中记号“$\prod$”表示全体同类因子的乘积.

第14章

矩　阵

育人目标

1. 中国传统数学文化中就有矩阵、方程等线性代数的思想，充分挖掘中国传统数学中的代数思想，培养家国情怀和文化自信.

2. 在用矩阵的初等变换解决问题时，适当挖掘“变与不变”的主题.

思政元素

《九章算术》是中国传统数学中最重要的著作之一，也是我国传统文化的重要组成部分. 它集中体现了中国古代数学体系的特征：以筹算为基础，以算法为主，寓理于算，广泛应用. 矩阵的思想在《九章算术》里有明显体现，用“方程术”解三元线性方程组的方法更是世界上最早、最完整的线性方程组解法.

思政园地

14 岁备战国际奥数赛，读数学书是一种消遣，拒绝国外名校邀请，毅然坚持在国内研究，“另类”的数学才子，北大数学天才韦东奕.

韦东奕，北京大学数学科学学院 2010 级本科生、2014 级博士研究生，曾获第 49 届、第 50 届国际数学奥林匹克(IMO)满分、金牌第一名. 在北大数学系上，有关于他的简单介绍：2014 年获得了北大学士学位，2018 年获得了北大博士学位，2017 到 2019 年，北京国际数学研究中心博士后，2019 年 12 月之后留校，担任助理教授.

韦东奕，15 岁入选数学奥赛国家集训队集训，他在数学方面的强大，令队友、教练叹服. 在 2013 年的“丘成桐数学竞赛”中，韦东奕的表现更是让考官们难忘. 在决赛中，韦东奕毫不费力地斩获了华罗庚金奖、陈省身金奖、林家翘金奖、许宝騄金奖、个人全能金奖以及周炜良银奖. 这意味着他以一己之力，碾压了北大的主要对手清华和中科大.

江湖上流传着海外名校的“抢人”传说. 哈佛给出了一系列令人心动的优待，甚至愿意为了韦东奕打破校规——只要韦东奕愿意来哈佛读书，可以直接免掉英语考试. 然而都被他拒绝了，他坚持在国内读博，后来继续在北京国际数学交流中心攻读博士学位.

韦东奕入读大学后,逐渐从竞赛界的传说,成了数院乃至北大的传说.据说大一刚开学不久,有一次习题课由韦东奕讲课,他讲完后,大家都没听懂,请教授再讲一遍,教授却微微一笑说:“不行,我也没听懂.”另据说有一学期,韦东奕担任某门课的助教,老师笑着向同学们介绍:“这是你们这学期的助教,如果你们有不会的习题可以问我,如果我不会可以问助教,如果连助教都不会那估计就是题目错了.”

韦东奕解题的许多方法都是自创的,比标准答案还要简洁得多,被誉为“韦方法”,还流传有“韦东奕不等式”.据称,“韦东奕不等式”是韦东奕“玩”Jacobi 椭圆函数后得到的副产品,那一年他上高二.

讨论

1. 从以上示例中,您学到了什么?
2. 是一种什么样的精神,使得韦东奕拒绝国外名校邀请,坚持在国内钻研?

矩阵的地位不仅在数学中举足轻重,在经济学和企业管理以及其他学科中也有着广泛的应用.本章通过实际问题引入矩阵的概念,同时进行矩阵的运算.

14.1 矩阵及其运算

矩阵是线性代数中的一个重要概念,是研究线性关系的有力工具.从实际问题中抽象出来的矩阵概念,广泛应用于自然科学、工程技术和经济管理等学科.本节主要介绍矩阵的概念和矩阵的加法与乘法运算.

14.1.1 矩阵的概念

先看两个例子.

引例 1 表 14-1 显示某学校部分老师的工资情况.

表 14-1 部分老师工资情况

姓名	应发工资	公积金	失业保险	医疗保险
张博涵	2 008	416	21	36
孙凯	1 998	400	21	36
石子月	2 108	422	22	38

我们可以简单地用一张数表来表示：

姓名	应发工资	公积金	失业保险	医疗保险
张博涵	2 008	416	21	36
孙凯	1 998	400	21	36
石子月	2 108	422	22	38

或简单地表示为

$$\begin{pmatrix} 2\,008 & 416 & 21 & 36 \\ 1\,998 & 400 & 21 & 36 \\ 2\,108 & 422 & 22 & 38 \end{pmatrix}$$

引例 2　含有 n 个未知量 m 个方程的线性方程组为

$$\begin{cases} a_{11}x_1+a_{12}x_2+\cdots+a_{1n}x_n=b_1 \\ a_{21}x_1+a_{22}x_2+\cdots+a_{2n}x_n=b_2 \\ \cdots \\ a_{m1}x_1+a_{m2}x_2+\cdots+a_{mn}x_n=b_m \end{cases}$$

将它的系数 $a_{ij}(i=1,2,\cdots,m;j=1,2,\cdots,n)$ 与常数项 $b_i(i=1,2,\cdots,m)$ 按照原来的顺序写出来，就可以得到一张 m 行 $n+1$ 列的数表：

$$\begin{pmatrix} a_{11} & a_{12} & \cdots & a_{1n} & b_1 \\ a_{21} & a_{22} & \cdots & a_{2n} & b_2 \\ \vdots & \vdots & & \vdots & \vdots \\ a_{m1} & a_{m2} & \cdots & a_{mn} & b_m \end{pmatrix}$$

从上面的引例可以看出，可以用不同的数表来表示不同的实际问题. 我们把这些数表称为矩阵.

定义 1　由 $m\times n$ 个数 $a_{ij}(i=1,2,\cdots,m;j=1,2,\cdots,n)$ 排成的 m 行 n 列（横的称为行，纵的称为列）并加方括号或圆括号标记的有序矩形数表

$$\boldsymbol{A}=\begin{bmatrix} a_{11} & a_{12} & \cdots & a_{1n} \\ a_{21} & a_{22} & \cdots & a_{2n} \\ \vdots & \vdots & & \vdots \\ a_{m1} & a_{m2} & \cdots & a_{mn} \end{bmatrix} \text{或} \boldsymbol{A}=\begin{pmatrix} a_{11} & a_{12} & \cdots & a_{1n} \\ a_{21} & a_{22} & \cdots & a_{2n} \\ \vdots & \vdots & & \vdots \\ a_{m1} & a_{m2} & \cdots & a_{mn} \end{pmatrix}$$

称为一个 m 行 n 列矩阵或 $m\times n$ **矩阵**. 记为 $\boldsymbol{A}_{ij}$ 或 $(a_{ij})_{m\times n}$. a_{ij} 称为矩阵的第 i 行第 j 列的元素，i 称为 a_{ij} 的行指标，j 称为 a_{ij} 的列指标.

矩阵通常用大写字母 $\boldsymbol{A},\boldsymbol{B},\boldsymbol{C},\cdots$表示.

例如，$\begin{pmatrix} 1 & 0 & 3 & 5 \\ -9 & 6 & 4 & 3 \end{pmatrix}$是一个 2×4 实矩阵，$\begin{pmatrix} 13 & 6 & 2i \\ 2 & 2 & 2 \\ 2 & 2 & 2 \end{pmatrix}$是一个 3×3 复矩阵.

14.1.2 几种特殊矩阵

(1)**零矩阵**：元素全为零的 $m\times n$ 矩阵，记为：$\boldsymbol{O}$ 或 $\boldsymbol{0}_{m\times n}$.

例如，$\boldsymbol{0}_{2\times2}=\begin{pmatrix} 0 & 0 \\ 0 & 0 \end{pmatrix}$；$\boldsymbol{0}_{2\times3}=\begin{pmatrix} 0 & 0 & 0 \\ 0 & 0 & 0 \end{pmatrix}$.

·注意· 不同阶数的零矩阵是不相等的.

例如，$\begin{pmatrix} 0 & 0 & 0 & 0 \\ 0 & 0 & 0 & 0 \\ 0 & 0 & 0 & 0 \\ 0 & 0 & 0 & 0 \end{pmatrix}\neq(0 \quad 0 \quad 0 \quad 0)$.

(2)**行矩阵**：只有一行的矩阵. $\boldsymbol{a}=(a_1,a_2,\cdots,a_n)$，行矩阵也称为行向量.

(3)**列矩阵**：只有一列的矩阵. $\boldsymbol{b}=\begin{pmatrix} b_1 \\ b_2 \\ \vdots \\ b_n \end{pmatrix}$.

(4)**方阵**：行数与列数相等的矩阵. 如 n 阶方阵

$$\boldsymbol{A}_{n\times n}=\begin{pmatrix} a_{11} & a_{12} & \cdots & a_{1n} \\ a_{21} & a_{22} & \cdots & a_{2n} \\ \vdots & \vdots & & \vdots \\ a_{n1} & a_{n2} & \cdots & a_{nn} \end{pmatrix}$$

(5)**上三角方阵**：非零元素只可能在主对角线及其上方.

$$\begin{pmatrix} a_{11} & a_{12} & \cdots & a_{1n} \\ 0 & a_{22} & \cdots & a_{2n} \\ \vdots & \vdots & & \vdots \\ 0 & 0 & \cdots & a_{nn} \end{pmatrix}$$

下三角方阵：非零元素只可能在主对角线及其下方.

$$\begin{pmatrix} a_{11} & 0 & \cdots & 0 \\ a_{21} & a_{22} & \cdots & 0 \\ \vdots & \vdots & & \vdots \\ a_{n1} & a_{n2} & \cdots & a_{nn} \end{pmatrix}$$

(6)**对角矩阵**：形如 $\begin{pmatrix} \lambda_1 & 0 & \cdots & 0 \\ 0 & \lambda_2 & \cdots & 0 \\ \vdots & \vdots & & \vdots \\ 0 & 0 & \cdots & \lambda_n \end{pmatrix}$ 的方阵称为对角矩阵(或对角阵).

(7)**数量矩阵**：主对角元素都相等的对角矩阵.记作 $k\boldsymbol{E}$ 或 $k\boldsymbol{E}_n$.

$$k\boldsymbol{E}_n = \begin{pmatrix} k & & & \\ & k & & \\ & & \ddots & \\ & & & k \end{pmatrix}$$

(8)**单位方阵**：主对角线上全为 1 的对角矩阵，记作

$$\boldsymbol{I} = \begin{pmatrix} 1 & & & \\ & 1 & & \\ & & \ddots & \\ & & & 1 \end{pmatrix}$$

14.1.3 矩阵的运算

在介绍矩阵的运算之前，我们首先给出同型矩阵和矩阵相等的概念.

行数相同，列数也相同的两个矩阵称为**同型矩阵**.

例如，$\begin{pmatrix} 1 & 2 \\ 5 & 6 \\ 3 & 7 \end{pmatrix}$ 与 $\begin{pmatrix} 14 & 3 \\ 8 & 4 \\ 3 & 9 \end{pmatrix}$ 为同型矩阵.

两个矩阵 $\boldsymbol{A}=(a_{ij})$，$\boldsymbol{B}=(b_{ij})$ 是同型矩阵，且各对应元素也相同，即 $a_{ij}=b_{ij}(i=1,2,\cdots,m;j=1,2,\cdots,n)$，则称矩阵 $\boldsymbol{A}$ 与 $\boldsymbol{B}$ **相等**，记作 $\boldsymbol{A}=\boldsymbol{B}$.

例如，设 $\boldsymbol{A}=\begin{pmatrix} 1 & 2 & 3 \\ 3 & 1 & 2 \end{pmatrix}$，$\boldsymbol{B}=\begin{pmatrix} 1 & x & 3 \\ y & 1 & z \end{pmatrix}$，已知 $\boldsymbol{A}=\boldsymbol{B}$，则 $x=2$，$y=3$，$z=2$.

1. 矩阵的加法

定义 2 两个 $m\times n$ 矩阵 $\boldsymbol{A}=(a_{ij})$，$\boldsymbol{B}=(b_{ij})$ 的和记作 $\boldsymbol{A}+\boldsymbol{B}$，规定 $\boldsymbol{A}+\boldsymbol{B}=(a_{ij}+b_{ij})$，即

$$\boldsymbol{A}+\boldsymbol{B}=\begin{pmatrix} a_{11}+b_{11} & a_{12}+b_{12} & \cdots & a_{1n}+b_{1n} \\ a_{21}+b_{21} & a_{22}+b_{22} & \cdots & a_{2n}+b_{2n} \\ \vdots & \vdots & & \vdots \\ a_{m1}+b_{m1} & a_{m2}+b_{m2} & \cdots & a_{mn}+b_{mn} \end{pmatrix}$$

例如,$\begin{pmatrix} 1 & 3 & -5 \\ 6 & 0 & 8 \end{pmatrix}+\begin{pmatrix} 2 & 4 & 3 \\ 5 & -1 & -8 \end{pmatrix}=\begin{pmatrix} 3 & 7 & -2 \\ 11 & -1 & 0 \end{pmatrix}$.

定义 3 记$-\boldsymbol{A}=(-a_{ij})$,称$-\boldsymbol{A}$为$\boldsymbol{A}$的**负矩阵**.

定义 4 两个 $m\times n$ 矩阵 $\boldsymbol{A}=(a_{ij})$,$\boldsymbol{B}=(b_{ij})$的差记作$\boldsymbol{A}-\boldsymbol{B}$,规定$\boldsymbol{A}-\boldsymbol{B}=\boldsymbol{A}+(-\boldsymbol{B})$,即

$$\boldsymbol{A}-\boldsymbol{B}=\begin{pmatrix} a_{11}-b_{11} & a_{12}-b_{12} & \cdots & a_{1n}-b_{1n} \\ a_{21}-b_{21} & a_{22}-b_{22} & \cdots & a_{2n}-b_{2n} \\ \vdots & \vdots & & \vdots \\ a_{m1}-b_{m1} & a_{m2}-b_{m2} & \cdots & a_{mn}-b_{mn} \end{pmatrix}$$

矩阵加法的运算规律:

令$\boldsymbol{A}$,$\boldsymbol{B}$和$\boldsymbol{C}$是$m\times n$阶矩阵,

(1)交换律:$\boldsymbol{A}+\boldsymbol{B}=\boldsymbol{B}+\boldsymbol{A}$;

(2)结合律:$(\boldsymbol{A}+\boldsymbol{B})+\boldsymbol{C}=\boldsymbol{A}+(\boldsymbol{B}+\boldsymbol{C})$;

(3)$\boldsymbol{A}+\boldsymbol{O}=\boldsymbol{A}$;

(4)$\boldsymbol{A}+(-\boldsymbol{A})=\boldsymbol{O}$,$\boldsymbol{A}-\boldsymbol{B}=\boldsymbol{A}+(-\boldsymbol{B})$.

2. 数乘矩阵

定义 5 数k与矩阵$\boldsymbol{A}$的乘积记作$k\boldsymbol{A}$或$\boldsymbol{A}k$,即

$$k\boldsymbol{A}=\boldsymbol{A}k=\begin{pmatrix} ka_{11} & ka_{12} & \cdots & ka_{1n} \\ \vdots & \vdots & & \vdots \\ ka_{i1} & ka_{i2} & \cdots & ka_{in} \\ \vdots & \vdots & & \vdots \\ ka_{m1} & ka_{m2} & \cdots & ka_{mn} \end{pmatrix}$$

例如,设$\boldsymbol{A}=\begin{pmatrix} 5 & 6 & -7 \\ 4 & 3 & 1 \end{pmatrix}$,那么$2\boldsymbol{A}=\begin{pmatrix} 2\times 5 & 2\times 6 & 2\times(-7) \\ 2\times 4 & 2\times 3 & 2\times 1 \end{pmatrix}=\begin{pmatrix} 10 & 12 & -14 \\ 8 & 6 & 2 \end{pmatrix}$.

数乘矩阵的运算规律:

令$\boldsymbol{A}$,$\boldsymbol{B}$和$\boldsymbol{C}$是$m\times n$阶矩阵,k,l为常数,

(1)交换律:$k\boldsymbol{A}=\boldsymbol{A}k$;

(2)分配律:$k(\boldsymbol{A}+\boldsymbol{B})=k\boldsymbol{A}+k\boldsymbol{B}$,$(k+l)\boldsymbol{A}=k\boldsymbol{A}+l\boldsymbol{A}$;

(3)结合律:$(kl)\boldsymbol{A}=k(l\boldsymbol{A})$;

(4)$1\cdot\boldsymbol{A}=\boldsymbol{A}$,$(-1)\cdot\boldsymbol{A}=-\boldsymbol{A}$.

3. 矩阵的乘法

定义 6 设$\boldsymbol{A}=(a_{ij})_{m\times s}$,$\boldsymbol{B}=(b_{ij})_{s\times n}$,那么矩阵$\boldsymbol{C}=(c_{ij})_{m\times n}$,其中

$$c_{ij}=a_{i1}b_{1j}+a_{i2}b_{2j}+\cdots+a_{is}b_{sj}=\sum_{k=1}^{s}a_{ik}b_{kj},\quad (i=1,2,\cdots,m;j=1,2,\cdots,n)$$

称为矩阵$\boldsymbol{A}$与$\boldsymbol{B}$的乘积,记为$\boldsymbol{C}=\boldsymbol{AB}$.

由矩阵乘法的定义可以看出,矩阵$\boldsymbol{A}$与$\boldsymbol{B}$的乘积$\boldsymbol{C}$的第i行第j列的元素等于第一个矩阵$\boldsymbol{A}$的第i行与第二个矩阵$\boldsymbol{B}$的第j列的对应元素的乘积的和. 当然,在乘积的定义中,我们要求$\boldsymbol{B}$的行数与$\boldsymbol{A}$的列数相等,并且所得的结果$\boldsymbol{AB}$的行数等于矩阵$\boldsymbol{A}$的行数,列数等于矩阵$\boldsymbol{B}$的列数.

例如,

$$\begin{pmatrix}a_{11}&a_{12}&a_{13}\\a_{21}&a_{22}&a_{23}\end{pmatrix}\begin{pmatrix}b_{11}&b_{12}\\b_{21}&b_{22}\\b_{31}&b_{32}\end{pmatrix}=\begin{pmatrix}a_{11}b_{11}+a_{12}b_{21}+a_{13}b_{31}&a_{11}b_{12}+a_{12}b_{22}+a_{13}b_{32}\\a_{21}b_{11}+a_{22}b_{21}+a_{23}b_{31}&a_{21}b_{12}+a_{22}b_{22}+a_{23}b_{32}\end{pmatrix}$$

例 1 已知

$$\boldsymbol{A}=\begin{pmatrix}-3&1\\9&-3\end{pmatrix},\boldsymbol{B}=\begin{pmatrix}7&-2\\8&4\end{pmatrix},\boldsymbol{C}=\begin{pmatrix}5&-3\\2&1\end{pmatrix},\boldsymbol{D}=\begin{pmatrix}2&1\\6&3\end{pmatrix}$$

计算$\boldsymbol{AB}$,$\boldsymbol{AC}$,$\boldsymbol{AD}$,$\boldsymbol{DA}$.

解 $\boldsymbol{AB}=\begin{pmatrix}-13&10\\39&-30\end{pmatrix}$,$\boldsymbol{AC}=\begin{pmatrix}-13&10\\39&-30\end{pmatrix}$,

$\boldsymbol{AD}=\begin{pmatrix}0&0\\0&0\end{pmatrix}$,$\boldsymbol{DA}=\begin{pmatrix}3&-1\\9&-3\end{pmatrix}$,显然$\boldsymbol{AD}\neq\boldsymbol{DA}$.

例 2 设$\boldsymbol{A}=\begin{pmatrix}1&2&3\\3&2&1\end{pmatrix}$,$\boldsymbol{B}=\begin{pmatrix}1&3\\3&1\\2&2\end{pmatrix}$,$\boldsymbol{D}=\begin{pmatrix}1&0\\3&2\end{pmatrix}$,求$\boldsymbol{AB}$,$\boldsymbol{AD}$.

解 $\boldsymbol{AB}=\begin{pmatrix}1\times1+2\times3+3\times2&1\times3+2\times1+3\times2\\3\times1+2\times3+1\times2&3\times3+2\times1+1\times2\end{pmatrix}=\begin{pmatrix}13&11\\11&13\end{pmatrix}$;

$\boldsymbol{AD}$无意义.

例 3 n元线性方程组

$$\begin{cases}a_{11}x_1+a_{12}x_2+\cdots+a_{1n}x_n=b_1\\a_{21}x_1+a_{22}x_2+\cdots+a_{2n}x_n=b_2\\\cdots\\a_{m1}x_1+a_{m2}x_2+\cdots+a_{mn}x_n=b_m\end{cases}$$

可矩阵表示为

$$\begin{pmatrix} a_{11} & a_{12} & \cdots & a_{1n} \\ a_{21} & a_{22} & \cdots & a_{2n} \\ \vdots & \vdots & & \vdots \\ a_{m1} & a_{m2} & \cdots & a_{mn} \end{pmatrix} \begin{pmatrix} x_1 \\ x_2 \\ \vdots \\ x_n \end{pmatrix} = \begin{pmatrix} b_1 \\ b_2 \\ \vdots \\ b_m \end{pmatrix}$$

矩阵乘法的运算规律:

令 $\boldsymbol{A}$,$\boldsymbol{B}$ 和 $\boldsymbol{C}$ 是 n 阶矩阵,$\boldsymbol{I}$ 为单位方阵,k 为任意常数,

(1)分配律:$\boldsymbol{A}(\boldsymbol{B}+\boldsymbol{C})=\boldsymbol{AB}+\boldsymbol{AC}$,$(\boldsymbol{B}+\boldsymbol{C})\boldsymbol{A}=\boldsymbol{BA}+\boldsymbol{CA}$;

(2)结合律:$(\boldsymbol{AB})\boldsymbol{C}=\boldsymbol{A}(\boldsymbol{BC})$,$k(\boldsymbol{AB})=(k\boldsymbol{A})\boldsymbol{B}=\boldsymbol{A}(k\boldsymbol{B})$;

(3)$\boldsymbol{A}_{n\times n}\boldsymbol{I}_n=\boldsymbol{I}_n\boldsymbol{A}_{n\times n}=\boldsymbol{A}$.

例 4 已知 $\boldsymbol{A}=\begin{pmatrix} a_{11} & a_{12} & a_{13} \\ a_{21} & a_{22} & a_{23} \\ a_{31} & a_{32} & a_{33} \end{pmatrix}$,$\boldsymbol{I}=\begin{pmatrix} 1 & 0 & 0 \\ 0 & 1 & 0 \\ 0 & 0 & 1 \end{pmatrix}$,求 $\boldsymbol{AI}$ 和 $\boldsymbol{IA}$.

解 $$\boldsymbol{AI}=\begin{pmatrix} a_{11} & a_{12} & a_{13} \\ a_{21} & a_{22} & a_{23} \\ a_{31} & a_{32} & a_{33} \end{pmatrix}\begin{pmatrix} 1 & 0 & 0 \\ 0 & 1 & 0 \\ 0 & 0 & 1 \end{pmatrix}=\begin{pmatrix} a_{11} & a_{12} & a_{13} \\ a_{21} & a_{22} & a_{23} \\ a_{31} & a_{32} & a_{33} \end{pmatrix}=\boldsymbol{A};$$

$$\boldsymbol{IA}=\begin{pmatrix} 1 & 0 & 0 \\ 0 & 1 & 0 \\ 0 & 0 & 1 \end{pmatrix}\begin{pmatrix} a_{11} & a_{12} & a_{13} \\ a_{21} & a_{22} & a_{23} \\ a_{31} & a_{32} & a_{33} \end{pmatrix}=\begin{pmatrix} a_{11} & a_{12} & a_{13} \\ a_{21} & a_{22} & a_{23} \\ a_{31} & a_{32} & a_{33} \end{pmatrix}=\boldsymbol{A}.$$

由上例可知,单位矩阵 $\boldsymbol{I}$ 在矩阵的乘法中与数 1 在数的乘法中所起的作用相似.

·注意· 由于矩阵乘法不满足交换律,所以在进行运算时,千万要注意,不能把左、右次序颠倒.

例 5 已知 $\boldsymbol{A}=\begin{pmatrix} 1 & \sqrt{3} \\ -\sqrt{3} & 1 \end{pmatrix}$,求 $\boldsymbol{A}^3$.

解 $$\boldsymbol{A}^2=\begin{pmatrix} 1 & \sqrt{3} \\ -\sqrt{3} & 1 \end{pmatrix}\begin{pmatrix} 1 & \sqrt{3} \\ -\sqrt{3} & 1 \end{pmatrix}=\begin{pmatrix} -2 & 2\sqrt{3} \\ -2\sqrt{3} & -2 \end{pmatrix};$$

$$\boldsymbol{A}^3=\boldsymbol{A}^2\boldsymbol{A}=\begin{pmatrix} -2 & 2\sqrt{3} \\ -2\sqrt{3} & -2 \end{pmatrix}\begin{pmatrix} 1 & \sqrt{3} \\ -\sqrt{3} & 1 \end{pmatrix}=\begin{pmatrix} -8 & 0 \\ 0 & -8 \end{pmatrix}.$$

4. 矩阵的转置

定义 7 把 $m\times n$ 矩阵 $\boldsymbol{A}$ 的行与列依次互换得到另一个 $n\times m$ 矩阵,称为 $\boldsymbol{A}$ 的**转置矩阵**,记作 $\boldsymbol{A}^{\mathrm{T}}$ 或 $\boldsymbol{A}'$.

$$\boldsymbol{A}=\begin{pmatrix}a_{11} & a_{12} & \cdots & a_{1n}\\ a_{21} & a_{22} & \cdots & a_{2n}\\ \vdots & \vdots & & \vdots\\ a_{m1} & a_{m2} & \cdots & a_{mn}\end{pmatrix},\boldsymbol{A}^{\mathrm{T}}=\begin{pmatrix}a_{11} & a_{21} & \cdots & a_{m1}\\ a_{12} & a_{22} & \cdots & a_{m2}\\ \vdots & \vdots & & \vdots\\ a_{1n} & a_{2n} & \cdots & a_{mn}\end{pmatrix}$$

转置矩阵的运算性质：

(1) $(\boldsymbol{A}^{\mathrm{T}})^{\mathrm{T}}=\boldsymbol{A}$；

(2) $(\boldsymbol{A}+\boldsymbol{B})^{\mathrm{T}}=\boldsymbol{A}^{\mathrm{T}}+\boldsymbol{B}^{\mathrm{T}}$；

(3) $(k\boldsymbol{A})^{\mathrm{T}}=k\boldsymbol{A}^{\mathrm{T}}$；

(4) $(\boldsymbol{A}\boldsymbol{B})^{\mathrm{T}}=\boldsymbol{B}^{\mathrm{T}}\boldsymbol{A}^{\mathrm{T}}$.

例 6　已知 $\boldsymbol{A}=\begin{pmatrix}0 & 2 & 4\\ 4 & 1 & -2\\ -3 & 2 & -1\end{pmatrix}$，求 $\boldsymbol{A}+\boldsymbol{A}^{\mathrm{T}}$ 和 $\boldsymbol{A}-\boldsymbol{A}^{\mathrm{T}}$.

解　$\boldsymbol{A}+\boldsymbol{A}^{\mathrm{T}}=\begin{pmatrix}0 & 2 & 4\\ 4 & 1 & -2\\ -3 & 2 & -1\end{pmatrix}+\begin{pmatrix}0 & 4 & -3\\ 2 & 1 & 2\\ 4 & -2 & -1\end{pmatrix}=\begin{pmatrix}0 & 6 & 1\\ 6 & 2 & 0\\ 1 & 0 & -2\end{pmatrix}$；

$$\boldsymbol{A}-\boldsymbol{A}^{\mathrm{T}}=\begin{pmatrix}0 & 2 & 4\\ 4 & 1 & -2\\ -3 & 2 & -1\end{pmatrix}-\begin{pmatrix}0 & 4 & -3\\ 2 & 1 & 2\\ 4 & -2 & -1\end{pmatrix}=\begin{pmatrix}0 & -2 & 7\\ 2 & 0 & -4\\ -7 & 4 & 0\end{pmatrix}.$$

例 7　已知 $\boldsymbol{A}=\begin{pmatrix}2 & 0 & -1\\ 1 & 3 & 2\end{pmatrix}$，$\boldsymbol{B}=\begin{pmatrix}1 & 7 & -1\\ 4 & 2 & 3\\ 2 & 0 & 1\end{pmatrix}$，求 $(\boldsymbol{A}\boldsymbol{B})^{\mathrm{T}}$.

解　$\boldsymbol{A}\boldsymbol{B}=\begin{pmatrix}2 & 0 & -1\\ 1 & 3 & 2\end{pmatrix}\begin{pmatrix}1 & 7 & -1\\ 4 & 2 & 3\\ 2 & 0 & 1\end{pmatrix}=\begin{pmatrix}0 & 14 & -3\\ 17 & 13 & 10\end{pmatrix}$，所以

$$(\boldsymbol{A}\boldsymbol{B})^{\mathrm{T}}=\begin{pmatrix}0 & 17\\ 14 & 13\\ -3 & 10\end{pmatrix}$$

习题 14-1

1. 求矩阵 $\boldsymbol{X}$，使 $\boldsymbol{X}+\boldsymbol{A}=\boldsymbol{B}$，其中 $\boldsymbol{A}=\begin{pmatrix}3 & -2 & 0\\ 1 & 1 & 2\\ 2 & 3 & -1\end{pmatrix}$，$\boldsymbol{B}=\begin{pmatrix}1 & 2 & -1\\ 1 & 3 & -4\\ -2 & -1 & 1\end{pmatrix}$.

2. 设 $\boldsymbol{A}=\begin{pmatrix}4 & -2\\ -2 & 1\end{pmatrix}$, $\boldsymbol{B}=\begin{pmatrix}3 & 6\\ -2 & -4\end{pmatrix}$,求 $\boldsymbol{AB}$ 及 $\boldsymbol{BA}$.

3. 计算$\begin{pmatrix}1 & 1\\ 0 & 1\end{pmatrix}^n$.

4. 设(1)$\boldsymbol{A}=\begin{pmatrix}1 & 3\\ 2 & -1\end{pmatrix}$, $\boldsymbol{B}=\begin{pmatrix}3 & 0\\ 1 & 2\end{pmatrix}$;

(2)$\boldsymbol{A}=\begin{pmatrix}3 & 1 & 1\\ 2 & 1 & 2\\ 1 & 2 & 3\end{pmatrix}$, $\boldsymbol{B}=\begin{pmatrix}1 & 1 & -1\\ 2 & -1 & 0\\ 1 & 0 & 1\end{pmatrix}$.

求 $\boldsymbol{AB}$, $\boldsymbol{A}^2-\boldsymbol{B}^2$ 和 $\boldsymbol{A}^{\mathrm{T}}+\boldsymbol{B}^{\mathrm{T}}$.

5. 已知 $\boldsymbol{AB}=\boldsymbol{BA}$, $\boldsymbol{AC}=\boldsymbol{CA}$,求证 $\boldsymbol{A}(\boldsymbol{B}+\boldsymbol{C})=(\boldsymbol{B}+\boldsymbol{C})\boldsymbol{A}$.

14.2 逆矩阵及初等变换

14.2.1 逆矩阵的概念

引例 设 $\boldsymbol{A}=\begin{pmatrix}0 & 4\\ 1 & 3\end{pmatrix}$, $\boldsymbol{B}=\begin{pmatrix}-1 & 4\\ 1 & 2\end{pmatrix}$,验证 $\boldsymbol{B}$ 是 $\boldsymbol{A}$ 的可交换矩阵.

证明

$$\boldsymbol{AB}=\begin{pmatrix}0 & 4\\ 1 & 3\end{pmatrix}\begin{pmatrix}-1 & 4\\ 1 & 2\end{pmatrix}=\begin{pmatrix}4 & 8\\ 2 & 10\end{pmatrix}$$

$$\boldsymbol{BA}=\begin{pmatrix}-1 & 4\\ 1 & 2\end{pmatrix}\begin{pmatrix}0 & 4\\ 1 & 3\end{pmatrix}=\begin{pmatrix}4 & 8\\ 2 & 10\end{pmatrix}$$

因为 $\boldsymbol{AB}=\boldsymbol{BA}$,所以 $\boldsymbol{B}$ 是 $\boldsymbol{A}$ 的可交换矩阵.

在数的运算中,当数 $a\neq 0, b\neq 0$ 时,若有 $ab=ba=1$,则称 $b=\dfrac{1}{a}$ 为 a 的倒数,在矩阵的乘法运算中,也有类似情形(单位矩阵 $\boldsymbol{I}$ 相当于数的乘法运算中的 1).

下面引入逆矩阵的定义:

定义 1 对于 n 阶方阵 $\boldsymbol{A}$,如果存在 n 阶方阵 $\boldsymbol{B}$,使得 $\boldsymbol{AB}=\boldsymbol{BA}=\boldsymbol{I}$,则称 $\boldsymbol{A}$ 为**可逆矩阵**,$\boldsymbol{B}$ 是 $\boldsymbol{A}$ 的**逆矩阵**,记作 $\boldsymbol{B}=\boldsymbol{A}^{-1}$.

·注意· 在上述定义中,矩阵 $\boldsymbol{A}$, $\boldsymbol{B}$ 的地位是平等的,也就是说矩阵 $\boldsymbol{B}$ 是 $\boldsymbol{A}$ 的逆矩阵的同时,矩阵 $\boldsymbol{A}$ 也是 $\boldsymbol{B}$ 的逆矩阵,即 $\boldsymbol{A}=\boldsymbol{B}^{-1}$,且都为同阶方阵.

例 1　设矩阵 $\boldsymbol{A}=\begin{pmatrix}1 & -2 & 1\\2 & -3 & 1\\3 & 1 & -3\end{pmatrix}$，$\boldsymbol{B}=\begin{pmatrix}8 & -5 & 1\\9 & -6 & 1\\11 & -7 & 1\end{pmatrix}$，验证矩阵 $\boldsymbol{A}$，$\boldsymbol{B}$ 互为逆矩阵.

证明　由逆矩阵的定义可知，只要验证 $\boldsymbol{AB}=\boldsymbol{BA}=\boldsymbol{I}$ 即可. 于是

$$\boldsymbol{AB}=\begin{pmatrix}1 & -2 & 1\\2 & -3 & 1\\3 & 1 & -3\end{pmatrix}\begin{pmatrix}8 & -5 & 1\\9 & -6 & 1\\11 & -7 & 1\end{pmatrix}=\begin{pmatrix}1 & 0 & 0\\0 & 1 & 0\\0 & 0 & 1\end{pmatrix}=\boldsymbol{I}$$

$$\boldsymbol{BA}=\begin{pmatrix}8 & -5 & 1\\9 & -6 & 1\\11 & -7 & 1\end{pmatrix}\begin{pmatrix}1 & -2 & 1\\2 & -3 & 1\\3 & 1 & -3\end{pmatrix}=\begin{pmatrix}1 & 0 & 0\\0 & 1 & 0\\0 & 0 & 1\end{pmatrix}=\boldsymbol{I}$$

这就说明 $\boldsymbol{A}$，$\boldsymbol{B}$ 互为逆矩阵.

14.2.2　逆矩阵的性质与计算

1. 逆矩阵的性质

性质 1　若矩阵 $\boldsymbol{A}$ 可逆，则其逆矩阵是唯一的.

事实上，若方阵 $\boldsymbol{B}$，$\boldsymbol{C}$ 均为方阵 $\boldsymbol{A}$ 的逆矩阵，则有 $\boldsymbol{AB}=\boldsymbol{BA}=\boldsymbol{I}$，$\boldsymbol{AC}=\boldsymbol{CA}=\boldsymbol{I}$，可得 $\boldsymbol{B}=\boldsymbol{BI}=\boldsymbol{B}(\boldsymbol{AC})=(\boldsymbol{BA})\boldsymbol{C}=\boldsymbol{IC}=\boldsymbol{C}$.

性质 2　若矩阵 $\boldsymbol{A}$ 可逆，则 $\boldsymbol{A}^{-1}$ 也可逆，且 $(\boldsymbol{A}^{-1})^{-1}=\boldsymbol{A}$.

性质 3　若矩阵 $\boldsymbol{A}$ 可逆，实数 $\lambda\neq 0$，则 $\lambda\boldsymbol{A}$ 可逆，且 $(\lambda\boldsymbol{A})^{-1}=\lambda^{-1}\boldsymbol{A}^{-1}$.

性质 4　若 $\boldsymbol{A}$，$\boldsymbol{B}$ 是两个同阶可逆方阵，则 $\boldsymbol{AB}$ 也可逆，且 $(\boldsymbol{AB})^{-1}=\boldsymbol{B}^{-1}\boldsymbol{A}^{-1}$.

同时该结论还可以推广到有限个可逆方阵相乘的形式：$(\boldsymbol{A}_1\boldsymbol{A}_2\cdots\boldsymbol{A}_m)^{-1}=\boldsymbol{A}_m^{-1}\cdots\boldsymbol{A}_2^{-1}\boldsymbol{A}_1^{-1}$.

性质 5　若矩阵 $\boldsymbol{A}$ 可逆，则 $\boldsymbol{A}$ 的转置矩阵 $\boldsymbol{A}^{\mathrm{T}}$ 也可逆，且 $(\boldsymbol{A}^{\mathrm{T}})^{-1}=(\boldsymbol{A}^{-1})^{\mathrm{T}}$.

性质 6　若矩阵 $\boldsymbol{A}$ 可逆，则 $|\boldsymbol{A}^{-1}|=|\boldsymbol{A}|^{-1}$.

事实上，由于 $\boldsymbol{AA}^{-1}=\boldsymbol{I}$，则两边取行列式有 $|\boldsymbol{A}|\cdot|\boldsymbol{A}^{-1}|=1$，所以 $|\boldsymbol{A}^{-1}|=\dfrac{1}{|\boldsymbol{A}|}=|\boldsymbol{A}|^{-1}$.

2. 逆矩阵的计算

下面具体给出矩阵 A 可逆的充要条件.

定理(逆矩阵存在定理)　若矩阵 $\boldsymbol{A}$ 可逆，则其行列式 $|\boldsymbol{A}|\neq 0$，同时若 $|\boldsymbol{A}|\neq 0$，则 $\boldsymbol{A}$ 可逆.

因此，方阵 $\boldsymbol{A}$ 可逆的充要条件为 $|\boldsymbol{A}|\neq 0$.

定义 2 设 A_{ij} 是行列式 $|\boldsymbol{A}|$ 中元素 a_{ij} 的代数余子式,称矩阵

$$\boldsymbol{A}^*=\begin{pmatrix} A_{11} & A_{21} & \cdots & A_{n1} \\ A_{12} & A_{22} & \cdots & A_{n2} \\ \vdots & \vdots & & \vdots \\ A_{1n} & A_{2n} & \cdots & A_{nn} \end{pmatrix}$$ 为矩阵 $\boldsymbol{A}$ 的**伴随矩阵**.

注意 $\boldsymbol{A}\boldsymbol{A}^*=\boldsymbol{A}^*\boldsymbol{A}=\begin{pmatrix} |\boldsymbol{A}| & & & \\ & |\boldsymbol{A}| & & \\ & & \ddots & \\ & & & |\boldsymbol{A}| \end{pmatrix}=|\boldsymbol{A}|\boldsymbol{I}$,所以 $\boldsymbol{A}^{-1}=\dfrac{\boldsymbol{A}^*}{|\boldsymbol{A}|}$,其中 $\boldsymbol{A}^*$ 为 $\boldsymbol{A}$ 的伴随矩阵.

例 2 判断下列 $\boldsymbol{A},\boldsymbol{B}$ 是否可逆.若可逆,求其逆.其中

$$\boldsymbol{A}=\begin{pmatrix} 1 & 2 & 3 \\ 2 & 1 & 2 \\ 1 & 3 & 3 \end{pmatrix},\boldsymbol{B}=\begin{pmatrix} 1 & 0 & 2 \\ 2 & 0 & 4 \\ 1 & 2 & 3 \end{pmatrix}$$

解 因为 $|\boldsymbol{B}|=0$,$|\boldsymbol{A}|=4\neq0$,所以 $\boldsymbol{A}$ 可逆,$\boldsymbol{B}$ 不可逆.

$\boldsymbol{A}$ 中各元素的代数余子式为

$$A_{11}=(-1)^{1+1}\begin{vmatrix} 1 & 2 \\ 3 & 3 \end{vmatrix}=-3,A_{12}=-4,A_{13}=5$$

$$A_{21}=3,A_{22}=0,A_{23}=-1,A_{31}=1,A_{32}=4,A_{33}=-3$$

于是伴随矩阵

$$\boldsymbol{A}^*=\begin{pmatrix} A_{11} & A_{21} & A_{31} \\ A_{12} & A_{22} & A_{32} \\ A_{13} & A_{23} & A_{33} \end{pmatrix}=\begin{pmatrix} -3 & 3 & 1 \\ -4 & 0 & 4 \\ 5 & -1 & -3 \end{pmatrix}$$

$$\boldsymbol{A}^{-1}=\frac{\boldsymbol{A}^*}{|\boldsymbol{A}|}=\frac{1}{4}\begin{pmatrix} -3 & 3 & 1 \\ -4 & 0 & 4 \\ 5 & -1 & -3 \end{pmatrix}$$

例 3 求矩阵 $\boldsymbol{A}=\begin{pmatrix} a & b \\ c & d \end{pmatrix}$ 的逆矩阵.

解 因为 $|\boldsymbol{A}|=\begin{vmatrix} a & b \\ c & d \end{vmatrix}=ad-bc$.

当 $ad-bc=0$ 时,矩阵 $\boldsymbol{A}$ 的逆矩阵不存在,即矩阵 $\boldsymbol{A}$ 是不可逆的;

当 $ad-bc\neq0$ 时,矩阵 $\boldsymbol{A}$ 的逆矩阵存在,经计算得 $A_{11}=d$,$A_{12}=-c$,$A_{21}=-b$,

$A_{22}=a$，所以 $\boldsymbol{A}^*=\begin{pmatrix} d & -b \\ -c & a \end{pmatrix}$，则当 $ad-bc\neq 0$ 时，得矩阵 $\boldsymbol{A}$ 的逆矩阵：

$$\boldsymbol{A}^{-1}=\frac{1}{ad-bc}\begin{pmatrix} d & -b \\ -c & a \end{pmatrix}$$

14.2.3 用初等变换法求逆矩阵

定义 3 对矩阵的行(列)施以下述三种变换，称为矩阵的行(列)初等变换：

(1)交换矩阵的两行(列)：$r_i\leftrightarrow r_j$，$c_i\leftrightarrow c_j$；

(2)用一个非零的数乘以矩阵的某一行(列)：$r_i\times k\,(k\neq 0)$，$c_i\times k\,(k\neq 0)$；

(3)把矩阵的某一行(列)的 k 倍加于另一行(列)上：$r_i+kr_j\,(i\neq j)$，$c_i+kc_j\,(i\neq j)$.

矩阵的行初等变换与列初等变换统称为矩阵的**初等变换**.

定义 4 由单位矩阵 $\boldsymbol{I}$ 仅经过一次初等变换而得到的矩阵称为初等矩阵，也有三种：

(1)$r_i\leftrightarrow r_j$ 或 $c_i\leftrightarrow c_j$，得 $\boldsymbol{P}(i,j)$；

例如，$\boldsymbol{P}_4(2,3)=\begin{pmatrix} 1 & 0 & 0 & 0 \\ 0 & 0 & 1 & 0 \\ 0 & 1 & 0 & 0 \\ 0 & 0 & 0 & 1 \end{pmatrix}$.

(2)$r_i\times k$ 或 $c_i\times k\,(k\neq 0)$，得 $\boldsymbol{P}(i(k))$；

例如，$\boldsymbol{P}_4(2(k))=\begin{pmatrix} 1 & 0 & 0 & 0 \\ 0 & k & 0 & 0 \\ 0 & 0 & 1 & 0 \\ 0 & 0 & 0 & 1 \end{pmatrix}$.

(3)r_i+kr_j 或 $c_i+kc_j\,(i\neq j)$，得 $\boldsymbol{P}(i(k),j)$.

例如，$\boldsymbol{P}_4(2(k),3)=\begin{pmatrix} 1 & 0 & 0 & 0 \\ 0 & 1 & 0 & 0 \\ 0 & k & 1 & 0 \\ 0 & 0 & 0 & 1 \end{pmatrix}$.

且都是可逆的，其逆矩阵仍为初等矩阵：

$$\boldsymbol{P}^{-1}(i,j)=\boldsymbol{P}(i,j)$$

$$\boldsymbol{P}^{-1}(i(k))=\boldsymbol{P}\left(i\left(\frac{1}{k}\right)\right)$$

$$\boldsymbol{P}^{-1}(i(k),j)=\boldsymbol{P}(i(-k),j)$$

例 4 化简下列矩阵.

(1)$\begin{pmatrix}1&0&2&-1\\2&0&3&1\\3&0&4&-3\end{pmatrix}$；　　(2)$\begin{pmatrix}0&2&-3&1\\0&3&-4&3\\0&4&-7&-1\end{pmatrix}$.

解 根据定义 3,对矩阵进行初等变换

$$(1)\begin{pmatrix}1&0&2&-1\\2&0&3&1\\3&0&4&-3\end{pmatrix}\xrightarrow[r_3+(-3)r_1]{r_2+(-2)r_1}\begin{pmatrix}1&0&2&-1\\0&0&-1&3\\0&0&-2&0\end{pmatrix}\xrightarrow[r_3\times\left(-\frac{1}{2}\right)]{r_2\times(-1)}\begin{pmatrix}1&0&2&-1\\0&0&1&-3\\0&0&1&0\end{pmatrix}$$

$$\xrightarrow{r_3-r_2}\begin{pmatrix}1&0&2&-1\\0&0&1&-3\\0&0&0&3\end{pmatrix}\xrightarrow{r_3\times\frac{1}{3}}\begin{pmatrix}1&0&2&-1\\0&0&1&-3\\0&0&0&1\end{pmatrix}$$

$$\xrightarrow{r_2+3r_3}\begin{pmatrix}1&0&2&-1\\0&0&1&0\\0&0&0&1\end{pmatrix}\xrightarrow[r_1+r_3]{r_1+(-2)r_2}\begin{pmatrix}1&0&0&0\\0&0&1&0\\0&0&0&1\end{pmatrix}.$$

$$(2)\begin{pmatrix}0&2&-3&1\\0&3&-4&3\\0&4&-7&-1\end{pmatrix}\xrightarrow[r_3+(-2)r_1]{r_2\times2+(-3)r_1}\begin{pmatrix}0&2&-3&1\\0&0&1&3\\0&0&-1&-3\end{pmatrix}$$

$$\xrightarrow[r_1+3r_2]{r_3+r_2}\begin{pmatrix}0&2&0&10\\0&0&1&3\\0&0&0&0\end{pmatrix}\xrightarrow{r_1\times\frac{1}{2}}\begin{pmatrix}0&1&0&5\\0&0&1&3\\0&0&0&0\end{pmatrix}.$$

利用矩阵的初等变换还可以求可逆矩阵 $\boldsymbol{A}$ 的逆矩阵.具体方法是将 n 阶方阵与单位矩阵 $\boldsymbol{I}_n$ 组成一个长方矩阵$(\boldsymbol{A}_n \mid \boldsymbol{I}_n)$,再对这个长方矩阵实行行初等变换,使虚线左边的 $\boldsymbol{A}$ 变成单位矩阵 $\boldsymbol{I}_n$,这时虚线右边的 $\boldsymbol{I}_n$ 就变成了 $\boldsymbol{A}^{-1}$,即

$$(\boldsymbol{A}_n \mid \boldsymbol{I}_n)\xrightarrow{\text{行初等变换}}(\boldsymbol{I}_n \mid \boldsymbol{A}_n^{-1})$$

其中$(\boldsymbol{A}_n \mid \boldsymbol{I}_n)$,$(\boldsymbol{I}_n \mid \boldsymbol{A}_n^{-1})$ 表示 $n\times 2n$ 的矩阵.

例 5 设 $\boldsymbol{A}=\begin{pmatrix}1&2&3\\2&1&2\\1&3&4\end{pmatrix}$,用初等变换法求 $\boldsymbol{A}^{-1}$.

解 $(\boldsymbol{A} \mid \boldsymbol{I})=\left(\begin{array}{ccc:ccc}1&2&3&1&0&0\\2&1&2&0&1&0\\1&3&4&0&0&1\end{array}\right)$

$$\xrightarrow[r_3+(-1)r_1]{r_2+(-2)r_1}\left(\begin{array}{ccc:ccc}1&2&3&1&0&0\\0&-3&-4&-2&1&0\\0&1&1&-1&0&1\end{array}\right)$$

$$\xrightarrow{r_2\leftrightarrow r_3}\left(\begin{array}{ccc:ccc}1&2&3&1&0&0\\0&1&1&-1&0&1\\0&-3&-4&-2&1&0\end{array}\right)$$

$$\xrightarrow[r_3+3r_2]{r_1+(-2)r_2}\left(\begin{array}{ccc:ccc}1&0&1&3&0&-2\\0&1&1&-1&0&1\\0&0&-1&-5&1&3\end{array}\right)$$

$$\xrightarrow[r_2+r_3]{r_1+r_3}\left(\begin{array}{ccc:ccc}1&0&0&-2&1&1\\0&1&0&-6&1&4\\0&0&-1&-5&1&3\end{array}\right)$$

$$\xrightarrow{r_3\times(-1)}\left(\begin{array}{ccc:ccc}1&0&0&-2&1&1\\0&1&0&-6&1&4\\0&0&1&5&-1&-3\end{array}\right)$$

所以

$$A^{-1}=\begin{pmatrix}-2&1&1\\-6&1&4\\5&-1&-3\end{pmatrix}$$

例 6 判断方阵 $A=\begin{pmatrix}1&1&1&1\\1&-2&-2&-1\\2&5&-1&4\\4&1&1&2\end{pmatrix}$ 是否可逆. 若可逆,求 A^{-1}.

解 $(A\,\vdots\,I)=\left(\begin{array}{cccc:cccc}1&1&1&1&1&0&0&0\\1&-2&-2&-1&0&1&0&0\\2&5&-1&4&0&0&1&0\\4&1&1&2&0&0&0&1\end{array}\right)$

$$\xrightarrow[\substack{r_3-2r_1\\r_4-4r_1}]{r_2-r_1}\left(\begin{array}{cccc:cccc}1&1&1&1&1&0&0&0\\0&-3&-3&-2&-1&1&0&0\\0&3&-3&2&-2&0&1&0\\0&-3&-3&-2&-4&0&0&1\end{array}\right).$$

因为 $\begin{vmatrix} 1 & 1 & 1 & 1 \\ 0 & -3 & -3 & -2 \\ 0 & 3 & -3 & 2 \\ 0 & -3 & -3 & -2 \end{vmatrix}=0$,所以 $|\boldsymbol{A}|=0$,故 $\boldsymbol{A}$ 不可逆,即 $\boldsymbol{A}^{-1}$ 不存在.

注意 此例说明,从使用初等变换求逆矩阵的过程中,即可看出逆矩阵是否存在,而不必先判断.

14.2.4 逆矩阵在解线性方程组中的应用

定义 5 设 $\boldsymbol{A}=\begin{pmatrix} a_{11} & a_{12} & \cdots & a_{1n} \\ a_{21} & a_{22} & \cdots & a_{2n} \\ \vdots & \vdots & & \vdots \\ a_{m1} & a_{m2} & \cdots & a_{mn} \end{pmatrix}$,$\boldsymbol{X}=\begin{pmatrix} x_1 \\ x_2 \\ \vdots \\ x_n \end{pmatrix}$,$\boldsymbol{B}=\begin{pmatrix} b_1 \\ b_2 \\ \vdots \\ b_m \end{pmatrix}$,根据矩阵乘法

$$\boldsymbol{AX}=\begin{pmatrix} a_{11} & a_{12} & \cdots & a_{1n} \\ a_{21} & a_{22} & \cdots & a_{2n} \\ \vdots & \vdots & & \vdots \\ a_{m1} & a_{m2} & \cdots & a_{mn} \end{pmatrix}\begin{pmatrix} x_1 \\ x_2 \\ \vdots \\ x_n \end{pmatrix}$$

它是一个 m 行一列的矩阵,根据矩阵相等的定义可得

$$\begin{pmatrix} a_{11}x_1+a_{12}x_2+\cdots+a_{1n}x_n \\ a_{21}x_1+a_{22}x_2+\cdots+a_{2n}x_n \\ \vdots \\ a_{m1}x_1+a_{m2}x_2+\cdots+a_{mn}x_n \end{pmatrix}=\begin{pmatrix} b_1 \\ b_2 \\ \vdots \\ b_m \end{pmatrix}$$

这时方程组可以写为矩阵乘积形式 $\boldsymbol{AX}=\boldsymbol{B}$.

其中,矩阵 $\boldsymbol{A}_{m\times n}$ 称为方程组的**系数矩阵**,$\boldsymbol{B}=\begin{pmatrix} b_1 \\ b_2 \\ \vdots \\ b_m \end{pmatrix}$ 称为**常数项矩阵**,$\boldsymbol{X}=\begin{pmatrix} x_1 \\ x_2 \\ \vdots \\ x_n \end{pmatrix}$ 称为**未知数矩阵**,$\boldsymbol{AX}=\boldsymbol{B}$ 称为**矩阵方程**.

例 7 利用矩阵表示线性方程组 $\begin{cases} x_1+2x_2+3x_3+4x_4=1 \\ 4x_1+x_2+2x_3+3x_4=2 \\ 3x_1+4x_2+x_3+2x_4=2 \\ 2x_1+3x_2+4x_3+x_4=1 \end{cases}$.

解 设

$$A=\begin{pmatrix}1&2&3&4\\4&1&2&3\\3&4&1&2\\2&3&4&1\end{pmatrix},X=\begin{pmatrix}x_1\\x_2\\x_3\\x_4\end{pmatrix},B=\begin{pmatrix}1\\2\\2\\1\end{pmatrix}$$

因为 $AX=B$，所以方程组可表示为

$$\begin{pmatrix}1&2&3&4\\4&1&2&3\\3&4&1&2\\2&3&4&1\end{pmatrix}\begin{pmatrix}x_1\\x_2\\x_3\\x_4\end{pmatrix}=\begin{pmatrix}1\\2\\2\\1\end{pmatrix}$$

与初等变换法求逆矩阵相类似，对于矩阵方程 $AX=B$ 或者 $XA=B$，当 A 可逆时，也可以用初等变换求解：

$AX=B$ 型，作 $(A \mid B)\xrightarrow{\text{仅施以行初等变换}}(I \mid X)$，则 $X=A^{-1}B$；

$XA=B$ 型，作 $\begin{pmatrix}A\\ \hdashline B\end{pmatrix}\xrightarrow{\text{仅施以列初等变换}}\begin{pmatrix}I\\ \hdashline X\end{pmatrix}$，则 $X=BA^{-1}$.

例 8　解矩阵方程 $AX=B$，其中 $A=\begin{pmatrix}1&0&1\\2&1&0\\-3&2&-5\end{pmatrix}$，$B=\begin{pmatrix}1&-2&-1\\4&-5&2\\1&-4&-1\end{pmatrix}$.

解　$$(A \mid I)=\left(\begin{array}{ccc:ccc}1&0&1&1&0&0\\2&1&0&0&1&0\\-3&2&-5&0&0&1\end{array}\right)\longrightarrow\left(\begin{array}{ccc:ccc}1&0&0&-\frac{5}{2}&1&-\frac{1}{2}\\0&1&0&5&-1&1\\0&0&1&\frac{7}{2}&-1&\frac{1}{2}\end{array}\right),$$

所以

$$A^{-1}=\begin{pmatrix}-\frac{5}{2}&1&-\frac{1}{2}\\5&-1&1\\\frac{7}{2}&-1&\frac{1}{2}\end{pmatrix}$$

习题 14-2

1. 验证矩阵 $A=\begin{pmatrix}1&0&0&0\\1&1&0&0\\1&2&1&0\\1&3&3&1\end{pmatrix}$，$B=\begin{pmatrix}1&0&0&0\\-1&1&0&0\\1&-2&1&0\\-1&3&-3&1\end{pmatrix}$ 互为逆矩阵.

2. 求下列矩阵的逆矩阵.

(1) $\begin{pmatrix} 1 & -2 & 1 \\ 2 & -3 & 1 \\ 3 & 1 & -3 \end{pmatrix}$;

(2) $\begin{pmatrix} 3 & 2 & 1 \\ 3 & 1 & 5 \\ 3 & 2 & 3 \end{pmatrix}$;

(3) $\begin{pmatrix} 3 & -2 & 0 & -1 \\ 0 & 2 & 2 & 1 \\ 1 & -2 & -3 & -2 \\ 0 & 1 & 2 & 1 \end{pmatrix}$.

3. 解矩阵方程 $\boldsymbol{AX}=\boldsymbol{B}$,其中 $\boldsymbol{A}=\begin{pmatrix} -2 & 1 & 0 \\ 1 & -2 & 1 \\ 0 & 1 & -2 \end{pmatrix}$,$\boldsymbol{B}=\begin{pmatrix} 5 & -1 \\ -2 & 3 \\ 1 & 4 \end{pmatrix}$.

4. 用逆矩阵求解线性方程组 $\begin{cases} 2x_1+2x_2+3x_3=1 \\ x_1-x_2=1 \\ -x_1+2x_2+x_3=2 \end{cases}$.

14.3 矩阵分块法

把一个矩阵看成是由一些小矩阵组成的,有时会对一些具有特殊结构的矩阵的运算带来方便,如乘法和求逆等.而在具体运算时,则把这些小矩阵看作数一样(按运算规则)进行运算.这种把一个矩阵划分成一些小矩阵的方法,就是矩阵分块法.

矩阵分块是将矩阵用任意的横线和纵线切开,例如

$$\boldsymbol{A}=\begin{pmatrix} a_{11} & a_{12} & a_{13} & a_{14} \\ a_{21} & a_{22} & a_{23} & a_{24} \\ a_{31} & a_{32} & a_{33} & a_{34} \end{pmatrix}$$

下面给出它的三种分法:

(1) $\boldsymbol{A}=\left(\begin{array}{cc:cc} a_{11} & a_{12} & a_{13} & a_{14} \\ a_{21} & a_{22} & a_{23} & a_{24} \\ \hdashline a_{31} & a_{32} & a_{33} & a_{34} \end{array}\right)$;

令 $A_{11}=\begin{pmatrix}a_{11} & a_{12}\\ a_{21} & a_{22}\end{pmatrix}$, $A_{12}=\begin{pmatrix}a_{13} & a_{14}\\ a_{23} & a_{24}\end{pmatrix}$, $A_{21}=(a_{31}\quad a_{32})$, $A_{22}=(a_{33}\quad a_{34})$,

则$A=\begin{pmatrix}A_{11} & A_{12}\\ A_{21} & A_{22}\end{pmatrix}$.

(2)$A=\left(\begin{array}{c:cc:c}a_{11} & a_{12} & a_{13} & a_{14}\\ a_{21} & a_{22} & a_{23} & a_{24}\\ \hdashline a_{31} & a_{32} & a_{33} & a_{34}\end{array}\right)$;

令 $A_{11}=\begin{pmatrix}a_{11}\\ a_{21}\end{pmatrix}$,$A_{12}=\begin{pmatrix}a_{12} & a_{13}\\ a_{22} & a_{23}\end{pmatrix}$,$A_{13}=\begin{pmatrix}a_{14}\\ a_{24}\end{pmatrix}$,$A_{21}=(a_{31})$,$A_{22}=(a_{32}\quad a_{33})$,$A_{23}=(a_{34})$,则 $A=\begin{pmatrix}A_{11} & A_{12} & A_{13}\\ A_{21} & A_{22} & A_{23}\end{pmatrix}$.

(3)$A=\left(\begin{array}{c:c:c:c}a_{11} & a_{12} & a_{13} & a_{14}\\ a_{21} & a_{22} & a_{23} & a_{24}\\ a_{31} & a_{32} & a_{33} & a_{34}\end{array}\right)$.

令 $A_1=\begin{pmatrix}a_{11}\\ a_{21}\\ a_{31}\end{pmatrix}$,$A_2=\begin{pmatrix}a_{12}\\ a_{22}\\ a_{32}\end{pmatrix}$,$A_3=\begin{pmatrix}a_{13}\\ a_{23}\\ a_{33}\end{pmatrix}$,$A_4=\begin{pmatrix}a_{14}\\ a_{24}\\ a_{34}\end{pmatrix}$,则 $A=(A_1\quad A_2\quad A_3\quad A_4)$.

矩阵分块的目的是简化矩阵的表示或运算,矩阵分块后的运算法则与普通矩阵运算相类似,分别说明如下:

(1)设 $A=\begin{pmatrix}A_{11} & A_{12} & \cdots & A_{1r}\\ A_{21} & A_{22} & \cdots & A_{2r}\\ \vdots & \vdots & & \vdots\\ A_{s1} & A_{s2} & \cdots & A_{sr}\end{pmatrix}$,$B=\begin{pmatrix}B_{11} & B_{12} & \cdots & B_{1r}\\ B_{21} & B_{22} & \cdots & B_{2r}\\ \vdots & \vdots & & \vdots\\ B_{s1} & B_{s2} & \cdots & B_{sr}\end{pmatrix}$,当各个对应的子块是同型矩阵,则

$$A\pm B=\begin{pmatrix}A_{11}\pm B_{11} & A_{12}\pm B_{12} & \cdots & A_{1r}\pm B_{1r}\\ A_{21}\pm B_{21} & A_{22}\pm B_{22} & \cdots & A_{2r}\pm B_{2r}\\ \vdots & \vdots & & \vdots\\ A_{s1}\pm B_{s1} & A_{s2}\pm B_{s2} & \cdots & A_{sr}\pm B_{sr}\end{pmatrix}$$

(2)设 $A=\begin{pmatrix}A_{11} & A_{12} & \cdots & A_{1r}\\ A_{21} & A_{22} & \cdots & A_{2r}\\ \vdots & \vdots & & \vdots\\ A_{s1} & A_{s2} & \cdots & A_{sr}\end{pmatrix}$,$\lambda$ 为常数,那么

$$\lambda\boldsymbol{A}=\lambda\begin{pmatrix}\boldsymbol{A}_{11} & \boldsymbol{A}_{12} & \cdots & \boldsymbol{A}_{1r}\\ \boldsymbol{A}_{21} & \boldsymbol{A}_{22} & \cdots & \boldsymbol{A}_{2r}\\ \vdots & \vdots & & \vdots\\ \boldsymbol{A}_{s1} & \boldsymbol{A}_{s2} & \cdots & \boldsymbol{A}_{sr}\end{pmatrix}=\begin{pmatrix}\lambda\boldsymbol{A}_{11} & \lambda\boldsymbol{A}_{12} & \cdots & \lambda\boldsymbol{A}_{1r}\\ \lambda\boldsymbol{A}_{21} & \lambda\boldsymbol{A}_{22} & \cdots & \lambda\boldsymbol{A}_{2r}\\ \vdots & \vdots & & \vdots\\ \lambda\boldsymbol{A}_{s1} & \lambda\boldsymbol{A}_{s2} & \cdots & \lambda\boldsymbol{A}_{sr}\end{pmatrix}$$

(3)设 $\boldsymbol{A}=\begin{pmatrix}\boldsymbol{A}_{11} & \boldsymbol{A}_{12} & \cdots & \boldsymbol{A}_{1r}\\ \boldsymbol{A}_{21} & \boldsymbol{A}_{22} & \cdots & \boldsymbol{A}_{2r}\\ \vdots & \vdots & & \vdots\\ \boldsymbol{A}_{m1} & \boldsymbol{A}_{m2} & \cdots & \boldsymbol{A}_{mr}\end{pmatrix}$,$\boldsymbol{B}=\begin{pmatrix}\boldsymbol{B}_{11} & \boldsymbol{B}_{12} & \cdots & \boldsymbol{B}_{1s}\\ \boldsymbol{B}_{21} & \boldsymbol{B}_{22} & \cdots & \boldsymbol{B}_{2s}\\ \vdots & \vdots & & \vdots\\ \boldsymbol{B}_{r1} & \boldsymbol{B}_{r2} & \cdots & \boldsymbol{B}_{rs}\end{pmatrix}$,则

$$\boldsymbol{AB}=\begin{pmatrix}\boldsymbol{C}_{11} & \boldsymbol{C}_{12} & \cdots & \boldsymbol{C}_{1s}\\ \boldsymbol{C}_{21} & \boldsymbol{C}_{22} & \cdots & \boldsymbol{C}_{2s}\\ \vdots & \vdots & & \vdots\\ \boldsymbol{C}_{m1} & \boldsymbol{C}_{m2} & \cdots & \boldsymbol{C}_{ms}\end{pmatrix},\boldsymbol{C}_{ij}=\boldsymbol{A}_{i1}\boldsymbol{B}_{1j}+\boldsymbol{A}_{i2}\boldsymbol{B}_{2j}+\cdots+\boldsymbol{A}_{ir}\boldsymbol{B}_{rj}$$

(4)设 $\boldsymbol{A}=\begin{pmatrix}\boldsymbol{A}_{11} & \cdots & \boldsymbol{A}_{1r}\\ \vdots & & \vdots\\ \boldsymbol{A}_{s1} & \cdots & \boldsymbol{A}_{sr}\end{pmatrix}$,则 $\boldsymbol{A}^{\mathrm{T}}=\begin{pmatrix}\boldsymbol{A}_{11}^{\mathrm{T}} & \cdots & \boldsymbol{A}_{s1}^{\mathrm{T}}\\ \vdots & & \vdots\\ \boldsymbol{A}_{1r}^{\mathrm{T}} & \cdots & \boldsymbol{A}_{sr}^{\mathrm{T}}\end{pmatrix}$;

(5)设 $\boldsymbol{A}=\begin{pmatrix}\boldsymbol{A}_1 & & & \\ & \boldsymbol{A}_2 & & \\ & & \ddots & \\ & & & \boldsymbol{A}_s\end{pmatrix}$,其中 $\boldsymbol{A},\boldsymbol{A}_1,\cdots,\boldsymbol{A}_s$ 均为方阵,则 $|\boldsymbol{A}|=|\boldsymbol{A}_1||\boldsymbol{A}_2|\cdots|\boldsymbol{A}_s|$.

若 $\boldsymbol{A}$ 可逆,则 $\boldsymbol{A}^{-1}=\begin{pmatrix}\boldsymbol{A}_1^{-1} & & & \\ & \boldsymbol{A}_2^{-1} & & \\ & & \ddots & \\ & & & \boldsymbol{A}_s^{-1}\end{pmatrix}$.

例 利用矩阵分块法计算 $\boldsymbol{A}=\begin{pmatrix}5 & 0 & 0\\ 0 & 3 & 1\\ 0 & 2 & 1\end{pmatrix}$ 的逆矩阵.

解 设 $\boldsymbol{A}_1=5,\boldsymbol{A}_2=\begin{pmatrix}3 & 1\\ 2 & 1\end{pmatrix}$,则 $\boldsymbol{A}=\begin{pmatrix}\boldsymbol{A}_1 & \\ & \boldsymbol{A}_2\end{pmatrix}$. 且

$$\boldsymbol{A}_1^{-1}=\frac{1}{5},\boldsymbol{A}_2^{-1}=\begin{pmatrix}1 & -1\\ -2 & 3\end{pmatrix}$$

则

$$A^{-1}=\begin{pmatrix}A_1^{-1} & \\ & A_2^{-1}\end{pmatrix}=\begin{pmatrix}\frac{1}{5} & 0 & 0\\ 0 & 1 & -1\\ 0 & -2 & 3\end{pmatrix}$$

利用矩阵的按行(按列)分块,还可以给出线性方程组另外的矩阵表示形式.

设线性方程组

$$\begin{cases}a_{11}x_1+a_{12}x_2+\cdots+a_{1n}x_n=b_1\\ a_{21}x_1+a_{22}x_2+\cdots+a_{2n}x_n=b_2\\ \cdots\\ a_{m1}x_1+a_{m2}x_2+\cdots+a_{mn}x_n=b_m\end{cases}$$

若记 $\boldsymbol{A}=\begin{pmatrix}a_{11} & a_{12} & \cdots & a_{1n}\\ a_{21} & a_{22} & \cdots & a_{2n}\\ \vdots & \vdots & & \vdots\\ a_{m1} & a_{m2} & \cdots & a_{mn}\end{pmatrix}$,$\boldsymbol{x}=\begin{pmatrix}x_1\\ x_2\\ \vdots\\ x_n\end{pmatrix}$,$\boldsymbol{b}=\begin{pmatrix}b_1\\ b_2\\ \vdots\\ b_m\end{pmatrix}$,则线性方程组可表示为 $\boldsymbol{Ax}=\boldsymbol{b}$.

若进行行分块,记 $\boldsymbol{A}=\begin{pmatrix}\boldsymbol{a}_1^{\mathrm{T}}\\ \boldsymbol{a}_2^{\mathrm{T}}\\ \vdots\\ \boldsymbol{a}_m^{\mathrm{T}}\end{pmatrix}$,则线性方程组可表示为 $\begin{pmatrix}\boldsymbol{a}_1^{\mathrm{T}}\\ \boldsymbol{a}_2^{\mathrm{T}}\\ \vdots\\ \boldsymbol{a}_m^{\mathrm{T}}\end{pmatrix}\boldsymbol{x}=\boldsymbol{b}$ 或 $\boldsymbol{a}_i^{\mathrm{T}}\boldsymbol{x}=\boldsymbol{b}_i$ $(i=1,2,\cdots,m)$.

若进行列分块,记 $\boldsymbol{A}=(\boldsymbol{a}_1,\boldsymbol{a}_2,\cdots,\boldsymbol{a}_n)$,则线性方程组可表示为

$$(\boldsymbol{a}_1,\boldsymbol{a}_2,\cdots,\boldsymbol{a}_n)\begin{pmatrix}x_1\\ x_2\\ \vdots\\ x_n\end{pmatrix}=\boldsymbol{b} \text{ 或 } x_1\boldsymbol{a}_1+x_2\boldsymbol{a}_2+\cdots+x_n\boldsymbol{a}_n=\boldsymbol{b}$$

习题 14-3

1. 用分块矩阵的乘法,计算下列矩阵的乘积.

已知 $\boldsymbol{A}=\begin{pmatrix}2 & 0 & 0 & 0 & 0\\ 0 & 2 & 0 & 0 & 0\\ 0 & 0 & 1 & 0 & 1\\ 0 & 0 & 0 & 2 & -1\\ 0 & 0 & 3 & 1 & 0\end{pmatrix}$,$\boldsymbol{B}=\begin{pmatrix}1 & -3 & 0 & 0 & 0\\ -4 & -2 & 0 & 0 & 0\\ 1 & 0 & 1 & 0 & 2\\ 0 & 1 & 1 & 2 & -1\\ 3 & 2 & 1 & 1 & 1\end{pmatrix}$,求 $\boldsymbol{AB}$.

2. 设 $\boldsymbol{A}=\begin{pmatrix}1&2&0&0&0\\3&5&0&0&0\\0&0&4&0&0\\0&0&0&2&0\\0&0&0&3&4\end{pmatrix}$,用矩阵分块法求 $\boldsymbol{A}^{-1}$.

3. 设 $\boldsymbol{A},\boldsymbol{B},\boldsymbol{C},\boldsymbol{D}$ 都是 $n\times n$ 矩阵,且 $|\boldsymbol{A}|\neq 0$,$\boldsymbol{AC}=\boldsymbol{CA}$,试证:

$$\begin{vmatrix}\boldsymbol{A}&\boldsymbol{B}\\\boldsymbol{C}&\boldsymbol{D}\end{vmatrix}=|\boldsymbol{AD}-\boldsymbol{CB}|$$

14.4 矩阵的秩

14.4.1 矩阵秩的概念

我们知道可用矩阵的初等变换法求解线性方程组,那么线性方程组的解的情况,应该也可由矩阵的特征来确定.矩阵的秩就是矩阵的一个非常重要的数字特征.下面就给出矩阵秩的概念.

定义 1 在矩阵 $\boldsymbol{A}_{m\times n}$ 中任取 k 行 k 列,位于这些行列交叉处的 k^2 个元素按原次序组成的 k 阶行列式称为 $\boldsymbol{A}$ 的 k 阶子式.则 $\boldsymbol{A}$ 中不为零的子式的最高阶数 r 称为矩阵 $\boldsymbol{A}$ 的秩,记为 $R(\boldsymbol{A})=r$,并规定 $R(\boldsymbol{0})=0$.

根据定义 1,我们可以得出以下关于矩阵秩的结论:

(1)若 $R(\boldsymbol{A})=r$,则 $\boldsymbol{A}$ 中至少有一个 r 阶子式不等于零;此时若存在 $r+1$ 阶子式,则所有的 $r+1$ 阶子式全为 0;

(2)对 $\boldsymbol{A}_{m\times n}$,有 $1\leqslant R(\boldsymbol{A})\leqslant \min(m,n)$;

(3)$R(\boldsymbol{A})=R(\boldsymbol{A}^{\mathrm{T}})$.

(4)对于 n 阶方阵 $\boldsymbol{A}$,$R(\boldsymbol{A})=n$ 的充分必要条件是 $|\boldsymbol{A}|\neq 0$,故也称 $|\boldsymbol{A}|\neq 0$ 的 $\boldsymbol{A}$ 为满秩矩阵.

例如,矩阵 $\boldsymbol{A}=\begin{pmatrix}1&1&2&5\\1&2&3&7\\1&3&4&9\end{pmatrix}$ 中,有二阶子式 $\begin{vmatrix}1&1\\1&2\end{vmatrix}=1\neq 0$,而它的四个三阶子式:

$$\begin{vmatrix}1&1&2\\1&2&3\\1&3&4\end{vmatrix},\begin{vmatrix}1&1&5\\1&2&7\\1&3&9\end{vmatrix},\begin{vmatrix}1&2&5\\1&3&7\\1&4&9\end{vmatrix},\begin{vmatrix}1&2&5\\2&3&7\\3&4&9\end{vmatrix}$$

均为零，所以 $R(\boldsymbol{A})=2$.

显然，直接按定义去计算矩阵的秩，需要求出矩阵最高阶的非零子式，在一般情形下这绝非轻而易举的事，但对形状特殊的矩阵而言，这却是极为简单的，这就需要对矩阵进行前面讲述过的初等变换. 通过一系列的初等变换可以将矩阵化为阶梯形矩阵，而行阶梯形矩阵中非零行的行数即为该矩阵的秩.

14.4.2 矩阵秩的计算

定义 2 满足下列两个条件的矩阵称为行阶梯形矩阵，记为 $\boldsymbol{J}$.

(1)若矩阵有零行(元素全部为 0 的行)，且零行全部在非零行的下方；

(2)各非零行的首个非零元素(第一个不为 0 的元素)的列标随着行标的递增而严格增大.

例如，矩阵 $\boldsymbol{J}=\begin{pmatrix} b_{11} & b_{12} & b_{13} & b_{14} & \cdots & b_{1n} \\ 0 & b_{22} & b_{23} & b_{24} & \cdots & b_{2n} \\ \vdots & \vdots & \vdots & \vdots & & \vdots \\ 0 & 0 & 0 & b_{rr} & \cdots & b_{rn} \\ 0 & 0 & 0 & 0 & \cdots & 0 \\ \vdots & \vdots & \vdots & \vdots & & \vdots \\ 0 & 0 & 0 & 0 & \cdots & 0 \end{pmatrix}$ 就是一个行阶梯形矩阵，该行阶梯形矩阵中非零行的行数就是矩阵 $\boldsymbol{J}$ 的秩，事实上我们可以通过初等变换将一般矩阵转化为行阶梯形矩阵，进而求出矩阵的秩.

定理 1 矩阵经过初等变换，其秩不变.

例 1 求出矩阵 $\boldsymbol{A}=\begin{pmatrix} 1 & 2 & -3 \\ -1 & -3 & 4 \\ 1 & 1 & -2 \end{pmatrix}$ 的秩.

解 $$\boldsymbol{A}=\begin{pmatrix} 1 & 2 & -3 \\ -1 & -3 & 4 \\ 1 & 1 & -2 \end{pmatrix} \xrightarrow[r_3-r_1]{r_2+r_1} \begin{pmatrix} 1 & 2 & -3 \\ 0 & -1 & 1 \\ 0 & -1 & 1 \end{pmatrix} \xrightarrow{r_3-r_2} \begin{pmatrix} 1 & 2 & -3 \\ 0 & -1 & 1 \\ 0 & 0 & 0 \end{pmatrix},$$

所以 $R(\boldsymbol{A})=2$.

定义 3 对于 n 阶方阵 $\boldsymbol{A}$，若 $R(\boldsymbol{A})=n$ 则称 $\boldsymbol{A}$ 为满秩矩阵.

容易知道满秩矩阵即为可逆矩阵.

例如，$\begin{pmatrix}1&2&3\\0&4&5\\0&0&6\end{pmatrix}$，$\begin{pmatrix}1&0&0&0\\2&3&0&0\\4&5&6&0\\7&8&9&10\end{pmatrix}$都是满秩矩阵.

定理 2　任意满秩矩阵都可以通过初等行变换化为单位矩阵.

例 2　求矩阵 $\boldsymbol{A}=\begin{pmatrix}1&1&2&2&1\\0&2&1&5&-1\\2&0&3&-1&3\\1&1&0&4&-1\end{pmatrix}$的秩.

解

$$\boldsymbol{A}=\begin{pmatrix}1&1&2&2&1\\0&2&1&5&-1\\2&0&3&-1&3\\1&1&0&4&-1\end{pmatrix}\xrightarrow[-r_1+r_4]{-2r_1+r_3}\begin{pmatrix}1&1&2&2&1\\0&2&1&5&-1\\0&-2&-1&-5&1\\0&0&-2&2&-2\end{pmatrix}$$

$$\xrightarrow{r_2+r_3}\begin{pmatrix}1&1&2&2&1\\0&2&1&5&-1\\0&0&0&0&0\\0&0&-2&2&-2\end{pmatrix}$$

$$\xrightarrow{r_3\leftrightarrow r_4}\begin{pmatrix}1&1&2&2&1\\0&2&1&5&-1\\0&0&-2&2&-2\\0&0&0&0&0\end{pmatrix}$$

这是一个行阶梯形矩阵，非零行数为 3，所以 $R(\boldsymbol{A})=3$.

例 3　设矩阵 $\boldsymbol{A}=\begin{pmatrix}1&-1&1&2\\3&\mu&-1&2\\5&3&\lambda&6\end{pmatrix}$，若 $R(\boldsymbol{A})=2$，试求出 λ,μ 的值.

解

$$\boldsymbol{A}=\begin{pmatrix}1&-1&1&2\\3&\mu&-1&2\\5&3&\lambda&6\end{pmatrix}\xrightarrow[-5r_1+r_3]{-3r_1+r_2}\begin{pmatrix}1&-1&1&2\\0&\mu+3&-4&-4\\0&8&\lambda-5&-4\end{pmatrix}$$

由于 $R(\boldsymbol{A})=2$，所以矩阵 $\boldsymbol{A}$ 的第 2,3 行元素对应成比例，即

$$\frac{\mu+3}{8}=\frac{-4}{\lambda-5}=\frac{-4}{-4}=1\Rightarrow\lambda=1,\mu=5$$

习题 14-4

1. 求下列矩阵的秩.

(1) $\begin{pmatrix} 0 & 1 & 2 & 3 \\ 1 & 0 & 1 & 0 \\ 0 & 2 & 4 & 6 \end{pmatrix}$;

(2) $\begin{pmatrix} 1 & 2 & 1 & -1 \\ 3 & 6 & -1 & -3 \\ 5 & 10 & 1 & -5 \end{pmatrix}$;

(3) $\begin{bmatrix} 2 & -1 & -1 & 1 \\ 1 & 1 & -2 & 1 \\ 4 & -6 & 2 & -2 \\ 3 & 6 & -9 & 7 \end{bmatrix}$.

2. 已知矩阵 $\boldsymbol{A}=\begin{pmatrix} 1 & a & 0 \\ 2 & 1 & 0 \\ 1 & 3 & 1 \end{pmatrix}$,且 $R(\boldsymbol{A})=2$,求 a 的值.

3. 试选取适当的 k 值,使矩阵 $\boldsymbol{A}=\begin{pmatrix} 1 & -2 & -1 & 3 \\ 3 & -6 & -3 & 9 \\ -2 & 4 & 2 & k \end{pmatrix}$满足:

(1)$R(\boldsymbol{A})=1$; (2)$R(\boldsymbol{A})=2$; (3)$R(\boldsymbol{A})=3$.

总复习题 14

1. 计算下列矩阵的乘积.

(1) $\begin{pmatrix} 4 & 3 & 1 \\ 1 & -2 & 3 \\ 5 & 7 & 0 \end{pmatrix}\begin{pmatrix} 7 \\ 2 \\ 1 \end{pmatrix}$; (2) $(1 \quad 2 \quad 3)\begin{pmatrix} 3 \\ 2 \\ 1 \end{pmatrix}$;

(3) $\begin{pmatrix} 2 \\ 1 \\ 3 \end{pmatrix}(-1 \quad 2)$; (4) $\begin{pmatrix} 2 & 1 & 4 & 0 \\ 1 & -1 & 3 & 4 \end{pmatrix}\begin{bmatrix} 1 & 3 & 1 \\ 0 & -1 & 2 \\ 1 & -3 & 1 \\ 4 & 0 & -2 \end{bmatrix}$;

(5) $(x_1 \quad x_2 \quad x_3)\begin{pmatrix} a_{11} & a_{12} & a_{13} \\ a_{12} & a_{22} & a_{23} \\ a_{13} & a_{23} & a_{33} \end{pmatrix}\begin{pmatrix} x_1 \\ x_2 \\ x_3 \end{pmatrix}$.

2. 设 $\boldsymbol{A}=\begin{pmatrix}1 & 1 & 1\\1 & 1 & -1\\1 & -1 & 1\end{pmatrix}$，$\boldsymbol{B}=\begin{pmatrix}1 & 2 & 3\\-1 & -2 & 4\\0 & 5 & 1\end{pmatrix}$，求 $3\boldsymbol{AB}-2\boldsymbol{A}$ 及 $\boldsymbol{A}^{\mathrm{T}}\boldsymbol{B}$.

3. 设 $\boldsymbol{A}=\begin{pmatrix}1 & 2\\1 & 3\end{pmatrix}$，$\boldsymbol{B}=\begin{pmatrix}1 & 0\\1 & 2\end{pmatrix}$，问：

(1) $\boldsymbol{AB}=\boldsymbol{BA}$ 吗？

(2) $(\boldsymbol{A}+\boldsymbol{B})^2=\boldsymbol{A}^2+2\boldsymbol{AB}+\boldsymbol{B}^2$ 吗？

4. 设 $\boldsymbol{A},\boldsymbol{B}$ 为 n 阶矩阵，且 $\boldsymbol{A}$ 为对称矩阵，证明 $\boldsymbol{B}^{\mathrm{T}}\boldsymbol{AB}$ 也是对称矩阵.

5. 设列矩阵 $\boldsymbol{X}=(x_1,x_2,\cdots,x_n)^{\mathrm{T}}$ 满足 $\boldsymbol{X}^{\mathrm{T}}\boldsymbol{X}=1$，$\boldsymbol{E}$ 是 n 阶单位矩阵，$\boldsymbol{H}=\boldsymbol{E}-2\boldsymbol{XX}^{\mathrm{T}}$，证明 $\boldsymbol{H}$ 是对称矩阵，且 $\boldsymbol{H}^{\mathrm{T}}\boldsymbol{H}=\boldsymbol{E}$.

6. 求 $\boldsymbol{A}=\begin{pmatrix}1 & 2 & 3\\0 & 2 & 4\\0 & 0 & 6\end{pmatrix}$ 的伴随矩阵.

7. 求下列矩阵的逆矩阵.

(1) $\begin{pmatrix}1 & 2\\2 & 5\end{pmatrix}$；　　(2) $\begin{pmatrix}\cos\theta & -\sin\theta\\\sin\theta & \cos\theta\end{pmatrix}$.

8. 判断矩阵 $\boldsymbol{A}=\begin{pmatrix}1 & 2 & -1\\3 & 4 & -2\\5 & -4 & 1\end{pmatrix}$ 是否可逆，如果可逆求它的逆矩阵.

9. 试利用矩阵的初等变换，求下列方阵的逆矩阵.

(1) $\begin{pmatrix}1 & 1 & 2\\-1 & 2 & 0\\1 & 1 & 3\end{pmatrix}$；　　(2) $\begin{pmatrix}1 & 0 & 0 & 0\\1 & 2 & 0 & 0\\2 & 1 & 3 & 0\\3 & 2 & 1 & 4\end{pmatrix}$.

10. (1) 设 $\boldsymbol{A}=\begin{pmatrix}4 & 1 & -2\\2 & 2 & 1\\3 & 1 & -1\end{pmatrix}$，$\boldsymbol{B}=\begin{pmatrix}1 & -3\\2 & 2\\3 & -1\end{pmatrix}$，求 $\boldsymbol{X}$ 使 $\boldsymbol{AX}=\boldsymbol{B}$；

(2) 设 $\boldsymbol{A}=\begin{pmatrix}0 & 2 & 1\\2 & -1 & 3\\-3 & 3 & -4\end{pmatrix}$，$\boldsymbol{B}=\begin{pmatrix}1 & 2 & 3\\2 & -3 & 1\end{pmatrix}$，求 $\boldsymbol{X}$ 使 $\boldsymbol{XA}=\boldsymbol{B}$.

11. 求下列矩阵的秩.

(1) $\begin{pmatrix}3 & 1 & 0 & 2\\1 & -1 & 2 & -1\\1 & 3 & -4 & 4\end{pmatrix}$；　　(2) $\begin{pmatrix}3 & 2 & -1 & -3 & -1\\2 & -1 & 3 & 1 & -3\\7 & 0 & 5 & -1 & -8\end{pmatrix}$；

(3) $\begin{pmatrix} 2 & 1 & 8 & 3 & 7 \\ 2 & -3 & 0 & 7 & -5 \\ 3 & -2 & 5 & 8 & 0 \\ 1 & 0 & 3 & 2 & 0 \end{pmatrix}$.

12. 设 $\boldsymbol{A}=\begin{pmatrix} 1 & -2 & 3k \\ -1 & 2k & -3 \\ k & -2 & 3 \end{pmatrix}$,问 k 为何值时,可使：

(1) $R(\boldsymbol{A})=1$;　　(2) $R(\boldsymbol{A})=2$;　　(3) $R(\boldsymbol{A})=3$.

参考答案

习题 8-1

1. A:第五卦限； B:z 轴正半轴； C:yOz 面； D:第三卦限.

2. x 轴垂足$(x,0,0)$;y 轴垂足$(0,y,0)$;z 轴垂足$(0,0,z)$;xOy 平面垂足$(x,y,0)$;yOz 平面垂足$(0,y,z)$;xOz 平面垂足$(x,0,z)$.

3. 到 x 轴距离 $3\sqrt{5}$;到 y 轴距离$\sqrt{37}$;到 z 轴距离$\sqrt{10}$.

4. $(0,1,-2)$.

5. $|y|=|x|$.

习题 8-2

1. $\{10,-5,-1\}$. 2. $k=\dfrac{1}{3}$. 3. $|\boldsymbol{a}|=\sqrt{26}$.

4. $m=\dfrac{12}{5}$. 5. $\boldsymbol{a}\cdot\boldsymbol{b}=-3$,夹角为$\dfrac{3\pi}{4}$.

6. $\boldsymbol{a}\times\boldsymbol{b}=-\boldsymbol{i}-3\boldsymbol{j}+\boldsymbol{k}$. 7. $\boldsymbol{a}\cdot\boldsymbol{b}=0$,所以两向量互相垂直.

8. $\{6,8,0\}$.

9. $\sqrt{2}$.

习题 8-3

1. $\{4,-1,-1\}$. 2. $x-2y+3z=11$. 3. $7x-3y+z=16$.

4. $14x+9y-z=15$. 5. $\dfrac{x-1}{4}=\dfrac{y+3}{2}=z-2$. 6. $\dfrac{x-2}{2}=y-2=\dfrac{z+1}{5}$.

7. $\dfrac{x-2}{3}=-y-3=\dfrac{z-4}{2}$.

习题 8-4

1. $(x-1)^2+(y-3)^2+(z+2)^2=14$.

2. 以(0,0,3)为球心,4 为半径的球面.

3. $\frac{x^2}{3}+\frac{y^2+z^2}{4}=1$;$\frac{x^2+y^2}{3}+\frac{z^2}{4}=1$.

4. (1)旋转抛物面,由 $x=1-y^2$ 绕 x 轴旋转而得;

(2)旋转双曲面,由 $x^2-\frac{y^2}{9}=1$ 绕 y 轴旋转而得.

习题 8-5

1. (1)圆; (2)双曲线.

2. (1)在 xOy 平面上的投影方程为:$\begin{cases}(x-1)^2+y^2=1\\ z=0\end{cases}$,

在 yOz 平面上的投影方程为:$\begin{cases}4(z^2-y^2)-z^4=0\\ x=0\end{cases}$,$0\leqslant z\leqslant 2$,

在 xOz 平面上的投影方程为:$\begin{cases}x=-\frac{z^2}{2}+2\\ y=0\end{cases}$,$0\leqslant z\leqslant 2$;

(2)在 xOy 平面上的投影方程为:$\begin{cases}x^2+y^2=36\\ z=0\end{cases}$,

在 yOz 平面上的投影方程为:$\begin{cases}y^2+z^2=36\\ x=0\end{cases}$,

在 xOz 平面上的投影方程为:$\begin{cases}x=\pm z\\ y=0\end{cases}$,$-6\leqslant z\leqslant 6$.

3. 在 xOy 平面上的投影区域为:$\begin{cases}x^2+y^2\leqslant 2\\ z=0\end{cases}$.

总复习题 8

1. (1)关于 xOy 面对称点$(x,y,-z)$,关于 yOz 面对称点$(-x,y,z)$,
   关于 zOx 面对称点$(x,-y,z)$;
   (2)关于 x 轴对称点$(x,-y,-z)$,关于 y 轴对称点$(-x,y,-z)$,
   关于 z 轴对称点$(-x,-y,z)$;
   (3)关于坐标原点对称点$(-x,-y,-z)$.

2. 到坐标原点距离:$\sqrt{14}$;到 x 轴距离$\sqrt{13}$;到 y 轴距离$\sqrt{10}$;到 z 轴距离$\sqrt{5}$.

3. $\left\{\frac{1}{3},\frac{2}{3},\frac{2}{3}\right\}$.

4. $|\overrightarrow{PQ}|=\sqrt{77}$.

5. $2x+z=0$.

6. $(x-1)^2+(y-2)^2+(z+3)^2=14$.

7. 球心:$(4,-5,1)$,半径:$\sqrt{42}$.

8. $(x+1)^2+(y-1)^2=13$.

9. (1) yOz 面上的抛物线 $y^2=2z$,绕 z 轴旋转得到:$x^2+y^2=2z$;

(2) xOy 面上的抛物线 $3x^2-2y^2=6$,绕 x 轴旋转得到:$3x^2-2y^2-2z^2=6$;

(3) zOx 面上的抛物线 $2x-z=1$,绕 x 轴旋转得到:$4x^2-y^2-z^2-4x+1=0$.

习题 9-1

1. (1) $\{(x,y)\mid -1\leqslant x\leqslant 1,-1\leqslant y\leqslant 1\}$;

(2) $\{(x,y)\mid -1\leqslant x\leqslant 1,-2\leqslant y\leqslant 2\}$;

(3) $\{(x,y)\mid 4<x^2+y^2\leqslant 16\}$.

2. $f(x,y)=\dfrac{x^2-xy}{2}$.

3. $f(x+y,x-y,xy)=(x+y)^{xy}+(xy)^{2x}$.

4. (1) 1;　(2) ln2.

5. 提示:可令 $y=kx$,极限值与 k 有关,所以极限不存在.

6. 函数在 $y^2=2x$ 处间断(此时为间断线).

7. 提示:分子分母同除以 xy.

习题 9-2

1. (1) $\dfrac{\partial z}{\partial x}=3x^2y-y^3,\dfrac{\partial z}{\partial y}=x^3-3xy^2$;

(2) $\dfrac{\partial s}{\partial u}=\dfrac{1}{v}-\dfrac{v}{u^2},\dfrac{\partial s}{\partial v}=\dfrac{1}{u}-\dfrac{u}{v^2}$;

(3) $\dfrac{\partial z}{\partial x}=\dfrac{1}{2x\sqrt{\ln(xy)}},\dfrac{\partial z}{\partial y}=\dfrac{1}{2y\sqrt{\ln(xy)}}$;

(4) $\dfrac{\partial z}{\partial x}=y\cos(xy)-y\sin(2xy),\dfrac{\partial z}{\partial y}=x\cos(xy)-x\sin(2xy)$.

2. 略.

3. 略.

4. $f'_x(x,1)=1+\dfrac{1}{\sqrt{1-x^2}}$.

5. $\frac{\partial^2 z}{\partial x^2}=12x^2-8y^2$；$\frac{\partial^2 z}{\partial y^2}=12y^2-8x^2$；$\frac{\partial^2 z}{\partial x\partial y}=-16xy$.

6. 2.

7. 切平面方程：$x+2y-z=4$；法线方程：$x-2=\frac{y-1}{2}=-z$.

习题 9-3

1. (1) $\mathrm{d}z=\frac{1}{x}\mathrm{d}x+\frac{1}{y}\mathrm{d}y$；

(2) $\mathrm{d}z=3x^2\mathrm{d}x-\frac{2}{\mathrm{e}^{2y}}\mathrm{d}y$；

(3) $\mathrm{d}z=\frac{1}{\sqrt{y^2-x^2}}\mathrm{d}x-\frac{x}{y\sqrt{y^2-x^2}}\mathrm{d}y$.

2. $\mathrm{d}u=\frac{\sqrt{3}}{3}\mathrm{d}x-\frac{\sqrt{3}}{3}\mathrm{d}y+\frac{\sqrt{3}}{3}\mathrm{d}z$.

3. 1.08 m.

习题 9-4

1. (1) $\frac{\partial z}{\partial x}=(1+xy+2y^2)\mathrm{e}^{xy}$，$\frac{\partial z}{\partial y}=(2+2xy+x^2)\mathrm{e}^{xy}$；

(2) $\frac{\partial z}{\partial x}=\frac{\cos\frac{x}{y}\cdot\ln(3x-4y)}{y}+\frac{3\sin\frac{x}{y}}{3x-4y}$，

$\frac{\partial z}{\partial y}=-\frac{x\cos\frac{x}{y}\cdot\ln(3x-4y)}{y^2}-\frac{4\sin\frac{x}{y}}{3x-4y}$.

2. (1) $\frac{\mathrm{d}y}{\mathrm{d}x}=\frac{y^2}{1-xy}$；

(2) $\frac{\mathrm{d}y}{\mathrm{d}x}=\frac{-2x\cos(x^2+y)}{\cos(x^2+y)+\mathrm{e}^y}$；

(3) $\frac{\partial z}{\partial x}=\frac{1}{1+x-z}$，$\frac{\partial z}{\partial y}=\frac{\mathrm{e}^z}{1+x-z}$；$\frac{\partial^2 z}{\partial x\partial y}=\frac{\mathrm{e}^z}{(1+x-z)^3}$.

习题 9-5

1. 极大值 $f(2,-2)=8$.

2. 极小值 $f\left(\frac{1}{2},-1\right)=-\frac{\mathrm{e}}{2}$.

3. 极小值 $f(1,0)=-4$；极大值 $f(-3,2)=32$.

4. $L(120,80)=32\ 000$ 元.

总复习题 9

1. 定义域 $\{(x,y)\mid 1\leqslant x^2+y^2\leqslant 3, y^2<x\}$.

2. (1)1；　(2)$-\dfrac{1}{4}$.

3. $\dfrac{\partial z}{\partial x}=6$；$\dfrac{\partial z}{\partial y}=6$.

4. $\dfrac{\partial z}{\partial x}=\dfrac{1}{y}$；$\dfrac{\partial x}{\partial y}=z$；$\dfrac{\partial y}{\partial z}=-\dfrac{x}{z^2}$.

5. $\dfrac{\partial z}{\partial x}=e^{xy}[y\cos(x+2y)-\sin(x+2y)]$；$\dfrac{\partial x}{\partial y}=e^{xy}[x\cos(x+2y)-2\sin(x+2y)]$.

6. 略.

7. $x+y-z=3$.

8. 略.

9. 0.75 万元电视广告，1.25 万元网络广告.

习题 10-1

1. $P=\iint\limits_D p(x,y)\mathrm{d}\sigma$.

2. 16π.

3. (1) $\iint\limits_D (x+y)^2\mathrm{d}\sigma \leqslant \iint\limits_D (x+y)^3\mathrm{d}\sigma$；

(2) $\iint\limits_D \ln(x+y)\mathrm{d}\sigma \geqslant \iint\limits_D [\ln(x+y)]^2\mathrm{d}\sigma$.

4. (1)π；　(2) $\dfrac{2}{3}\pi R^3$.

习题 10-2

1. (1)X 型：$\begin{cases} x\leqslant y\leqslant \sqrt{x} \\ 0\leqslant x\leqslant 1 \end{cases}$，$Y$ 型：$\begin{cases} y^2\leqslant x\leqslant y \\ 0\leqslant y\leqslant 1 \end{cases}$；

(2)X 型：$\begin{cases} x^2\leqslant y\leqslant 2-x^2 \\ -1\leqslant x\leqslant 1 \end{cases}$.

2. (1) $\dfrac{8}{3}$；　(2) $\dfrac{20}{3}$；　(3) $\dfrac{9}{4}$；　(4) $-\dfrac{3}{2}\pi$.

3. (1) $\int_0^1 dx\int_{x^2}^{x} f(x,y)dy$，图略；　(2) $\int_0^4 dx\int_{\frac{x}{2}}^{\sqrt{x}} f(x,y)dy$，图略；

(3) $\int_{-1}^{1} dx\int_0^{\sqrt{1-x^2}} f(x,y)dy$，图略；　(4) $\int_0^1 dy\int_{e^y}^{e} f(x,y)dx$，图略.

4. (1) $\int_0^{2\pi} d\theta\int_0^{a} f(\rho\cos\theta,\rho\sin\theta)\rho d\rho$，图略；

(2) $\int_0^{\frac{\pi}{4}} d\theta\int_{\tan\theta\sec\theta}^{\sec\theta} f(\rho\cos\theta,\rho\sin\theta)\rho d\rho$，图略；

(3) $\int_{\frac{\pi}{4}}^{\frac{\pi}{3}} d\theta\int_0^{2\sec\theta} f(\rho)\rho d\rho$，图略.

5. (1) $\pi(e^4-1)$；　(2) $\frac{\pi}{4}(-1+2\ln 2)$.

习题 10-3

1. (1) $\int_0^1 dx\int_0^{1-x} dy\int_0^{xy} f(x,y,z)dz$；

(2) $\int_{-1}^{1} dx\int_{-\sqrt{1-x^2}}^{\sqrt{1-x^2}} dy\int_{x^2+y^2}^{1} f(x,y,z)dz$.

2. $\frac{1}{364}$.

3. (1) $\frac{7}{12}\pi$；　(2) $\frac{16}{3}\pi$.

4. $\frac{1}{8}$.

习题 10-4

1. $2a^2(\pi-2)$.　2. $\sqrt{2}\pi$.　3. $\left(0,\frac{4b}{3\pi}\right)$.

4. $\left(\frac{3}{5}x_0,\frac{3}{8}y_0\right)$.　5. $\left(\frac{2}{5}a,\frac{2}{5}a\right)$.

总复习题 10

一、选择题

1. D　2. D　3. C　4. C　5. C

二、填空题

1. $\begin{cases}x^2\leqslant y\leqslant\sqrt{x}\\0\leqslant x\leqslant 1\end{cases}$.　2. 45π.　3. $\int_0^4 dy\int_{\frac{y}{2}}^{\sqrt{y}} f(x,y)dx$.　4. $\frac{3(e-1)}{2}$.

三. 计算题

1. (1) $\frac{1}{3}(e^3-1)^2$； (2) $\frac{45}{8}$.

2. (1) $\frac{\pi}{4}(2\ln 2-1)$； (2) $\frac{16}{9}$.

3. (1) $\frac{28}{45}$； (2)21π.

习题 11-1

1. $\sqrt{2}$.　2. $\frac{3}{4}e\pi$.　3. $\frac{256}{15}a^3$.

4. $2\pi a^3$.　5. $\frac{\sqrt{3}(1-e^{-2})}{2}$.

习题 11-2

1. $\frac{23}{15}$.　2. $-\frac{56}{15}$.　3. 0.

4. (1)0； (2)-2.

5. (1) $\frac{34}{3}$； (2)11； (3)14； (4) $\frac{32}{3}$.

习题 11-3

1. $\frac{1}{30}$.　2. $-46\frac{2}{3}$.　3. 12π.

4. (1) $\frac{5}{2}$； (2)236.

5. (1) $\frac{1}{2}x^2+2xy+\frac{1}{2}y^2$； (2)$x^2y$.

习题 11-4

1. $\frac{\sqrt{3}}{120}$.　2. $\frac{3\pi}{2}$.

3. (1) $\frac{1+\sqrt{2}}{2}\pi$； (2)9π.

习题 11-5

1. $\frac{2}{105}\pi R^7$.　2. $\frac{3\pi}{2}$.

3. (1) $-\frac{2}{3}\pi$； (2) $-\frac{1}{3}\pi$.

习题 11-6

1. $\frac{12}{5}\pi a^5$.　2. 81π.　3. 9π.　4. -13.

总复习题 11

1. (1) $\int_{\Gamma}(P\cos\alpha+Q\cos\beta+R\cos\gamma)\mathrm{d}s$，切向量；

(2) $\iint_{\Sigma}(P\cos\alpha+Q\cos\beta+R\cos\gamma)\mathrm{d}S$，法向量.

2. (1) $2a^2$； (2) $\frac{(2+t_0)^{\frac{3}{2}}-2\sqrt{2}}{3}$； (3) $-2\pi a^2$； (4) $\frac{1}{35}$.

3. (1) $2\pi\arctan\frac{H}{R}$； (2) $-\frac{\pi}{4}h^4$； (3) $2\pi R^3$； (4) $\frac{\pi}{4}$.

习题 12-1

1. 略

2. (1) 发散； (2) 发散； (3) 收敛，和为 $\frac{1}{2}$； (4) 发散；

(5) 发散； (6) 收敛，和为 $\frac{3}{2}$.

*3. (1) 收敛； (2) 收敛； (3) 收敛； (4) 收敛.

习题 12-2

1. (1) 发散； (2) 收敛； (3) $a>1$ 时收敛，$a\leqslant 1$ 时发散； (4) 发散.

2. (1) 收敛； (2) 发散； (3) 收敛； (4) $0<a<1$ 时收敛，$a\geqslant 1$ 时发散.

3. (1) 收敛； (2) 收敛； (3) 收敛； (4) 发散.

4. (1) 收敛； (2) 收敛； (3) 收敛； (4) 发散.

习题 12-3

(1) 条件收敛； (2) 条件收敛； (3) 绝对收敛； (4) 条件收敛；

(5) 绝对收敛； (6) 绝对收敛； (7) 条件收敛； (8) 发散.

习题 12-4

1. (1) $(-1,1)$； (2) $(-1,1)$； (3) $(-\infty,+\infty)$；

(4)$(-3,3)$； (5)$(4,6)$；

(6)$(0,2)$.

2. (1)$\frac{x}{(1-x)^2}(-1<x<1)$；

(2)$\frac{1+x}{(1-x)^2}(-1<x<1)$；

(3)$\frac{3x^4-2x^5}{(1-x)^2}(-1<x<1)$.

习题 12-5

1. (1)$\ln a+\sum_{n=1}^{\infty}(-1)^{n-1}\frac{1}{n}\left(\frac{x}{a}\right)^n,(-a,a]$；

(2)$\sum_{n=0}^{\infty}\frac{1}{(2n+1)!}x^{2n+1},(-\infty,+\infty)$；

(3)$\sum_{n=1}^{\infty}(-1)^{n-1}\frac{1}{2(2n)!}(2x)^{2n},(-\infty,+\infty)$；

(4)$\sum_{n=0}^{\infty}\frac{2}{4n+1}x^{4n+1},(-1,1)$.

2. (1)$\frac{1}{x^2+3x+2}=\sum_{n=0}^{\infty}\left(\frac{1}{2^{n+1}}-\frac{1}{3^{n+1}}\right)(x+4)^n,(-6,-2)$；

(2)$\lg x=\frac{1}{\ln 10}\sum_{n=1}^{\infty}(-1)^{n-1}\frac{(x-1)^n}{n},(0,2]$.

3. $\cos x=\frac{1}{2}\sum_{n=0}^{\infty}(-1)^n\cdot\frac{\left(x+\frac{\pi}{3}\right)^{2n}}{(2n)!}+\frac{\sqrt{3}}{2}\cdot\sum_{n=0}^{\infty}(-1)^n\cdot\frac{\left(x+\frac{\pi}{3}\right)^{2n+1}}{(2n+1)!},(-\infty,+\infty)$.

习题 12-6

1. (1)1.098 6； (2)1.648； (3)0.488 36； (4)0.052 34.

2. (1)0.494 0； (2)0.487.

3. (1)$y=Ce^{\frac{x^2}{2}}+\left[-1+x+\frac{1}{1\cdot 3}x^3+\cdots+\frac{x^{2n-1}}{1\cdot 3\cdot 5\cdot\cdots\cdot(2n-1)}+\cdots\right]$；

(2)$y=C(1-x)+x^3\left[\frac{1}{3}+\frac{1}{6}x+\frac{1}{10}x^2+\cdots+\frac{2}{(n+2)(n+3)}x^n+\cdots\right]$.

总复习题 12

1. (1)必要,充分； (2)充分必要； (3)收敛,发散；

(4)充分； (5)收敛,发散；

(6)充分.

2.(1)发散； (2)发散； (3)收敛； (4)发散.

3.(1)$p>1$ 时绝对收敛,$0<p\leqslant 1$ 时条件收敛,$p\leqslant 0$ 时发散； (2)条件收敛；

(3)绝对收敛； (4)绝对收敛.

4.(1)$-\ln(1-3x)-\ln(1-5x)$,$\left(-\frac{1}{5},\frac{1}{5}\right)$；

(2)$\frac{x-1}{(2-x)^2}$,$(0,2)$；

(3)$\frac{3x^3}{(3-x^3)^2}$,$(-\sqrt[3]{3},\sqrt[3]{3})$；

(4)$\begin{cases}\frac{e^{x+2}-x-3}{(x+2)^2}, & x\neq -2\\ \frac{1}{2}, & x=-2\end{cases}$.

5.(1)$x+\sum\limits_{n=1}^{\infty}(-1)^n\frac{(2n-1)!!}{(2n)!!}\frac{1}{2n+1}x^{2n+1}$,$[-1,1]$；

提示:先求出导函数的幂级数展开式.

(2)$\sum\limits_{n=1}^{\infty}\frac{n}{3^{n+1}}x^{n-1}$,$(-3,3)$.

习题 13-1

1.(1)8； (2)$3abc-a^3-b^3-c^3$； (3)$(a-b)(b-c)(c-a)$；

(4)0； (5)$abcd+ab+cd+ad+1$； (6)x^2y^2.

2.0.

3.-3 或 $\pm\sqrt{3}$.

习题 13-2

1.(1)$\begin{cases}x_1=2\\ x_2=-\frac{1}{2}\\ x_3=\frac{1}{2}\end{cases}$； (2)$\begin{cases}x_1=1\\ x_2=0\\ x_3=0\end{cases}$； (3)$\begin{cases}x_1=1\\ x_2=2\\ x_3=2\\ x_4=-1\end{cases}$.

2. $\mu=0$ 或 $\lambda=1$.

总复习题 13

1. (1) $-2(x^3+y^3)$; (2) 48.

2. a^4.

3. (1)无解; (2) $\begin{cases} x_1=5 \\ x_2=0. \\ x_3=3 \end{cases}$

4. 略.

习题 14-1

1. $\boldsymbol{X}=\begin{pmatrix} -2 & 4 & -1 \\ 0 & 2 & -6 \\ -4 & -4 & 2 \end{pmatrix}$.

2. $\boldsymbol{AB}=\begin{pmatrix} 16 & 32 \\ -8 & -16 \end{pmatrix}$, $\boldsymbol{BA}=\begin{pmatrix} 0 & 0 \\ 0 & 0 \end{pmatrix}$.

3. $\begin{pmatrix} 1 & n \\ 0 & 1 \end{pmatrix}$.

4. (1) $\boldsymbol{AB}=\begin{pmatrix} 6 & 6 \\ 5 & -2 \end{pmatrix}$, $\boldsymbol{A}^2-\boldsymbol{B}^2=\begin{pmatrix} -2 & 0 \\ -5 & 3 \end{pmatrix}$, $\boldsymbol{A}^{\mathrm{T}}+\boldsymbol{B}^{\mathrm{T}}=\begin{pmatrix} 4 & 3 \\ 3 & 1 \end{pmatrix}$;

(2) $\boldsymbol{AB}=\begin{pmatrix} 6 & 2 & -2 \\ 6 & 1 & 0 \\ 8 & -1 & 2 \end{pmatrix}$, $\boldsymbol{A}^2-\boldsymbol{B}^2=\begin{pmatrix} 10 & 6 & 10 \\ 10 & 4 & 12 \\ 8 & 8 & 14 \end{pmatrix}$, $\boldsymbol{A}^{\mathrm{T}}+\boldsymbol{B}^{\mathrm{T}}=\begin{pmatrix} 4 & 4 & 2 \\ 2 & 0 & 2 \\ 0 & 2 & 4 \end{pmatrix}$.

5. 略.

习题 14-2

1. 略.

2. (1) $\begin{pmatrix} 8 & -5 & 1 \\ 9 & -6 & 1 \\ 11 & -7 & 1 \end{pmatrix}$; (2) $\begin{pmatrix} \frac{7}{6} & \frac{2}{3} & -\frac{3}{2} \\ -1 & -1 & 2 \\ -\frac{1}{2} & 0 & \frac{1}{2} \end{pmatrix}$;

(3) $\begin{pmatrix} 1 & 1 & -2 & -4 \\ 0 & 1 & 0 & -1 \\ -1 & -1 & 3 & 6 \\ 2 & 1 & -6 & -10 \end{pmatrix}$.

3. $\boldsymbol{X}=-\frac{1}{4}\begin{pmatrix} 12 & 7 \\ 4 & 18 \\ 4 & 17 \end{pmatrix}$.

4. $\begin{cases} x_1=-9 \\ x_2=-10. \\ x_3=13 \end{cases}$

习题 14-3

1. $\boldsymbol{AB}=\begin{pmatrix} 2 & -6 & 0 & 0 & 0 \\ -8 & -4 & 0 & 0 & 0 \\ 4 & 2 & 2 & 1 & 3 \\ -3 & 0 & 1 & 3 & -3 \\ 3 & 1 & 4 & 2 & 5 \end{pmatrix}$.

2. $\boldsymbol{A}^{-1}=\begin{pmatrix} -5 & 2 & 0 & 0 & 0 \\ 3 & -1 & 0 & 0 & 0 \\ 0 & 0 & \frac{1}{4} & 0 & 0 \\ 0 & 0 & 0 & \frac{1}{2} & 0 \\ 0 & 0 & 0 & -\frac{3}{8} & \frac{1}{4} \end{pmatrix}$.

3. 略.

习题 14-4

1. (1)2； (2)2； (3)3.

2. $a=\frac{1}{2}$.

3. (1)$k=-6$； (2)$k\neq-6$； (3)k 不存在.

总复习题 14

1. (1)$\begin{pmatrix}35\\6\\49\end{pmatrix}$； (2)(10)； (3)$\begin{pmatrix}-2&4\\-1&2\\-3&6\end{pmatrix}$； (4)$\begin{pmatrix}6&-7&8\\20&-5&-6\end{pmatrix}$；

(5)$a_{11}x_1^2+a_{22}x_2^2+a_{33}x_3^2+2a_{12}x_1x_2+2a_{13}x_1x_3+2a_{23}x_2x_3$.

2. $3\boldsymbol{AB}-2\boldsymbol{A}=\begin{pmatrix}-2&13&22\\-2&-17&20\\4&29&-2\end{pmatrix}$；$\boldsymbol{A}^{\mathrm{T}}\boldsymbol{B}=\begin{pmatrix}0&5&8\\0&-5&6\\2&9&0\end{pmatrix}$.

3. (1)不相等； (2)不相等. 4. 略. 5. 略.

6. $\begin{pmatrix}12&-12&2\\0&6&-4\\0&0&2\end{pmatrix}$.

7. (1)$\begin{pmatrix}5&-2\\-2&1\end{pmatrix}$； (2)$\begin{pmatrix}\cos\theta&\sin\theta\\-\sin\theta&\cos\theta\end{pmatrix}$.

8. 可逆，$\begin{bmatrix}-2&1&0\\-\frac{13}{2}&3&-\frac{1}{2}\\-16&7&-1\end{bmatrix}$.

9. (1)$\begin{bmatrix}2&-\frac{1}{3}&-\frac{4}{3}\\1&\frac{1}{3}&-\frac{2}{3}\\-1&0&1\end{bmatrix}$； (2)$\begin{bmatrix}24&0&0&0\\-12&12&0&0\\-12&-4&8&0\\-9&-5&-2&6\end{bmatrix}$.

10. (1)$\begin{pmatrix}10&2\\-15&-3\\12&4\end{pmatrix}$； (2)$\begin{pmatrix}2&-1&-1\\-4&7&4\end{pmatrix}$.

11. (1)2； (2)3； (3)3.

12. (1)$k=1$； (2)$k=-2$； (3)$k\neq1$ 且 $k\neq-2$.